U0170316

现代水声技术与应用丛书

杨德森　主编

水下声信道及其复用技术

生雪莉　苍思远　芦　嘉　著

科学出版社

龍門書局

北　京

内 容 简 介

本书介绍多基地水声信道特性及其应用。全书由7章组成，主要内容包括：绪论（包括单/多基地声呐系统及声信道模型）、水声信道影响要素、水声信道基础、双/多基地水声信道、双/多基地水声信道时域复用技术、双/多基地水声信道码域复用技术、双/多基地水声信道空域复用技术等。

本书可供从事水声探测与通信、水声定位导航、声呐基阵与传感器设计、水声图像与通信、水下噪声测量与控制等领域工作的广大科技人员学习与参考，也可作为高等院校和科研院所水声工程专业高年级本科生、研究生的参考书。

图书在版编目（CIP）数据

水下声信道及其复用技术 / 生雪莉，苍思远，芦嘉著. —北京：龙门书局，2023.11

（现代水声技术与应用丛书/杨德森主编）

国家出版基金项目

ISBN 978-7-5088-6361-0

Ⅰ. ①水… Ⅱ. ①生… ②苍… ③芦… Ⅲ. ①水声通信－通信信道 Ⅳ. ①TN929.3

中国国家版本馆 CIP 数据核字（2023）第 219028 号

责任编辑：杨慎欣 狄源硕 张 震 / 责任校对：王 瑞

责任印制：徐晓晨 / 封面设计：无极书装

科学出版社
龍門書局 出版

北京东黄城根北街 16 号

邮政编码：100717

http://www.sciencep.com

三河市春园印刷有限公司印刷

科学出版社发行 各地新华书店经销

*

2023 年 11 月第 一 版 开本：720 × 1000 1/16

2023 年 11 月第一次印刷 印张：11 1/4 插页：6

字数：233 000

定价：128.00 元

（如有印装质量问题，我社负责调换）

“现代水声技术与应用丛书”
编 委 会

丛　书　序

海洋面积约占地球表面积的三分之二，但人类已探索的海洋面积仅占海洋总面积的百分之五左右。由于缺乏水下获取信息的手段，海洋深处对我们来说几乎是黑暗、深邃和未知的。

新时代实施海洋强国战略、提高海洋资源开发能力、保护海洋生态环境、发展海洋科学技术、维护国家海洋权益，都离不开水声科学技术。同时，我国海岸线漫长，沿海大型城市和军事要地众多，这都对水声科学技术及其应用的快速发展提出了更高要求。

海洋强国，必兴水声。声波是迄今水下远程无线传递信息唯一有效的载体。水声技术利用声波实现水下探测、通信、定位等功能，相当于水下装备的眼睛、耳朵、嘴巴，是海洋资源勘探开发、海军舰船探测定位、水下兵器跟踪导引的必备技术，是关心海洋、认知海洋、经略海洋无可替代的手段，在各国海洋经济、军事发展中占有战略地位。

从 1953 年中国人民解放军军事工程学院（即“哈军工”）创建全国首个声呐专业开始，经过数十年的发展，我国已建成了由一大批高校、科研院所和企业构成的水声教学、科研和生产体系。然而，我国的水声基础研究、技术研发、水声装备等与海洋科技发达的国家相比还存在较大差距，需要国家持续投入更多的资源，需要更多的有志青年投入水声事业当中，实现水声技术从跟跑到并跑再到领跑，不断为海洋强国发展注入新动力。

水声之兴，关键在人。水声科学技术是融合了多学科的声机电信息一体化的高科技领域。目前，我国水声专业人才只有万余人，现有人员规模和培养规模远不能满足行业需求，水声专业人才严重短缺。

人才培养，著书为纲。书是人类进步的阶梯。推进水声领域高层次人才培养从而支撑学科的高质量发展是本丛书编撰的目的之一。本丛书由哈尔滨工程大学水声工程学院发起，与国内相关水声技术优势单位合作，汇聚教学科研方面的精英力量，共同撰写。丛书内容全面、叙述精准、深入浅出、图文并茂，基本涵盖了现代水声科学技术与应用的知识框架、技术体系、最新科研成果及未来发展方向，包括矢量声学、水声信号处理、目标识别、侦察、探测、通信、水下对抗、传感器及声系统、计量与测试技术、海洋水声环境、海洋噪声和混响、海洋生物声学、极地声学等。本丛书的出版可谓应运而生、恰逢其时，相信会对推动我国水声事业的发展发挥重要作用，为海洋强国战略的实施做出新的贡献。

在此，向 60 多年来为我国水声事业奋斗、耕耘的教育科研工作者表示深深的敬意！向参与本丛书编撰、出版的组织者和作者表示由衷的感谢！

中国工程院院士　杨德森

2018 年 11 月

自　序

声波是目前唯一可在海洋中远距离传播的能量辐射形式，水声观测是海洋物理观测的最主要手段。随着海洋经济发展和国家海洋权益维护对海洋监测立体化、智能化、无人化要求越来越高，人们对水声观测能力的需求也从传统声呐的单一工作模式向空间共享、信息资源互补的多基地声呐协同的水声观测网络转化。适配海洋环境的高效、稳健共用水声信道，是多基地水声观测的物理基础，也是多基地水声设备性能发挥的关键。

信道在信息技术领域泛指承载信息传输的通道。针对水声信息技术特点，水下声信道（简称“水声信道”）是指以水体为物理传播媒介且以声能量为载体实现水下信息无线获取与传输的通道，是迄今为止难度较大的无线信道之一。相比以电磁波为载体的自由空间（包括空气和真空）无线电信道，水声信道中的干扰是无线电信道的一千倍，水声信道可用频带是无线电信道的一百万分之一，声波的传播速度是无线电信道的十万分之一，多途和多普勒造成的声信号畸变尤为严重。因此，水声信道频带资源匮乏、时延扩展显著且能量空间泄漏严重，结合水声环境、声呐工作态势等多因素导致的快速时变性与剧烈空变性，致使无线电信道中常见的频分、时分、空分等信道共享技术存在严重的适用性问题，导致其在效率、可靠性等方面难以满足水声信息技术应用需求。因此，在深入理解水声信道特点的基础上，构建高效、可靠的水声信道复用技术具有突出挑战性和重大现实意义。

本书在水声信道多维度物理特性与多基地水声观测设备工程设计之间搭建桥梁，较全面、系统地介绍多基地水声信道能量及其时域、空域、频域、码域的特性，以及适配水声环境、高效共用水声信道的基本方法，填补多基地水声观测研究领域的水声环境基础理论及其应用相关教材和参考书的空白。

全书共 7 章：第 1 章在回顾声学基础知识和单基地声呐方程基础上，介绍多基地声呐系统及声信道模型；第 2 章系统地总结水声信道对声呐设计和使用的影响要素；第 3 章作为多基地水声信道的基础，从能量衰减、波形畸变、随机变化等角度总结单基地水声信道的特性及其对声呐性能的影响；第 4 章介绍双/多基地水声信道的基本特性；第 5 章到第 7 章，分别从时域、码域和空域等角度介绍协同水下观测中双/多基地水声信道的复用技术。

在本书出版之际，感谢哈尔滨工程大学殷敬伟教授、郭龙祥教授在本书撰写过程中提供的丰富素材与科研技术讨论。感谢穆梦飞、高远、蔡晨阳、杨超然、伍峥、李子蓓、许静、王世博、金春燕、刘曼馨、于洋、刘聪、冀国梁、吴赜屹、朱一川、唐磊、贺子贤、李卿基、渠志远、任楚婧、孙羽翀、石冰玉等研究生、本科生对书稿部分内容的整理工作。本书成稿后，张宇翔教授在百忙之中对书稿提出了很多宝贵的意见和建议，在此致以诚挚的谢意。此外，本书研究工作得到了国家自然科学基金项目（项目编号：U20A20329、51979061）、国家重点研发计划项目（项目编号：2022YFC2807800）的支持，在此表示感谢。

作为交叉科学领域，水声信道的高效、可靠复用问题同时涉及水声物理、信息技术与海洋科学等多个学科，并在海洋开发与利用的国际趋势下得到快速发展。本书的撰写以水声信息理论为基础，结合作者团队20余年的科研工作积累，尽力实现对多基地水声信道与复用技术相关领域的全面覆盖，但是受限于个人学术视野与能力以及知识体系形成无法避免的滞后性，难免存在不足之处，敬请广大读者批评指正。

作　者

2023年2月

目　录

第1章 绪 论

海洋是地球上的蓝色宝石。人们曾预言21世纪的人类将更多地依靠海洋资源，更多地从海洋中获取食物、能源和矿产，并从海洋中探索地球的奥秘。

自从人们认识到声波是海洋中传播最远的物理场，声波就成为研究和探索海洋的主要工具。现在，随着海洋开发事业的发展和军事上的需要，水声技术成为高技术领域中的一枝新秀。水声技术已经被广泛应用到导航、水下观察、水下通信、渔业、海洋开发、海底资源调查和海洋物理研究等方面[1]，尤其是在军事方面，水声技术是水下目标感知和海洋资源开发与利用的关键技术。目前，世界各大国竞相发展水声技术。

尽管声学有悠久的历史，但水声学是年轻的近代科学。1826年，J. D. Colladon（科拉顿）和J. C. F. Sturm（施图姆）在Geneva（日内瓦）湖首次巧妙地测量了水中声波的传播速度，迄今只有近两个世纪的历史。起初，水声技术引起人们注意是由于军事上的需要。第一次世界大战（1914～1918年）中德国水下潜器使协约国损失了舰船总数量的三分之一，人们才开始关注研究利用声波来探测水下目标。1916～1918年，著名的法国物理学家Langevin（朗之万）和俄国工程师Chilowski（奇洛夫斯基）研制了主动式声呐装置，成功地接收到1500m以外水下目标的回声。但是，声呐在第一次世界大战中并未得到应用。而后，由于电子技术和电声换能器的发展，声呐技术才步入应用阶段。第二次世界大战期间，水声设备已趋完善，在水下作战中起到了重大作用。然而，水声技术的飞速发展却是在第二次世界大战以后，低频、大功率、大基阵成为当时声呐技术发展的趋势，特别是对表面声道、海底反射声、深海声道和声会聚区效应等传播方式的成熟的研究，更使得声呐的作用距离在20世纪60年代初提高了一个数量级。20世纪50年代初，人们在雷达技术中成功地使用了匹配滤波技术，从而使它的作用距离得到了飞跃，刺激了人们在此后的20年中在声呐技术上应用匹配滤波技术。事实上，这却没有得到雷达技术领域中一样的好效果。这使得人们进一步意识到水声信道是远比雷达信道复杂的信道，因而声信道理论在1965年开始受到关注[2]。水声技术人员能够利用低频大基阵和高速计算机实时获取海洋声信道信息并实时进行自适应处理的声呐系统，这已成为当今声呐技术发展的新潮流。

声呐发射换能器基阵或发声源发出携带信息的声波，通过海洋到达声呐接收水听器基阵，声呐系统对所接收的信号进行处理，从而做出判决，确定是否存在目标及目标的状态参数、目标的种类，或者恢复目标发出的源信息，这就是声呐系统工作的全过程。从通信论的观点来看，海洋就是声信道。理想的信道能无畸变地传递信息，但海洋不是理想的，而是复杂多变的。只有充分认识到海洋声信道对声呐系统的限制，人们才能逐步使声呐系统与海洋环境相适配，以便获得较好的探测效果和识别能力。海洋声信道不但对目标辐射信号进行能量变换，而且进行信息变换。相干多途到达的信号将使接收信号波形产生畸变而显著区别于源辐射波形。海洋声信道是随机时变、空变的，因而更为复杂，在传输过程中，信息不但受到变换而且造成损失。声信道理论将研究信道对信息进行的各种变换以及声呐系统如何与声信道相适配的问题。

1.1　机 械 振 动

常言“振动发声”，其意为声波源于振动，声波是振动在介质中的传播。所谓振动，是指质点围绕着平衡点的往复运动。一个实际的振动系统往往是很复杂的，如何来研究它呢？物理学家认为，没有模型就没有科学，研究任何实际的物理问题都需要抽象成物理模型。任何有价值的物理模型都必须具有两个特点：一是要尽可能简单，以便能用尽可能简便的数学工具来分析；二是它必须是真实物理问题的拷贝，即它必须包括实际问题的主要矛盾。模型的正确性必须用实验来验证，模型也只有在一定条件下才是正确的、有价值的。任何振动系统在足够窄的频带内都可以抽象成简单“单自由度质点振动系统”的振动模型来研究。本节研究这一简单的振动模型的目的在于阐明振动的基本概念。

图 1-1（a）是单自由度振动系统的示意图。弹簧 D 下面挂了一个钢球 m，弹簧为弹性元件，钢球为质量元件。取钢球的平衡位置为坐标轴 x 的原点。若由于某种原因，钢球有一个初始的位移，则激发振动，即钢球将围绕平衡位置做往复运动。图 1-1（b）是水声换能器的结构示意图，它可以抽象成单自由度振动系统模型来研究，图中的字符表示相应作用的等效元件。

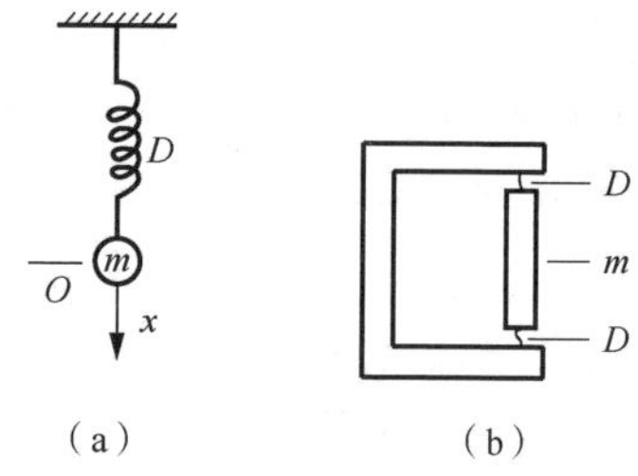

图 1-1　单自由度振动系统和水声换能器结构示意图

钢球偏离平衡位置有位移 x 时，弹簧被压缩或拉伸。弹簧所产生并作用于钢球的弹性力为 f，它的大小与位移大小成正比，方向与位移方向相反，即

$$f=-Dx \tag{1-1}$$

式（1-1）中的比例常数 D 称为弹性系数，它的倒数称为柔顺系数 C_M：

$$C_M=1/D \tag{1-2}$$

忽略弹簧的质量和重力的影响，根据牛顿第二定律，可以得到钢球的运动方程为

$$\frac{\mathrm{d}^2x}{\mathrm{d}t^2}+\omega_0^2x=0 \tag{1-3}$$

$$\omega_0^2=D/m \tag{1-4}$$

式中，m 为钢球的质量；ω_0 为振动系统的角谐振频率。微分方程（1-3）的解为

$$\begin{aligned}x(t)&=C_1\cos\omega_0t+C_2\sin\omega_0t\\&=C\cos(\omega_0t+\phi)\end{aligned} \tag{1-5}$$

式中，C 为振幅；ϕ 为初相位。

$$C=\sqrt{C_1^2+C_2^2},\qquad \phi=-\arctan(C_2/C_1)$$

可见，钢球在谐和振动时，钢球围绕着平衡位置按正弦或余弦的规律做往复运动。

对熟悉电振荡理论的读者来说，引进机电类比的概念是十分有用的。单自由度振动系统和单谐振回路具有相同形式的微分方程，因此尽管它们的物理性质不同，但是表征机械振动和电振荡的特征量具有相同的函数形式，它们遵循的数学关系式是相同的，因而它们是可以类比的。机电类比关系图如图 1-2 所示［图 1-2（a）中的 $x(t)$为位移］。

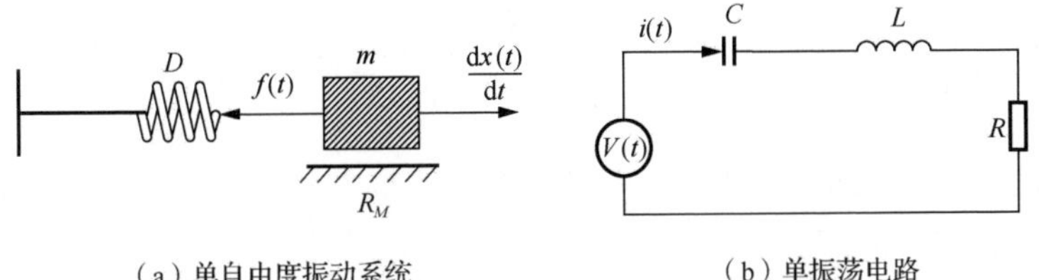

（a）单自由度振动系统　　（b）单振荡电路

图 1-2　机电类比关系图

下面给出机电类比的某些关系：

$v(t)=\dfrac{\mathrm{d}x(t)}{\mathrm{d}t}$（振速）$\longleftrightarrow i(t)$（电流）

$f(t)$（力）$\longleftrightarrow V(t)$（电压）

m(质量)$\longleftrightarrow L$(电感)

C_M(柔顺系数)$\longleftrightarrow C$(电容)

$f(t)=F\mathrm{e}^{\mathrm{j}\omega t}\longleftrightarrow V(t)=V\mathrm{e}^{\mathrm{j}\omega t}$

$\dfrac{\mathrm{d}x}{\mathrm{d}t}=V_M\mathrm{e}^{\mathrm{j}\omega t}\longleftrightarrow i(t)=I\mathrm{e}^{\mathrm{j}\omega t}$

$Z_M=F/V_M$(机械阻抗)$\longleftrightarrow Z=V/I$(电阻抗)

$Z_M=R_M+\mathrm{j}\left(m\omega-\dfrac{1}{\omega C_M}\right)\longleftrightarrow Z=R+\mathrm{j}\left(\omega L-\dfrac{1}{\omega C}\right)$

$P_M=\dfrac{1}{2}|F||V_M|\cos\phi_M$(机械功率)$\longleftrightarrow P=\dfrac{1}{2}|I||V|\cos\phi$(电功率)

ϕ_M(力和振速的相位差)$\longleftrightarrow\phi$(电压和电流的相位差)

$Q_M=\dfrac{\omega_0 m}{R_M}$(机械品质因数)$\longleftrightarrow Q=\dfrac{\omega_0 L}{R}$(电品质因数)

1.2 声波的基本概念

为了让初学者更好地理解本书内容，本节将讨论声波的基本概念，叙述力求通俗。

在介质中传播的振动叫作声波。振动源就是声源。最简单的声源是均匀脉动球，该球面上各点做谐和振动，各点振速大小相同，相位一致，振速的方向指向辐射方向，即振速方向与球面相垂直。介质受到声源振动的扰动，介质中各点也必然做谐和振动，各点处的介质被压缩或拉伸（稀疏）。介质受压产生超压叫作声压。振动状态在介质中的传播速度称为声速。对谐和声波来说，可用相位来表征振动的状态，若设无限小的均匀脉动球面上的振速为

$$v(t)=V_M\mathrm{e}^{\mathrm{j}\omega t} \tag{1-6}$$

考虑到声源和介质都是球对称的，不难理解声波也应该是球对称的。距离声源 r 处的介质质点将滞后时间 r/c 重复声源在 t 时刻的振动状态，c 为声波在介质中的传播速度，因而距离声源 r 处的振速可写为

$$v(r,t)=V_M(r)\mathrm{e}^{\mathrm{j}\omega\left(t-\frac{r}{c}\right)} \tag{1-7}$$

式中，$V_M(r)$ 表征声波的振幅随着距离 r 的变化规律；因子 $\omega\left(t-\dfrac{r}{c}\right)$ 表征介质质点振动的相位，等相位面称为波阵面。式（1-7）表示的波阵面是球面。对于给定 r 的球面上各点具有相同的振动相位，即具有相同的振动状态。波阵面的传播速度

即为声波的相速度，简称为声速。

众所周知，在讨论光的传播现象时，有光的射线理论和光的波动理论两种。其中，光的射线理论认为光的能量是沿着光线传播的，在均匀介质中光线是直线。下面简要地叙述声传播的射线理论。该理论认为：声能沿着声线传播，声线与波阵面相垂直，一系列的声线组成声束管，从声源发出的声能在无损耗介质中沿着声束管传播，其总能量保持不变，因而声强度与声束管截面积成反比。

现在我们用射线理论来考察脉动球的声场。前面已说明了脉动球声场的波阵面是一系列的同心球面。声线即为一系列由声源发出的辐射线，它们与波阵面相垂直，见图1-3。因而声束管的截面积随距离 r 增加按其平方规律增加，声强度按其平方规律减小。波阵面的扩展导致的声强度减小被称为“几何损失”，上述规律称为球面波衰减规律。由于声强度和距离平方成反比，故振速和距离成反比，于是式（1-7）可以改写为

$$v(r,t)=\frac{A}{r}\mathrm{e}^{\mathrm{j}\omega\left(t-\frac{r}{c}\right)} \tag{1-8}$$

式中，A 为常数，它取决于声源的功率。

描写谐和声场中某一点声振动的物理量有声压、振速和声功率，描写声振动的参数有频率、振幅和相位。

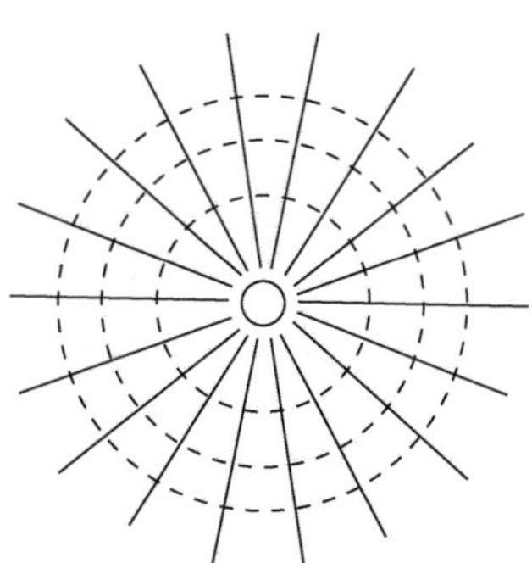

图1-3 脉动球声线和波阵面

波阵面为平面的声波称为平面波，波阵面为球面的声波称为球面波。表1-1列出它们基本物理量的关系式。

表1-1 平面波、球面波基本物理量的关系式

物理量	球面波	平面波
振速	$v(r,t)=\frac{A}{r}\mathrm{e}^{\mathrm{j}(\omega t-kr)}=V(r)\mathrm{e}^{\mathrm{j}(\omega t-kr)}$	$v(x,t)=A\mathrm{e}^{\mathrm{j}(\omega t-kx)}=V\mathrm{e}^{\mathrm{j}(\omega t-kx)}$

续表

物理量	球面波	平面波
声压	$p(r,t)=\frac{B}{r}\mathrm{e}^{\mathrm{j}(\omega t-kr)}=P(r)\mathrm{e}^{\mathrm{j}(\omega t-kr)}$	$p(x,t)=B\mathrm{e}^{\mathrm{j}(\omega t-kx)}=P\mathrm{e}^{\mathrm{j}(\omega t-kx)}$
声强	$I(r)=\frac{1}{2}\lvert V(r)\rvert\lvert P(r)\rvert=\frac{\lvert P(r)\rvert^2}{2\rho c}$ $=\frac{1}{2}\rho c\lvert V(r)\rvert^2\propto\frac{1}{r^2}$	$I=\frac{1}{2}\lvert V\rvert\lvert P\rvert=\frac{\lvert P\rvert^2}{2\rho c}$ $=\frac{1}{2}\rho c\lvert V\rvert^2$

表 1-1 中 A、B 为常数，取决于声源的功率，ρ、c 分别为介质密度和声速。

$$k=\omega/c=2\pi/\lambda,\quad \lambda=c/f \tag{1-9}$$

式中，k 为波数；λ 为波长；f 为声波的频率。

声压的单位如下：

$$1帕(\mathrm{Pa})=1牛顿/米^2\ (\mathrm{N/m^2})$$

$$1微巴(\mu\mathrm{bar})=10^{-5}牛顿/厘米^2\ (\mathrm{N/cm^2})$$

$$1\mathrm{Pa}=10\mu\mathrm{bar}$$

$$1\mu\mathrm{bar}=10^5\mu\mathrm{Pa}$$

声强的单位为瓦/米^2 ($\mathrm{W/m^2}$)。

在空气中，人类对 1000Hz 纯音的闻阈（可听级）约为 $2\times10^{-5}\,\mathrm{Pa}$，通常在室内高声谈话时的声压为 0.1Pa 左右。在水中，水声设备接收的弱信号其声压在 0.1Pa 左右。1lb（1lb=0.453592kg）的三硝基甲苯（trinitrotoluene, TNT）炸药，在水下爆炸时，100m 处的声压峰值约为 $2\times10^5\,\mathrm{Pa}$。在空气中，1Pa 的声压对应的振速约为 $2.4\times10^{-3}\,\mathrm{m/s}$，在水中对应的振速约为 $7\times10^{-7}\,\mathrm{m/s}$。

对于空气，$\rho=1.29\mathrm{kg/m^3}, c=340\mathrm{m/s}$，声波阻抗 $\rho c=438.6\mathrm{kg/(s\cdot m^2)}$；对于水，$\rho=1\times10^3\mathrm{kg/m^3}, c=1500\mathrm{m/s}$，声波阻抗 $\rho c=1.5\times10^6\mathrm{kg/(s\cdot m^2)}$。

在声学中常用声级表示声强或声压的大小，其定义为

$$\mathrm{IL}=10\lg I/I_0=20\lg P/P_0\ (\mathrm{dB}) \tag{1-10}$$

式中，P_0、I_0 分别为参考声压和参考声强。在空气声学中 P_0 为可听级，即 $P_0=2\times10^{-5}\,\mathrm{Pa}$；在水声学中，按目前的国际标准取 $P_0=1\mu\mathrm{Pa}$。因此，在水中 0.1Pa 的声压，可认为该点的声级为 100dB。历史上曾取 $P_0=1\mu\mathrm{bar}$，许多文献的资料均取此参考声压，读者应特别予以注意。除特别说明外，本书中一律以当今国际标准为准。

1.3 声学欧姆定律

众所周知，加在一个电阻上的电压和通过它的电流的比值为常数，其比例系数即为电阻值，有

$$\frac{V(t)}{i(t)}=R \tag{1-11}$$

式（1-11）称为欧姆定律。

若电路中含有电感和电容，则式（1-11）推广为

$$\frac{V(t)}{i(t)}=Z(\omega) \tag{1-12}$$

式中，$Z(\omega)$ 称为复数阻抗。例如，对于图 1-2（b）所示的单振荡电路，有

$$Z(\omega)=R+\mathrm{j}X=R+\mathrm{j}\left(\omega L-\frac{1}{\omega c}\right) \tag{1-13}$$

式（1-13）表明：若阻抗为实数，电压的波形是电流波形乘以一常系数，二者具有相同的波形，对于正弦振荡，电压和电流是同相位的；若阻抗是复数，电压和电流有相位差，进一步对于宽带信号，二者的波形将不相同。

下面来讨论声学问题。

考察谐和声波，即声波的时间函数为 $\mathrm{e}^{\mathrm{j}\omega t}$，加速度 $\boldsymbol{a}$ 是振速 $\boldsymbol{v}$ 的时间导数，有

$$\boldsymbol{a}=\mathrm{j}\omega\boldsymbol{v} \tag{1-14}$$

根据牛顿定律有

$$\begin{aligned}-\nabla p&=\mathrm{j}\omega\rho\boldsymbol{v}\\ \nabla p&=-\mathrm{j}\omega\rho\boldsymbol{v}\end{aligned} \tag{1-15}$$

式中，声压梯度 $-\nabla p$ 为力；ρ 为介质密度；ω 为角频率。

若声波为谐和平面波，表 1-1 中列出的平面波声压 $p(x,t)$ 为

$$p(x,t)=P\mathrm{e}^{\mathrm{j}(\omega t-kx)} \tag{1-16}$$

式中，P 为声压幅度；$k=\omega/c$ 为波数；c 为介质声速。

将式（1-16）代入式（1-15）得

$$\frac{p(t)}{v(t)}=\rho c \tag{1-17}$$

式（1-17）称为平面波的“欧姆定律”。平面波的声压与振速的波形是相同的，二者是完全相关的。

对于球面波，由表 1-1 得到

$$p(r,t)=\frac{B}{r}\mathrm{e}^{\mathrm{j}(\omega t-kr)} \tag{1-18}$$

式中，B 为 1m 处的声压幅值。

将式（1-18）代入式（1-15），同时对 r 求导数，得到

$$\frac{p(r,t)}{v(r,t)}=Z(\omega)=\frac{\rho c}{1-\mathrm{j}\dfrac{\lambda}{2\pi r}} \tag{1-19}$$

由上述可知，在近距离处球面波的阻抗是复数，声压与振速有相位差，对于宽带信号，声压与振速的波形会不同。但实际上，只要 $r>\lambda$，式（1-19）的虚数部分是可忽略的（图 1-4），其阻抗近似等于平面波的声阻抗 ρc，声压与振速的归一化相关系数接近于 1。

任何复杂的行波声场，在远处都可以近似为平面波，所以它们的声阻抗为实数。海洋中点源的声场尽管很复杂，但在若干倍海深以外，声压与振速几乎是同相位的，二者大致是完全相关的。

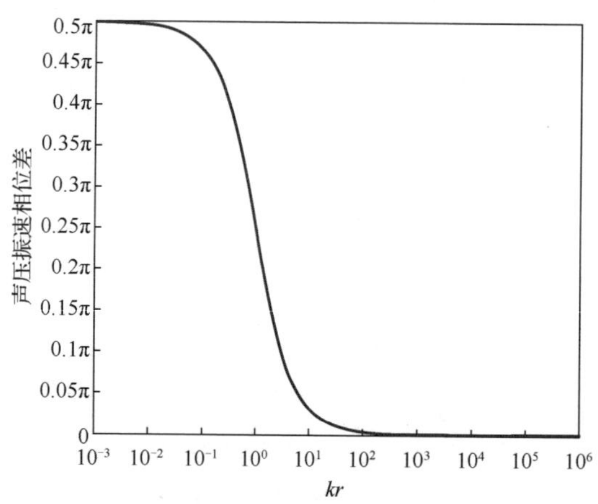

图 1-4　球面波声场声压与振速的相位差

1.4　单基地声呐系统及声信道模型

只有充分认识声信道对声呐系统设计带来的影响和限制，才能逐步使声呐系统与声信道相适配，以便获得好的探测效果和识别能力。

我们将复杂的声呐系统和海洋声信道抽象成模型来理解，建模的方式很多，建模的原则是：模型是人们对海洋信道影响声呐系统物理过程的理解，模型在反

映过程的主要矛盾的同时，力求简单。

在这里，我们约定基于一个搭载平台上的主动或被动声呐进行水下作业的系统为单基地声呐系统。图 1-5 是单基地主动声呐探测目标的信息流程，其与雷达的信息流程是类似的。

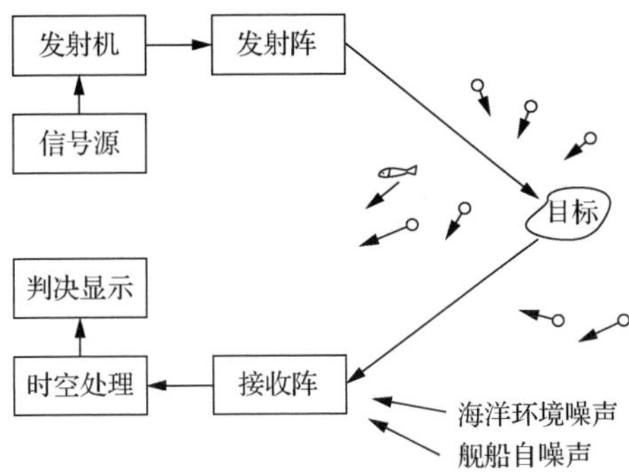

图 1-5 单基地主动声呐系统和声信道示意图

具体的信息流程包括以下几个方面。

（1）在海面和海底围成的水体中，主动探测系统根据探测任务、探测环境、探测目标的特点，由信号源生成适宜的探测信号，经由发射机将信号功率放大，推送给发射阵。

（2）发射阵将信号进行电声转换，并在空间形成指向性发射出去。

（3）声波在海洋环境中传播，声波从发射阵到目标，以及被目标反射后到接收阵的过程中，都会有声能的损失，我们称之为传播损失。

（4）被目标反射后到达接收阵处的声能，我们称之为回波，这是主动探测的有用信号。

（5）声波被海洋中的非均匀粒子等物质散射后到达接收阵处的声能，我们称之为体积混响；被海面、海底散射后到达接收阵处的声能，我们称之为界面混响。混响是主动声呐特有的重要干扰。

（6）接收阵除了接收到主动声呐发出信号后形成的回波和混响，还时刻受到海洋环境噪声、接收阵搭载平台的自噪声、接收阵列与水摩擦形成的流噪声等背景干扰。

（7）接收阵列将混杂在一起的回波、混响和背景干扰进行声电转换后，将面临主动声呐探测目标过程中的最主要矛盾：在噪声中探测信号。主动声呐系统对所接收的信号进行处理，处理的最主要目的是在噪声中提取信号，并基于信号特征对目标进行判决、参数提取、定位跟踪、分类识别，这就是声呐的全部工作过程。

从通信论的观点来看，海洋就是声信道。上面的步骤（3）、（4）中，理想的信道只损失声能，无畸变信号。然而海洋不是理想的信道，海洋的不均匀性和声干涉现象引起回波信号波形的畸变，进而导致信息损失。步骤（5）、（6）中，海洋中存在着种类繁多的发声源，声呐的载体也有强烈的自噪声，海洋的不均匀性和时空变化导致背景干扰产生随机的变化。目标和收发基阵之间的相对运动以及目标散射特性的复杂性也是声信号畸变的重要原因。种种此类畸变限制了声呐系统的探测性能。

所以，从通信论的观点来看，海洋可以看作一个随机的时变、空变滤波器，它对声源发出的信号进行变换。除非出现声学的非线性现象，声源和接收器之间的海洋介质（包括边界和目标）可以合理地假定为线性滤波器。

综上所述，声呐系统和声信道可以用图 1-6 所示的模型来表示。目标被看作信道的一部分，它对入射声信号进行变换，从而回声带有目标的信息。

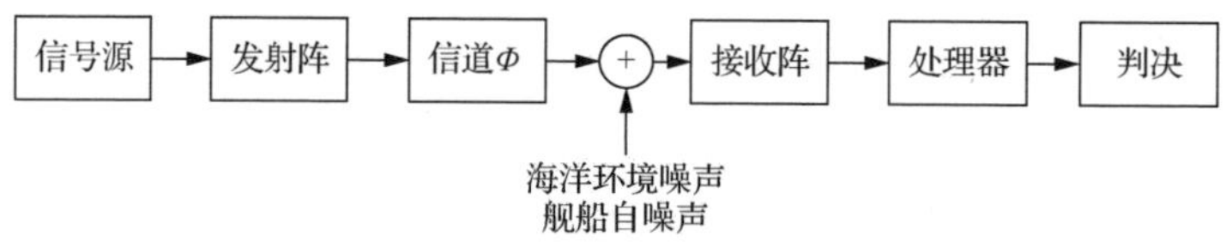

图 1-6　声呐系统和声信道模型

经典的单基地主动声呐方程是建立在图1-6模型的平均能量的描述基础上的，能简洁地说明影响声呐作用距离这一重要性能的诸因素的相互关系，是讨论声呐技术的合适起点。

主动声呐方程的形式如下：

$$\mathrm{SL}-2\mathrm{TL}+\mathrm{TS}-(\mathrm{NL}-\mathrm{DI})-\mathrm{RL}\geqslant \mathrm{DT} \tag{1-20}$$

式中，SL 为声源级；TL 为传播损失，表示从声源到目标（或观察点）的单程传播损失，对于收发合置的单基地情况，TL 也是从目标（或观察点）到接收阵的单程传播损失；TS 为目标强度，它表示目标对声波的反向散射强度；SL－2TL+TS 为接收水听器处的回声信号强度级；NL 为接收阵所接收到的背景干扰级（含舰船自噪声和环境噪声）；DI 为接收阵的指向性指数；NL−DI 为指向性接收阵所接收到的背景干扰级；RL 为混响强度；DT 为探测阈。探测阈是指当声呐系统的虚警率不超过 p_α 且探测概率不低于 p_d 时所需的接收阵处最低的信号与干扰功率之比。探测阈是由接收阵和声呐信号处理器的性能，以及信号、干扰的时空统计特性决定的。

声呐方程的左边是随目标距离而变化的接收阵的输出功率信杂比（单位为 dB，含信噪比和信混比）。对于某一极限作用距离，声呐方程为等式。换言之，声呐方程指出，声呐接收阵输出的功率信杂比大于或等于探测阈时，声呐才能以优于预定的置信限（p_α 和 p_d）正常工作。

对于单基地被动声呐有

$$\mathrm{SL}-\mathrm{TL}-(\mathrm{NL}-\mathrm{DI})\geqslant\mathrm{DT} \tag{1-21}$$

与主动声呐不同的是，被动声呐是目标辐射噪声传播到接收阵这一单程传播过程，所以被动声呐方程中只有一个传播损失TL。被动声呐没有声波被目标反射和海洋不均匀粒子散射这一过程，所以没有目标强度TS和混响强度RL。

声呐方程在工程设计中很有用处，本书将在第2章详细阐述声呐方程中各参数的物理意义及其工程应用的基本概念。

1.5 多基地声呐系统及声信道模型

在这里，我们约定基于收发分置在不同平台的双基地声呐，以及基于多个搭载平台上的多个主动或被动声呐进行水下作业的系统为多基地声呐系统[3]。图1-7给出了一个一发多收的多基地声呐模型示意图，其中(x_T,y_T)为发射平台，(x_i,y_i)为接收平台，(x,y)为目标。

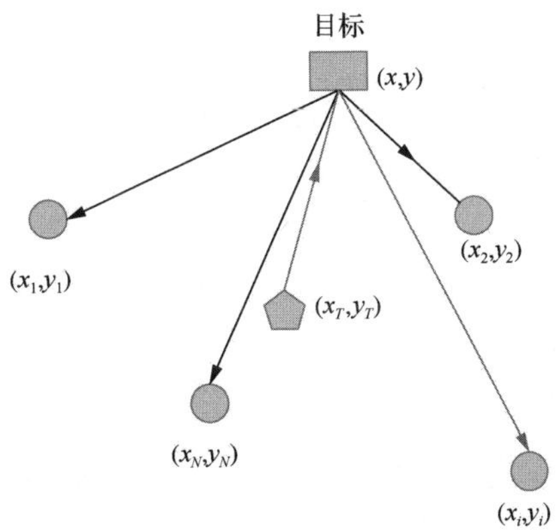

图1-7 多基地声呐模型示意图

多基地声呐系统同时具有单基地主被动声呐系统的工作特点，其中每个收发分置的双基地声呐可视为多基地声呐的最小主动探测单元。对于以混响为主要背景干扰的情况，双基地声呐方程为

$$\mathrm{SL}-\mathrm{TL}_1-\mathrm{TL}_2+\mathrm{TS}-\mathrm{RL}=\mathrm{DT} \tag{1-22}$$

对于以噪声为主要背景干扰的情况，双基地声呐方程为

$$SL - TL_1 - TL_2 + TS - NL + DI = DT \tag{1-23}$$

其中各符号的物理意义与单基地主动声呐方程相同，但从声源到目标（或观察点）的传播损失 TL_1，和从目标（或观察点）到接收阵的传播损失 TL_2 一般不相同。如果是收发合置的主动声呐，则 $TL_1=TL_2$。此外，由于发射平台和接收平台在空间上分离，目标强度在单基地目标强度特征基础上，还增加了收发分置角对目标强度的影响因素，将在 4.7 节详细讲述。

多基地声呐系统中每个被动声呐可视为系统的最小被动探测单元。其声呐方程与单基地被动声呐方程的表达式相同。

与单基地声呐系统不同的是，多基地声呐系统的声信道模型更加复杂[4]。需要特别关注的是多基地彼此之间在协作的同时，平台自噪声对其他平台产生了一定程度的相互干扰，我们称为多基地声呐系统的友邻干扰。来自多个噪声源的总噪声级可通过进行非相干叠加获得。以幂指数形式分别表示每个噪声源的声功率，则总噪声级 NL_a 为它们的和，其公式为

$$NL_a = 10\lg\left(10^{NL_1/10} + 10^{NL_2/10} + P_{self}\right) \tag{1-24}$$

式中，P_{self} 为平台自噪声功率。

对于包含主动声呐的多基地系统，直达波干扰是不容忽视的特有干扰源，其信道特性和抑制方法将在第 7 章详述。

参考文献

[1] Lurton X. An introduction to underwater acoustics: principles and applications[M]. New York：Springer Science & Business Media, 2002.

[2] Walker W F. Linear modeling of long underwater acoustic paths[J]. The Journal of the Acoustical Society of America, 1965, 37(6): 1091-1101.

[3] Blondel P, Pace N G. Bistatic sonars: Sea trials, laboratory experiments and future surveys[J]. Archives of Acoustics, 2009, 34: 95-109.

[4] Coraluppi S. Multistatic sonar localization[J]. IEEE Journal of oceanic engineering, 2006, 31(4): 964-974.

第 2 章　水声信道影响要素

海面、海底边界和水体构成海洋波导，从通信论的观点来看，海洋波导就是一个复杂多变的非理想声信道。本章以单基地主动声呐方程为例，通过方程中的每个物理量来分析导致水声信道复杂多变、非理性的因素。

2.1　发　声　源

在声呐方程中，用声源级来描述发声源发出声信号的强度，其基于声压的定义为

$$\mathrm{SL}=10\lg\frac{\text{距离等效声中心1m处的声压}}{\text{参考声压}} \tag{2-1}$$

式中，参考声压为 $1\mu\mathrm{Pa}=10^{-6}\,\mathrm{Pa}$，是水中的参考声级。通常一个无指向性声源 1W 的声功率对应的声源级 $\mathrm{SL}=171\mathrm{dB}$。目前常规主动声呐的声源级约为 190～230dB。

基于声强的声源级定义为

$$\mathrm{SL}=10\lg\frac{\text{距离等效声中心1m处的声强}}{\text{参考声强}} \tag{2-2}$$

式中，参考声强为 $0.67\times10^{-22}\,\mathrm{W/m^2}$。

除了声源级，发声源的其他特征也深刻影响着声呐的性能。

2.1.1　主动声源

主动声呐的发声源特征，除了声源级，还包括工作频率、工作带宽、信号形式、发射脉冲宽度和发射周期等。

声源级越大，主动声呐的作用距离越远。但是过大的声源级会导致如下问题。

（1）易损坏换能器。

（2）产生空化现象，降低声呐探测性能。

（3）单基地的本地强干扰和多基地的友邻干扰不容忽视。

工作频率：工作频率对声呐性能有着深远的影响。在作用距离为主要探测性

能指标时，使用低频声信号更易于实现远距离稳健探测，目前最低频率的工作方式是利用甚低频在海底传播的地声传播与探测。但低频工作方式面临着对目标精细化特征的分辨能力弱、声源体积大、平台搭载难等挑战。

工作带宽：宽带的优点很多，如处理增益大、时间分辨率高、可克服水声信道的频率选择特性等，但宽带声呐在实现上较单频声呐更为复杂。在一些用单频点进行探测与识别的场合，尤其是多普勒估计时，常选用单频信号。所以，需根据工作需求和工作任务进行工作带宽的选择。

信号形式：主动声呐发射的脉冲通常可以进行时间和频率的调制，如正调频信号、双曲调频信号等。信号形式与信号段时延分辨力、频率分辨力，以及抗噪声性能、抗混响性能息息相关，可以在有关主动声呐波形设计的文献中获得更多的专业知识。

发射脉冲宽度：长脉冲具有较好的处理增益，因而常用于远距离探测，如鱼雷远程寻的信号常用长单频连续波（continuous wave, CW）脉冲信号。但长脉冲混响持续时间长，故浅海为避免界面混响对声呐性能的影响，需仔细考虑发射信号脉冲宽度；因多途引起的脉冲展宽较大从而不宜短周期快速重复使用；另外，发射长脉冲对发射功放也是一个挑战。短脉冲虽然没有高处理增益，不适合远程探测，但适合短周期快速重复使用，如鱼雷直航攻击时需反复、实时地确认目标态势，所以常选择短脉冲。此外，利用短脉冲可获得目标的多亮点。所以，需根据工作海区、被探测目标的特性进行发射脉冲宽度的选择。

发射周期：发射信号多次接触目标，形成连续有效的回波，可通过累积处理提高目标的发现概率。所以，为了提高探测概率和目标跟踪能力，常选择较短的重复周期，甚至是连续波探测的工作模式。但同时需考虑多途导致的码间串扰、混响持续时间长、发射能耗高等诸多因素。所以，发射周期的选择原则与发射脉冲宽度一样，和工作海区、被探测目标的特性有关。

2.1.2　被动声源

被动声源最主要的声特征除了声源级，就是它丰富的频谱特征。

舰船辐射的噪声源可分为三大类，如表 2-1 所示。

表 2-1　辐射噪声源（柴油机、电机推动）

机械噪声	水动力噪声	螺旋桨噪声
主机（主电动机、柴油机、减速器）	水流的辐射噪声	螺旋桨造成的船体振动

续表

机械噪声	水动力噪声	螺旋桨噪声
辅机（泵、发电机、空调设备）	附件、板以及空腔的共振 在附件和支柱上的空化	螺旋桨叶片上及周边的空化

由于舰船的吨位（排水量）、航速不同，所以辐射噪声源级不同，常用的计算被动声源级的经验公式有

$$\mathrm{Lpo} = 134 + 60\lg\frac{U_a}{10} + 9\lg\mathrm{DT} \tag{2-3}$$

式中，Lpo 为100Hz 以上辐射噪声的总声级，单位为 dB；U_a 为航速，单位为 kn；DT 为舰船排水总量，单位为 t。

舰船辐射噪声的频谱是由宽带连续谱和单频线谱叠加而成的。不同船型的连续谱在 200～400Hz 频段内不同频点出现峰值，随频率增大连续谱出现缓慢衰减趋势，衰减斜率大约是每倍频程衰减 6dB。线谱主要包括低频分析与记录（low frequency analysis and recording, LOFAR）谱和噪声包络调制的探测（detection of envelope modulation on noise, DEMON）谱。如图 2-1 和图 2-2 所示的 LOFAR 谱、图 2-3 所示的 DEMON 谱体现了舰船在特定吨位、航速、航行态势下的机械振动，以及螺旋桨的轴频和叶频，所以被动声源的线谱是目标特征识别的重要依据[1]。图 2-2 中，灰度是频谱的能量，越亮表示能量越强，越暗表示能量越低。

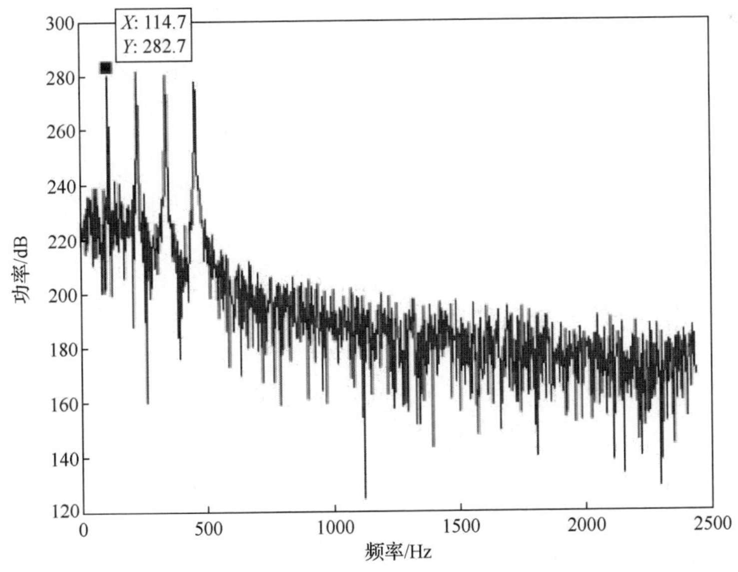

图 2-1　LOFAR 谱 A 式显示

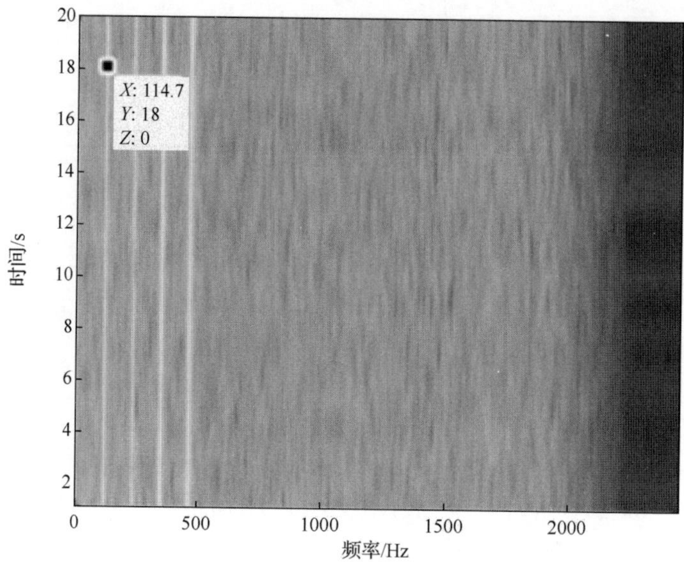

图 2-2　LOFAR 谱 B 式显示

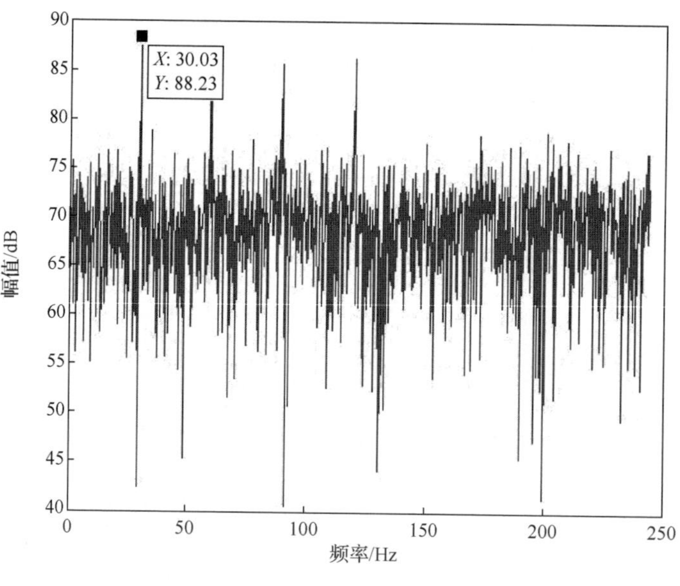

图 2-3　DEMON 谱

图 2-4 给出了舰船辐射噪声模拟流程，从中可看出被动声源频谱特征与被动目标本体特征之间的关系。

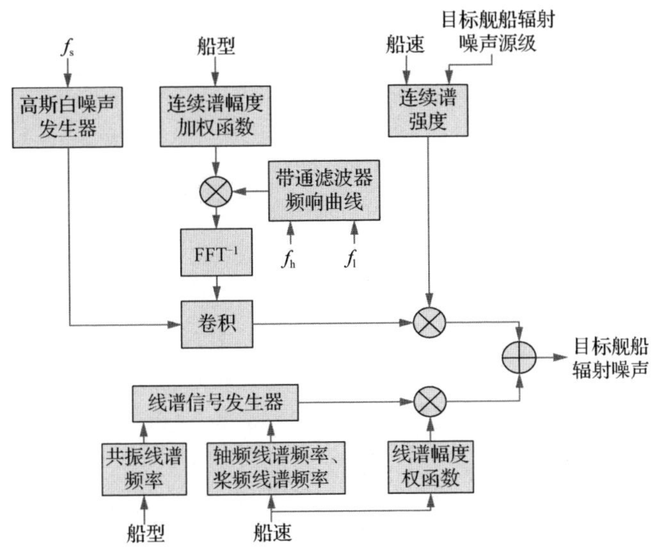

图 2-4　舰船辐射噪声模拟流程示意图

FFT 为快速傅里叶变换（fast Fourier transform）；f_h 为上限截止频率；f_l 为下限截止频率

2.2　传播方式与传播损失

传播损失是评估声呐性能较常用、也是较重要的物理量之一。在声呐方程中，用物理量 TL 来描述传播损失。声波在传播过程中损失能量，原因主要是波阵面扩展、海水的声吸收以及边界反射。相同海域传播方式不同，则传播损失亦不同，而传播方式受声速梯度的影响深远。

2.2.1　声速梯度

声速是海水介质最重要的声学参数，它对声传播有重要影响。通常所说的海中的声速是指平面波在无限海水介质中的相速度，声传播的介质密度越大，声速越大，海洋中的平均声速约为 1500m/s。

海水中的声速不是常数，它随海水温度、盐度、深度的增加而增加，声速在垂直和水平两个剖面都存在变化，而且呈现出地区性、季节性、周期性的多变性。布列霍夫斯基赫等在《海洋声学基础》[2]中指出，对海洋中的声传播来说，最重要的不是声速的绝对值，而是声速梯度随海深的分布。

在《声学手册》[3]和海洋学相关资料里，可查到针对不同应用场景的声速计算公式，常用的经验公式[4]为

$$c = 1449.2 + 4.6T - 0.055T^2 + 0.00029T^3 + (1.34 - 0.010T)(s - 35) + 0.016Z \tag{2-4}$$

式中，c 为声速，单位为 m/s；T 为温度，单位为℃；s 为盐度，单位为‰；Z 为深度，单位为 m。通常情况下，水温增高 1℃，声速增大 4.2m/s；盐度每增大 1‰，声速增大 1.3m/s。由静水压力引起的声速梯度变化为1.2×10^{-5}。海水中声传播速度随海深的变化率称为声速梯度，随海深增加而减小称为负声速梯度分布，反之称为正声速梯度分布。当风浪平静、日照强烈时，大洋表面水层被加热，而深水处水温仍未被加热，这就出现负声速梯度分布。大风浪将海水表面水层搅匀，出现一定厚度的等温水层，由于声速随海水静压力增加而增加，因而等温水层是正声速梯度水层。对于等梯度水层，声速分布的函数形式为

$$c(z) = c_0[1 + a(z - z_0)] \tag{2-5}$$

式中，c_0 为海深 z_0 处的声速；$c(z)$ 为海深 z 处的声速；a 为相对声速梯度，当 $a>0$ 时为正梯度分布，$a<0$ 时为负梯度分布，只考虑海水静压力影响时，$a=1.2\times10^{-5}$。

可以用“回鸣”声速度计[4]在现场实测声速。测声速梯度更为便捷的方法是利用温盐深测量仪（conductivity-temperature-depth system, CTD）实测温度、盐度随水深度的变化关系，然后按式（2-4）可计算得到声速梯度。

2.2.2 声能的损失

海水中声波能量损耗的主要因素有四个：波阵面的几何扩展、声吸收、声波在海面海底的边界损失以及声散射。

波阵面的扩展损失遵循几何学规律，在理想条件下，简谐平面波的声压可表示为

$$p = p_0 \exp[\mathrm{j}(\omega t - kx)] \tag{2-6}$$

该平面波沿 x 方向传播，p_0 为其声压幅值，它不随距离 x 而改变。声强只与声压的幅值有关且与其平方成正比，不随 x 变化，所以 $I(1) = I(x)$，这里，$I(1)$是离声源等效中心 1m 处的声强，$I(x)$是离声源等效中心 x 处的声强。根据传播损失定义，有

$$\mathrm{TL} = 10\lg\frac{I(1)}{I(x)} = 0 \tag{2-7}$$

沿矢径 $\boldsymbol{r}$ 传播的简谐球面波的声压可表示为

$$p = \frac{p_0}{\boldsymbol{r}} \exp[\mathrm{j}(\omega t - k\boldsymbol{r})] \tag{2-8}$$

相应地，$p_0/\boldsymbol{r}$ 为球面波声压幅值，因该声压幅值随矢径 $\boldsymbol{r}$ 呈反比减小，所

以声强 $I(\boldsymbol{r})$与 $\boldsymbol{r}^2$ 成反比。根据传播损失的定义，有

$$\mathrm{TL}=10\lg\frac{I(1)}{I(\boldsymbol{r})}=20\lg\boldsymbol{r} \tag{2-9}$$

在工程上，为了便于一般地表示各种传播条件下的传播损失，将其表示为如下形式：

$$\mathrm{TL}=n\cdot 10\lg\boldsymbol{r} \tag{2-10}$$

式中，$\boldsymbol{r}$ 的模值为声信号的传播距离，单位为 m；n 为常数，其值取决于声传播的条件，常数 n 的取值规则如表 2-2 所示。

表 2-2　常数 n 的取值规则

n	TL_1	适用条件
0	0	平面波传播
1	$10\lg\boldsymbol{r}$	柱面波传播
3/2	$15\lg\boldsymbol{r}$	考虑海底声吸收的浅海声传播
2	$20\lg\boldsymbol{r}$	球面波传播
3	$30\lg\boldsymbol{r}$	声波通过浅海负跃变层后的传播损失
4	$40\lg\boldsymbol{r}$	考虑多途干涉后，远场区的声传播损失

海水中的声吸收是确定性水声信道的重要特性。海水介质是有损耗的，传播过程中声能逐渐损失转变为热能，称为吸收损失。吸收损失与海水成分、温度、压力、声波的频率及传播方式有关。声波在 100kHz 以下吸收损失的原因主要是硫酸镁离子的弛豫吸收。超过 100kHz 时，吸收损失主要是由于介质的黏滞性引起的附加吸收。在 5kHz 以下吸收损失比硫酸镁离子的弛豫吸收要大得多，其原因是硼酸盐的弛豫吸收。

由海水声吸收导致的传播损失计算方法如式（2-11）：

$$\mathrm{TL}_2=\boldsymbol{r}\alpha \tag{2-11}$$

式中，$\boldsymbol{r}$ 的模值为声信号的传播距离，单位为 km；α 为海水的声吸收系数，单位为 dB/km，其值可由经验公式计算得出。声吸收系数与频率关系密切，工程上可利用 Thorp[5]公式求解：

$$\alpha=\frac{0.1f^2}{1+f^2}+\frac{40f^2}{4100+f^2}+2.75\times10^{-4}f^2+0.003 \tag{2-12}$$

式中，f 为声波的频率，单位为 kHz。

对于频率范围在几千赫兹到几万赫兹的声吸收系数，可用以下经验公式快速估计：

$$\alpha=0.036f^{3/2} \tag{2-13}$$

由此，结合式（2-10）可得到涵盖扩展损失与声吸收损失的总传播损失 TL 的详细表达式：

$$\mathrm{TL} = n \cdot 10\lg r + r\alpha \tag{2-14}$$

根据海洋环境，合理选定 n 值，并根据声信号频率确定声吸收系数，便可以获得该海洋环境中任意距离上的传播损失。

2.2.3 界面的反射损失

海面海底形成的声波导的界面，尤其是海底界面的声学特性对声传播有重要影响。海底是影响浅海声传播的主要原因[6]。受限于研究手段和计算能力，在研究目的和工作频率允许的条件下，常将复杂起伏的海底合理地假定为平坦的，也常将复杂分层的海底介质假定为液体。

用折射定律分析界面对声传播方向的影响。如图 2-5 所示，以某一掠射角（与水平面的夹角）θ_1 投射到二层液体界面上的平面波，其反射声线与界面的掠射角亦为 θ_1。

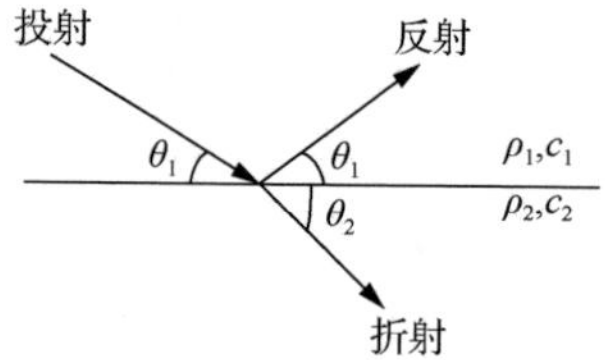

图 2-5　二层介质界面上的声反射和折射

界面反射导致的声波能量损失用反射系数描述，以某一掠射角（与水平面的夹角）θ_1 投射到二层液体界面上的平面波的反射系数最早是由瑞利推导出来的。设二层液体的密度分别为 ρ_1 和 ρ_2，声速分别为 c_1 和 c_2，投射波和反射波的声强分别记为 I_i 和 I_r，则有[7]

$$\frac{I_\mathrm{r}}{I_\mathrm{i}} = \left(\frac{m\sin\theta_1 - n\sin\theta_2}{m\sin\theta_1 + n\sin\theta_2}\right)^2 = \left[\frac{m\sin\theta_1 - (n^2 - \cos^2\theta_1)^{1/2}}{m\sin\theta_1 + (n^2 - \cos^2\theta_1)^{1/2}}\right]^2 \tag{2-15}$$

式中，$m = \dfrac{\rho_2}{\rho_1}$；$n = \dfrac{c_1}{c_2}$。对于 m 和 n 所有四种不同的情况，其特性示于图 2-6[8]。淤泥海底中的声速小于海水中的声速，则反射的情况属于图 2-6（a）的情况。砂石海底属于图 2-6（c）所示的情况。当考虑海底介质的声吸收时，入射声波小于全反射临界角时反射损失亦不为零，并且反射系数依赖于掠射角的函数图像变得更为平滑，图 2-6（c）中的虚线就是考虑了海底介质声吸收后的声反射系数。

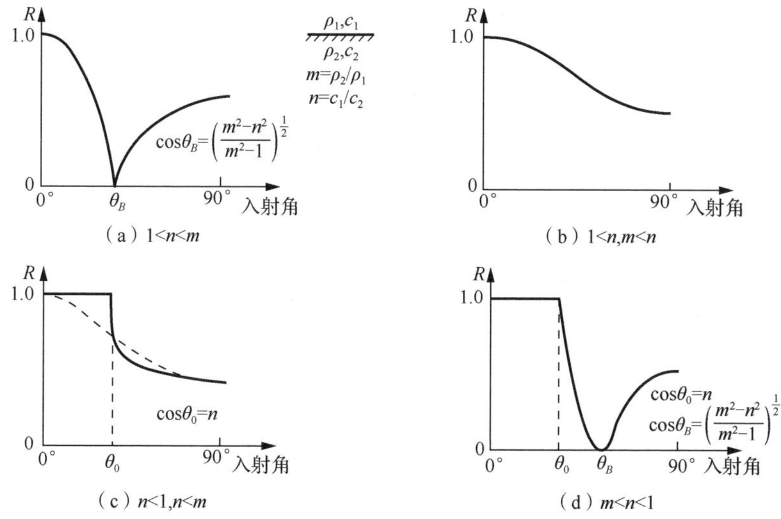

图2-6　海底声反射系数

我们常用简化的三参数模型或者半经验半理论的界面反射系数曲线来拟合关注海区的反射损失随声波入射掠射角变化的关系。

2.2.4　分层介质的射线声学

射线声学用声学描述声能传递的方向，具有直观和简便的优点。

用折射定律分析平面波通过二层介质分界面时发生的折射现象（图2-7）：

$$\frac{c_1}{\cos\theta_1}=\frac{c_2}{\cos\theta_2} \tag{2-16}$$

海水中的声速随温度、盐度、深度发生变化，所以海水是非均匀介质。设想将海水介质沿深度 z 方向分为许多薄层，每一层中声速视为均匀的，c_i 为第 i 层处的声速，θ_i 为第 i 层边界处的掠射角。设某一参考点处的声速为 c_0，声线在该处的掠射角为 θ_0，分层介质中的折射定律如式（2-17）所示，即在分层介质中声线是折线，在声速连续变化的分层介质中声线路径将是曲线。

$$\frac{c_i}{\cos\theta_i}=\frac{c(z)}{\cos\theta(z)}=\frac{c_0}{\cos\theta_0} \tag{2-17}$$

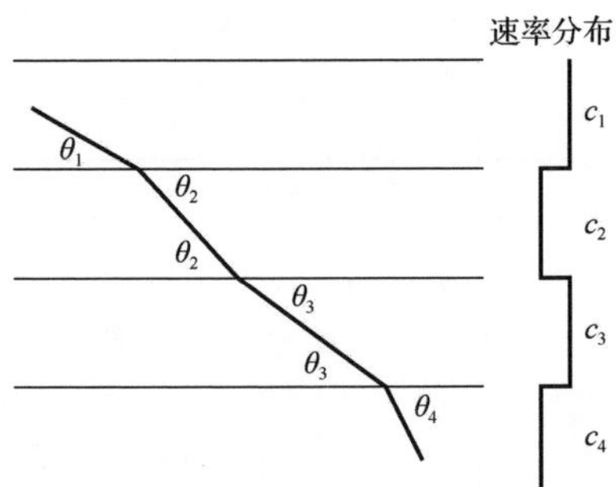

图 2-7　分层介质中的折射定律示意图

2.3　目 标 强 度

在声呐方程中，点目标强度定义为距目标声学中心 1m 处回波（反向散射波）声强与入射波声强之比的分贝数。点目标强度 TS 为

$$\mathrm{TS}=10\lg\left.\frac{I_{\mathrm{r}}}{I_{\mathrm{i}}}\right|_{r=1\mathrm{m}} \tag{2-18}$$

式中，I_{r} 和 I_{i} 分别为距声学中心 1m 处的回波声强和入射波声强。所谓“声学中心”是在目标体内、体外或边界上的一个假想的反射点，从远处看回声是由该点辐射出来的。采用 1m 作为参考距离，这导致许多声呐目标的目标强度是正的，但这并不意味着该目标散射时具有聚焦效应而使回声较入射声更强。若选取 1km 作为参考距离，则几乎所有目标的 TS 值均为负值。

点目标强度具有以下特征。

（1）与目标有效反射体积有关。4m 直径的刚球目标强度为 0dB。

（2）与声波频率有关。若半径为 a，波数为 k，$ka<0.5$ 时钢球的目标强度随频率的四次幂而增加。

（3）随距离而变化。对于大目标，近场区内目标强度随距离呈振荡变化，这是由于散射声近场的干涉效应，导致在不同距离上 n 目标的“亮度”（目标强度）是不同的，观察者逐渐接近目标时观察到目标的亮度是闪烁的。

一个实际目标，若其等效声学中心不能为一个点的话，需将其视为一个体目标。体目标的不同反射面的声反射强度是不同的，如图 2-8 所示，从目标的声信号能量变化的角度来说，体目标的目标强度是声波入射掠射角的函数。

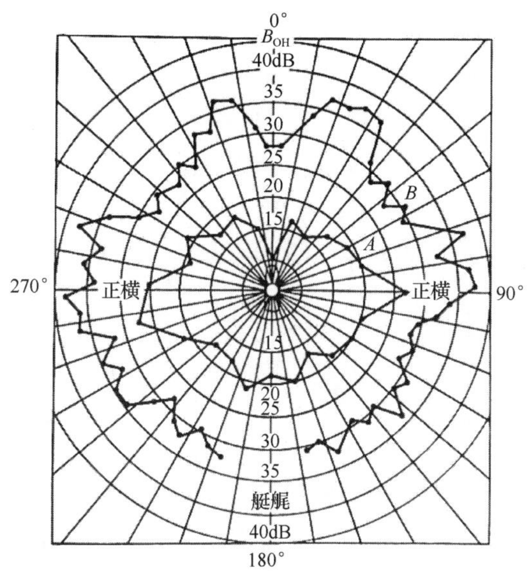

图 2-8　实测水下体目标的目标强度[9]

入射声波投射到体目标上产生散射声波，从通信论的观点来看，目标对入射声波波形做了线性变换，对入射声波进行了强度和波形的变换，因而它可以看作一个时-空滤波器，称为“目标信道”。目标信道是主动声呐信息传输链中的一环。主动声呐信息流程示意图见图 2-9。

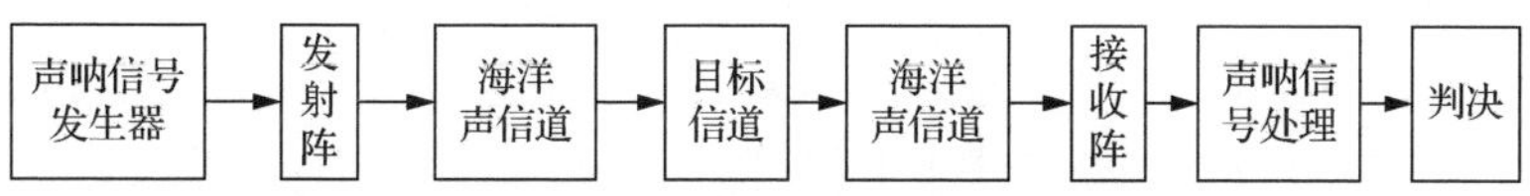

图 2-9　主动声呐信息流程示意图

目标回波由两部分组成：相干分量和随机分量。前者是较强的“几何镜反射”分量，后者是目标的棱、角和尾流产生的散射分量。图 2-10 表示目标信道由两类滤波器组成，它们分别对应上述两种分量。

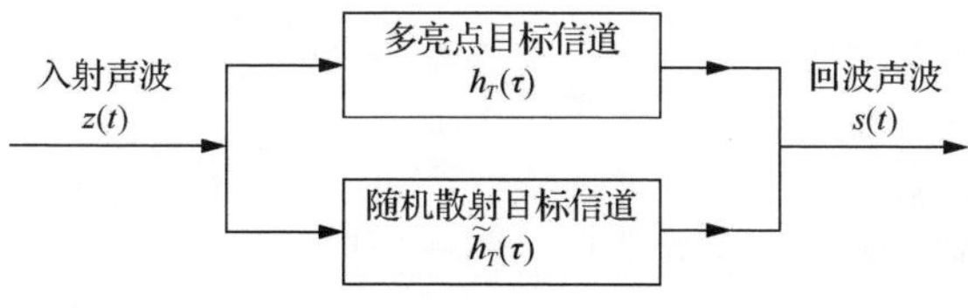

图 2-10　目标信道示意图

2.4　水下噪声场

作为水下声学活动的背景场，噪声场对水声信道的影响不容忽视，其对声呐性能产生深远的影响。在声呐方程中，用噪声级 NL 来描述海洋环境噪声的强度。实际的水下噪声场，除了海洋环境噪声，还包括声呐搭载平台的自噪声、多声呐协同工作时的友邻干扰和人为干扰。

海洋环境噪声是海洋的重要物理属性，按照其产生的原因来看，海洋环境噪声可分为以下几类。

（1）海洋动力噪声：与风浪有关，是海水和大气中的湍流产生的噪声，还包括海浪拍岸噪声、风成噪声、雨噪声、气泡噪声等。风成噪声的产生机理与海洋表面的不平整性和海洋表面破碎所产生的气泡有关。风成噪声随风速增大而增大，随频率升高逐渐下降，当频率低于 1kHz 时，风成噪声的下降较为平缓，当频率大于 1kHz 时下降较快。雨噪声与风成噪声的发声原理相类似，都与海洋表面附近的微小气泡有关。同频率下随降雨量的增大而增大。当频率低于 10kHz 时，雨噪声谱级随频率升高而降低；当频率在 10～16kHz 时随频率升高而升高；当频率在 24～100kHz 时随频率升高而降低。

（2）交通噪声和工业噪声：远处航船产生的噪声，以及人类活动产生的噪声。远处航船噪声集中在 50～500Hz 的频段范围内，此频段内的海洋环境噪声与风和雨等自然环境的关系不大，噪声主要来自水平方向且有较为固定的噪声来向，其噪声谱与船舶的辐射噪声谱相近，其大小与周边航运的繁忙程度密切相关。

（3）海洋生物噪声：各种生物所发的声音。一般海豚发声的功率谱谱峰在 20～100kHz 范围内，声压级在 140dB 附近；鲸叫声频率范围为 0.2～32kHz，谱峰的频率范围为 5～6kHz，声压级为 174～184dB；栖息于切萨皮克湾及其他美国东海岸等地的鱼类能够发出间断噪声，其谱峰频率为 500～600Hz，谱级达到 107dB；鼓虾发出的噪声，频谱的峰值在 2～5kHz 范围内，峰峰值声源级为 183～189dB，其噪声谱的覆盖范围很广，谱密度值在 200kHz 处仍然相当可观，与峰值处差距仅 20dB。

（4）地震噪声：由地震、火山活动和海啸产生的噪声。

（5）冰下噪声：由于冰层的形成和运动产生的噪声。与开阔水域不同，冬季冰封期极地海面被大面积冰层覆盖，极地强风吹冰产生的冰雪摩擦声，形成簇状脉冲干扰。春季化冰期和秋季冻冰期冰层呈现鳞状浮冰分布，漂浮过程中相互频繁碰撞形成了随机脉冲噪声的特殊干扰。对以波形匹配为机理的主动探测而言，冰下脉冲噪声具有典型的时域非高斯特性；对以空间滤波为机理的被动探测而言，冰下脉冲噪声呈现出明显的空间非均匀特性。这给传统的水声主被动探测方法提出了新的挑战。

海洋环境噪声是复杂多变的，它与海域位置、气象条件有关，更与频率有关。当频率在 20Hz 以下时，主要噪声源为海洋湍流、地震和潮汐；当频率在 20Hz 到 500Hz 之间时，主要噪声源为交通噪声；当频率在 500Hz 到 50kHz 之间时主要噪声源为海浪及其破碎的浪花；当频率在 50kHz 以上时，主要噪声源为海水分子运动的热噪声。常用噪声谱级曲线来描述海洋环境噪声强度随频率的变化情况，环境噪声谱级是指用无指向性水听器所接收到的 1Hz 带宽内的声压级。1948 年 Knudsen 等[10]研究所得的深海环境噪声谱级如图 2-11 所示，可见随频率的增加环境噪声谱级每倍频程减小 5～6dB。

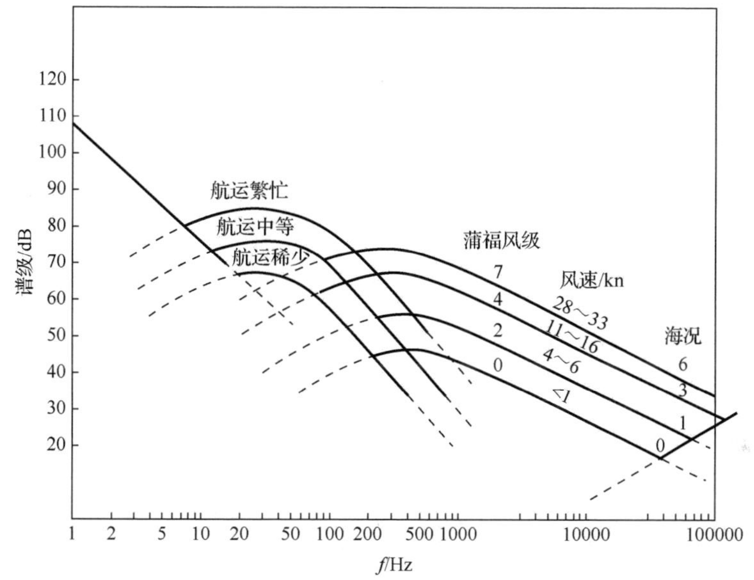

图 2-11　深海环境噪声谱级

利用图 2-11 可查到 f_0 处的环境噪声谱级 $\mathrm{NL}(f_0)$，在窄带的条件下，运用式（2-19）可以方便地估算中心频率为 f_0、带宽为 Δf 的通带中的噪声级，对于图 2-11 中的直线部分有

$$\mathrm{NL}_{\Delta f}=\mathrm{NL}(f_0)+10\lg\Delta f \tag{2-19}$$

海洋环境噪声在空间不是均匀分布的。图 2-12 是深海中实测的海洋环境噪声垂直方向分布曲线。图 2-13 是交通噪声水平方向分布的例子。

单频的海洋环境噪声场的空间相关半径不足半个波长，垂直方向空间相关半径更小。关于环境噪声场的时空统计特性在此不予详述，读者可参阅相关文献。

平台自噪声是声呐搭载的船只自身产生的舰船辐射噪声，其产生原理与 2.1.2 节的被动声源相同。

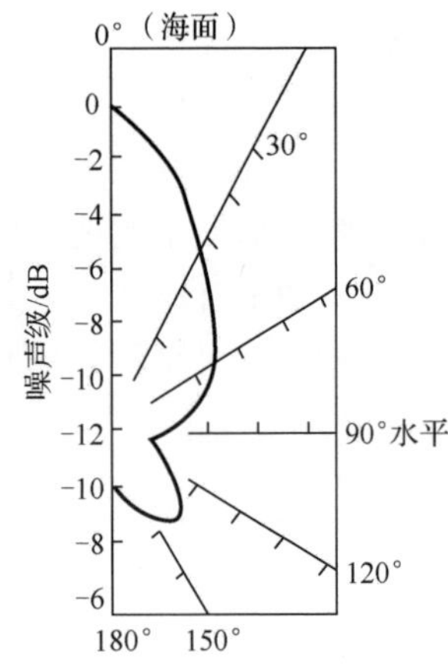

图 2-12　深海中环境噪声的垂直方向分布曲线

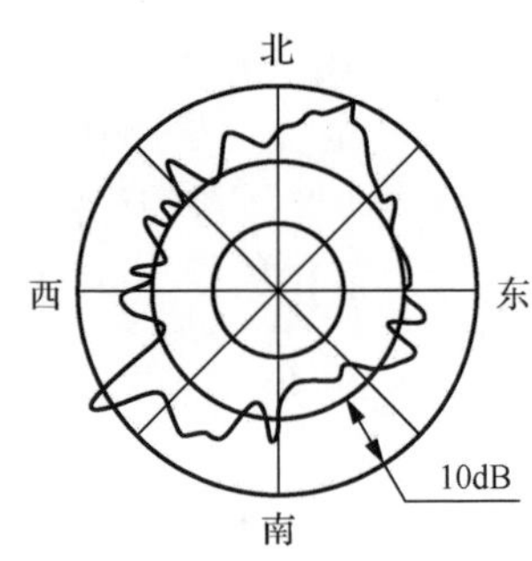

图 2-13　交通噪声水平方向分布的例子

艏端阵接收到的平台自噪声包括从水中传来的舰船辐射噪声、含船体长度的传播损失（按球面波扩展计算），同时还包括从船体传来的舰船振动噪声等。

拖曳阵接收到的平台自噪声包括从水中传来的舰船辐射噪声、含拖缆长度的传播损失（按球面波扩展计算），同时还包括阵体拖曳产生的流噪声。

2.5　声呐基阵空间增益

声呐基阵空间增益的描述方式之一是声呐方程中的指向性指数 DI（dB），其定义为

$$\mathrm{DI}=10\lg\frac{\text{无指向性接收干扰声强}}{\text{指向性接收干扰声强}} \tag{2-20}$$

由此定义可看出指向性对抑制干扰的重要性。此外，指向性中的波束宽度可描述声呐抑制噪声和空间目标的分辨能力，旁瓣级可描述声呐抑制噪声和假目标的能力。

1. 阵增益

针对各个方向信噪比相同的无指向性点源，声呐基阵在指定方向上信噪比的提高称为阵增益，它是衡量声呐基阵性能的重要指标[11]。下面分别介绍发射阵和接收阵的指向性因数和指向性指数。

1）发射阵

发射阵的指向性因数 R_θ 和指向性指数 DI 用于度量发射阵发射声能聚集能

力。R_θ 是指在发射阵远场的某一固定距离内，最大响应方向声强 $I_{\max}$（或声压有效值的平方 $p_{\max}^2$）与各方向平均声强 I_{av}（或声压有效值平方空间平均值 p_{av}^2）之比，即

$$R_\theta = \frac{I_{\max}}{I_{\mathrm{av}}} = \frac{p_{\max}^2}{p_{\mathrm{av}}^2} \tag{2-21}$$

若指向性函数 $D(\theta,\phi)$ 已知，指向性因数可按式（2-22）计算：

$$R_\theta = \frac{4\pi}{\int_0^{2\pi}\int_0^{2\pi} D(\theta,\phi)\sin\theta \mathrm{d}\theta \mathrm{d}\phi} \tag{2-22}$$

发射阵的指向性指数 DI 定义为

$$\mathrm{DI} = 10\lg R_\theta \tag{2-23}$$

2）接收阵

接收阵的 R_θ 和 DI 用于度量它能从各向同性噪声场中提取信号的能力。接收阵的 DI 定义为：在理想的各向同性噪声场中，接收阵接收完全相关信号，经过波束形成后输出信噪比相比于自由场中无指向性阵元输出信噪比改善的分贝数[12]。接收阵的 R_θ 和 DI 的数学表达式和发射阵的相同。

在各向同性噪声场中，接收阵的 R_θ 和 DI 以平面波信号为参考。同理，在具有指向性函数 $N_S(\theta,\phi)$ 和 $N_N(\theta,\phi)$ 的一般信号场和噪声场中，$N_N(\theta,\phi)$ 和 $N_S(\theta,\phi)$ 分别代表入射到接收阵上的单位立体角 $\varOmega$ 内的信号功率和噪声功率。在无指向性接收器接收信号场和噪声场时两者大小相同，即

$$\int N_S(\theta,\phi)\mathrm{d}\varOmega = \int N_N(\theta,\phi)\mathrm{d}\varOmega \tag{2-24}$$

于是，当指向性函数为 $D(\theta,\phi)$ 的接收阵放在这个信号和噪声场中时，阵增益 AG 为

$$\mathrm{AG}=10\lg\frac{\int N_S(\theta,\phi)D^2(\theta,\phi)\mathrm{d}\varOmega}{\int N_N(\theta,\phi)D^2(\theta,\phi)\mathrm{d}\varOmega} \tag{2-25}$$

DI 和波束宽度一样，是阵的重要性能指标，它在计算阵的电声效率、发射响应、声源级时经常使用，也经常出现在声呐方程中。

2. 波束宽度

波束宽度 $\theta_{-3\mathrm{dB}}$（或 $\theta_{-6\mathrm{dB}}$、$\theta_{-10\mathrm{dB}}$）定义为主波束指向性从主轴的最大响应下降 3dB（或 6dB、10dB）时左右两个方向的夹角，有时也会用零点波束宽度 BW_0 和半功率点波束宽度 $\mathrm{BW}_{0.5}$ 来衡量基阵性能。波束宽度示意图如图 2-14 所示。

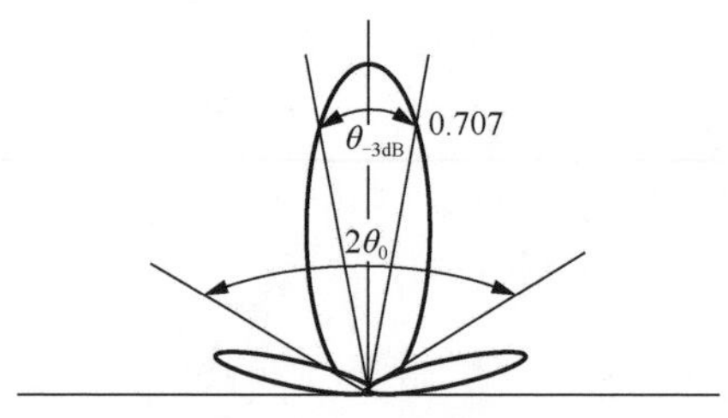

图 2-14　波束宽度示意图

在方位估计中线阵的侧向范围是$(-90°,90°)$，而一般面阵侧向范围是$(-180°,180°)$。下面以线阵为例解释束宽概念。N个阵元的均匀线阵的自然指向性函数为

$$D_0(\phi)=\left|\frac{\sin(N\beta/2)}{N\sin(\beta/2)}\right|,\quad \beta=\frac{2\pi d\sin\phi}{\lambda} \tag{2-26}$$

由$\left|D_0(\phi)\right|^2=0$可得线阵自然指向性波束图主瓣的零点波束宽度$\text{BW}_0$为

$$\text{BW}_0=2\arcsin\left(\frac{\lambda}{Nd}\right) \tag{2-27}$$

关于波束宽度，需要注意以下几点。

（1）波束宽度和阵列孔径成反比，基阵孔径越大，波束宽度越窄，分辨率也就越高，即分辨空间信号能力越强。通常情况下声呐基阵的半功率点波束宽度与基阵孔径之间有如下关系：

$$\text{BW}_{0.5}\approx(40\sim60)\frac{\lambda}{D} \tag{2-28}$$

（2）声呐基阵经过相位补偿，带指向性波束图主瓣宽度会随信号来向不同适当展宽或变窄。如均匀线阵波束指向为ϕ_s的波束宽度为

$$\text{BW}_0=2\arcsin\left(\frac{\lambda}{Nd}+\sin\phi_s\right) \tag{2-29}$$

3. *旁瓣级*

旁瓣级也称为主旁瓣比，波束图中最大旁瓣的幅值被称为旁瓣值，用L_b来表示。旁瓣级是波束图中归一化旁瓣值的声级，用SLL来表示，它反映了声呐基阵对噪声干扰和假目标的抑制能力。旁瓣级通常分为水平波束旁瓣级和垂直波束旁瓣级。SLL和L_b的关系由式（2-30）给出：

$$\text{SLL}=20\lg L_\text{b} \tag{2-30}$$

参考文献

[1] 程玉胜, 李智忠, 邱家兴. 水声目标识别[M]. 北京: 科学出版社, 2018.

[2] Brekhovskikh L M, Lysanov Y P, Beyer R T. Fundamentals of ocean acoustics[M]. New York: Springer-Verlag, 1991.

[3] 马大猷, 沈𫷷. 声学手册[M]. 2 版. 北京: 科学出版社, 2004.

[4] 关致和, 赵先龙, 王莉娜, 等. HY1200 系列声速剖面仪[J]. 气象水文海洋仪器, 2004(2): 53-57.

[5] Thorp W H. Analytic description of the low-frequency attenuation coefficient[J]. Journal of the Acoustical Society of America, 1967, 42(1):270.

[6] 奥里雪夫斯基. 海洋混响的统计特性[M]. 罗耀杰, 赵清, 武延祥, 译. 北京: 科学出版社, 1977.

[7] 何祚镛, 赵玉芳. 声学理论基础[M]. 北京: 国防工业出版社, 1981.

[8] 布列霍夫斯基赫. 分层介质中的波[M]. 2 版. 杨训仁, 译. 北京: 科学出版社, 1985.

[9] Urick R J. Principles of underwater sound[M]. New York: McGraw-Hill Book Company, 1975.

[10] Knudsen V O R, Alford R S, Emling J W. Underwater ambient noise[J]. Journal of Marine Research, 1948, 7(3): 410-429.

[11] Van Veen B D, Buckley K M. Beamforming: A versatile approach to spatial filtering[J]. IEEE ASSP Magazine, 1988, 5(2):4-24.

[12] Hudson J E. Adaptive array principles[M]. New York: Peter Peregrinus Ltd., 1981.

第 3 章　水声信道基础

声波在声信道中传播，产生确定性和随机性同时存在的能量的衰减和波形的畸变，并受到噪声的影响。深入理解水声信道的物理基础，是正确适配海洋环境，有效改善利用声波工作的水声设备性能的关键。

3.1　平均能量信道

声波在水声信道传播，产生能量变化，从这个角度，我们将水声信道称为“平均能量信道”。研究水声信道对声传播能量的影响规律，预报传播损失，是指导声呐设计的关键。海洋波导中声能量损失主要来自特定声传播方式下的扩展损失、声能吸收和界面反射损失。在第 2 章中提过，声速梯度是决定声传播方式，从而影响传播损失的主要因素，下面以典型的声速梯度为例，阐述声信道中声能损失的普适规律。

3.1.1　等梯度水声信道

若声源置于 (r_0, z_0) 处，考虑到折射定律，以 θ_0 为初始掠射角，自声源发出的声线上的任意点 (r, z) 应满足如下声线轨迹方程：

$$r - r_0 = \int_{z_0}^{z} \frac{\mathrm{d}z}{\tan\theta} = \int_{z_0}^{z} \frac{\cos\theta_0}{\sqrt{n^2(z) - \cos^2\theta_0}} \mathrm{d}z \tag{3-1}$$

等梯度水层中声速分布函数如式（2-5）所示。如声源位置为 $\left(0, z_0\right)$，声源所在深度处的声速为 c_0，则将式（2-5）代入式（3-1）就可以得到声线轨迹方程为

$$r = \frac{1}{a\cos\theta_0}(\sin\theta_0 - \sin\theta) \tag{3-2}$$

式中，θ_0 为声线离开声源时的掠射角；θ 为声线上某点处的掠射角。

将式（2-5）代入式（2-17）可知：

$$z - z_0 = \frac{1}{a\cos\theta_0}(\cos\theta - \cos\theta_0) \tag{3-3}$$

由式（3-2）和式（3-3）消去θ，不难得到：

$$\left(r-\frac{1}{a}\tan\theta_0\right)^2+\left(z-z_0+\frac{1}{a}\right)^2=\frac{1}{a^2\cos^2\theta_0} \tag{3-4}$$

式（3-4）中的声线轨迹方程是一个圆方程。可见，在等梯度水层中所有的声线都是一段圆弧线，其半径为$1/(a\cos\theta_0)$。对于静水压力所形成的正梯度等温层，声速梯度$a=1.2\times10^{-5}$，则声线弯曲的最大半径为 833km。

3.1.2 负梯度水声信道

负梯度是等梯度的特例，常见负梯度水文条件的声速梯度量级约为$a=1\times10^{-4}$。图 3-1 为负梯度分布时的声线图。在等梯度水层中所有的声线都是一段圆弧线，由声源发出的以较小掠射角向上的声线，由于折射效应，在未达到海面时就折向声速小的海水深处，在声线反转的深度处应有$\theta=0^\circ$，所以负梯度水文条件时易出现与海面相切的极限声线。该声线把水声信道直观地分为“亮区”和“阴影区”，亮区中任意一点都有直达声线通过，任何直达声线都不能进入阴影区，按射线声学观点，阴影区中声强为零。

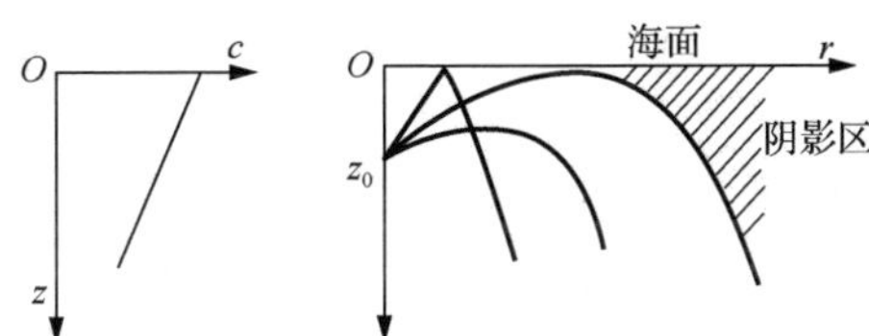

图 3-1　负梯度分布时的声线图

3.1.3 表面声道

国外 1960 年以前的舰壳声呐基本上都是仅利用表面声道的传播方式工作。表面等温层由于海水静压力，形成了一个正声速梯度层。从声源由小掠射角发出的声能进入表面声道，由于折射效应，基本上保留在声道内，仅由于不平整海面散射和表面层下边界能量沿波阵面横向扩散而泄漏一部分声能。

表面声道存在着一个“截止频率”，低于该频率时声道显得太“薄”，不能限制住声波能量，声能从波导中泄漏的程度将随频率降低而迅速增加，扩展损失因而大为增加。表面层越厚，其截止频率越低，30m 的等温层其截止频率约为 1000Hz。所以利用表面声道工作方式的声呐不宜采用过低的频率工作；工作频率过高时，海面不平整所引起的散射泄漏将增加，过高的频率也是不合适的。

在等温水层中存在着声线的包络面，如图 3-2 中虚线所示。包络面处声束管的截面积为零，从声源发出的声线，其声束管截面积逐渐扩展，在包络面处又重新会聚，形成高声强度区，称为“会聚区”，交替出现高强度的会聚区是声道传播方式特有的现象。

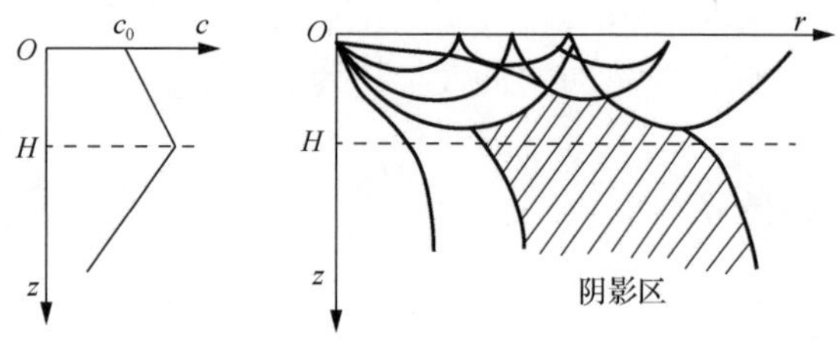

图 3-2　表面声道中的声线

在表面层的下面，直达波到不了的区域（图中阴影区）是所谓“准阴影区”，表面声道泄漏的声能及海底反射声进入该区域，准阴影区内声强度很小。一台搜索表面声道内的目标达 20km 的声呐，用来搜索阴影区内的目标时，作用距离不足 5km。

3.1.4　深海声道

在深海，影响传播损失的主要因素是声速分布。典型的深海声速分布如图 3-3 所示。

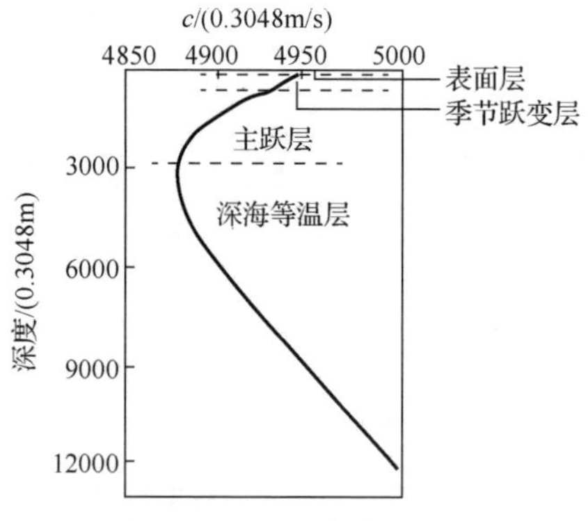

图 3-3　典型的深海声速分布

声速分布可分为四层。表面层有明显的昼夜变化，日照、气温和风浪对其影响很大。表面层通常是厚度在 30～100m 的等温层。它形成所谓的表面声道，层厚度较大时有良好的声传播条件。长时间风平浪静后等温层将消失。表面层之下深度不超过 300m 的水层称为温跃层（thermocline），其中声速随深度增加而急剧减小，该层受季节影响。在 800～1200m 深度上存在着声速极小值点，它所在的深度称为声道轴。声道轴上方的负声速梯度水层叫作主跃层，其下是水温在 2℃左右的等温水层，即为正梯度声速水层。主跃层和深水等温层形成所谓深海声道。

深海典型声速分布决定了深海典型的四种传播方式，即声道轴传播方式、表面声道传播方式、折射传播方式、海底反射传播方式，如图 3-4 所示。

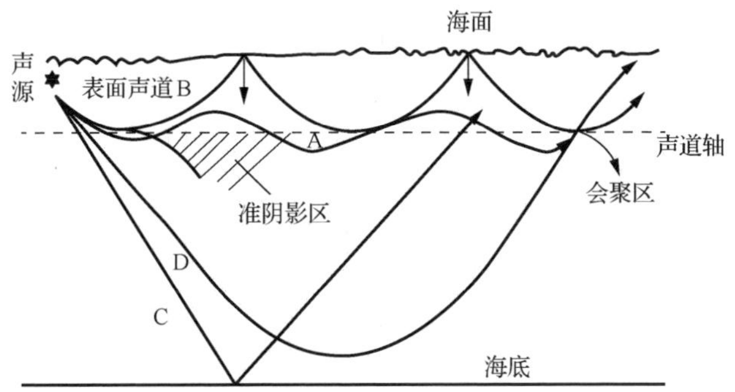

图 3-4　深海的四种传播方式示意图

A 为声道轴传播方式；B 为表面声道传播方式；C 为海底反射传播方式；D 为折射传播方式

若海足够深，其海底处的声速大于或等于海面处的声速，在这种情况下处于海面附近的声呐可以利用会聚区效应进行探测。深海声道布满了会聚区、焦散线和声影区。会聚区是声线在包络面处重新会聚形成的高声强度区，焦散线是相邻声线的交会所形成的包络。会聚区处超过由球面扩展、吸收所得到的声级称为汇聚增益。试验证明会聚区的声强度要比球面扩展规律高 25dB，通常要高 10～15dB。

会聚区宽度有以下特点：①其宽度数量级为距离的 5%～10%；②会聚区近侧（靠近声源一侧）边界很陡，声强度随距离的变化剧烈；③会聚区远侧（非靠近声源一侧）边界不明显，声强度随距离下降比较缓慢；④会聚区的宽度随会聚区的序号增加而增加，直到最后在几百公里的距离上相邻会聚区互相重叠而变得不能分辨。

会聚区之间的距离不是固定的，随地理位置的不同有很大差异，例如在地中海会聚区的间距为 35～40km，而在大西洋则可达到 60～70km。这是因为海水温度随纬度而变化，导致不同纬度深海声道轴的深度也发生了变化。

会聚区形状随声源深度的改变而变化。当声源深度变深时，会聚区展宽，甚至从单个会聚区分裂成两个半会聚区，会聚区增益也随之下降。

3.1.5 浅海中的声能损失

声传播过程中多次受到海面、海底反射的海域为浅海，浅海的定义与工作频率关系密切。在浅海声传播过程中，声速梯度依然影响声线轨迹，不平整的界面散射影响了前向传播的声能损失。对于 1kHz 以上的工作频率，声速分布的影响是重要的，对于几十到几百赫兹的声波，声速分布对浅海声传播影响不大，对这样低的频率，分析浅海声场用波动理论较为适合。

在浅海，海底声学特性是影响传播损失的主要因素。典型的例子是 1944 年 Pekeris[1]为了解释爆炸脉冲在浅海中传播的试验结果，提出了 Pekeris（匹克利斯）浅海模型。

假设海底和海面为两个平面的界面，且相互平行。海面为声学上绝对软的界面，水层厚为H，海水介质的密度为ρ_1，水层介质中平面波的相速度为c_1；假定海底介质是液体，海底介质的密度为ρ_2，海底介质中平面波的相速度为c_2。一般说来，$c_2>c_1$。v_n为水层介质中简正波的群速度，c_n为水层介质中简正波的相速度。Pekeris 浅海模型中简正波的相速度和群速度的关系如图 3-5 所示。

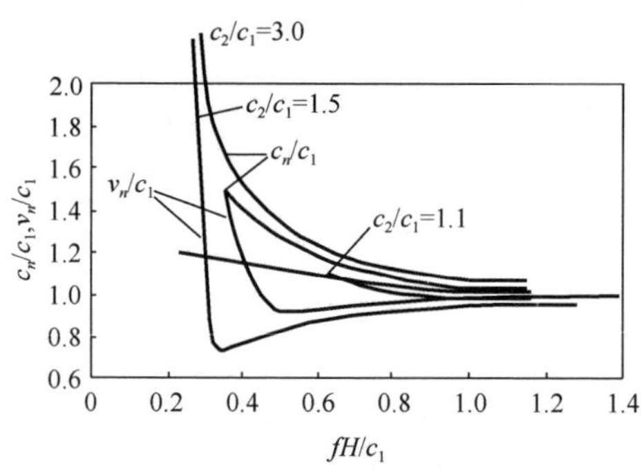

图 3-5 Pekeris 浅海模型中简正波的相速度和群速度

从 Pekeris 浅海模型对浅海低频声场的解中可以得到以下结论。

（1）c_n与频率有关，高频时接近c_1，低频时接近c_2。

（2）浅海波导是色散波导，低频时$v_n \approx c_2$，中频时$v_n < c_2$，高频时$v_n \approx c_1 = c_n$。

（3）对于高于地震波频率的声波，只有海底的纵波声学参数和海底的分层结构对声传播起主要作用。

由于浅海波导中存在色散现象，因此若声源发出一个宽带的声脉冲信号，接收信号将因色散而失真。图 3-6 画出了当声源发出一个指数脉冲（例如爆炸脉冲）时，通过低通滤波器后接收到的波形。最先到达的是低频声波，它们的频率靠近第一阶简正波的截止频率，这些声波具有接近海底介质的声速，因而这些低频声波称为地波，它们的激发强度很小，因而幅度很小。接着到达的是水波，水波的频率较高，具有与海水介质相近的声速。达到最大强度的信号称为艾里波，它具有中等频率和最小速度。

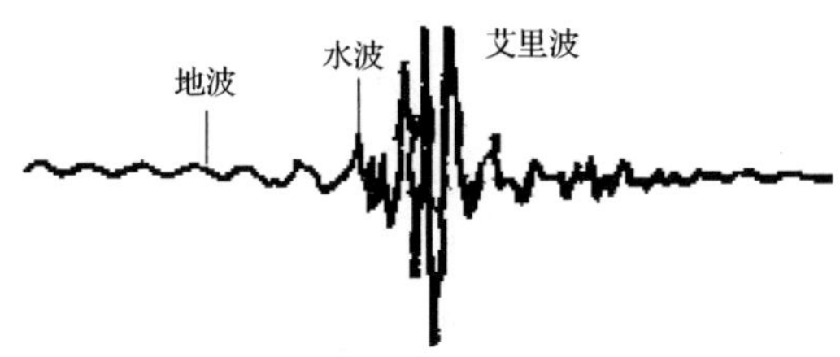

图 3-6　具有三阶简正波的频散波形

3.2　相干多途信道

3.2.1　相干多途信道的系统函数

本节介绍海洋声信道对于传输信号波形的影响。这里我们将水声信道视为理想的线性时不变系统，之后将在 3.3 节讨论其随机性。

首先，建立“相干多途信道”的数学模型。模型的前提为平整海面和海底，分层介质是确定性的，发射和接收传感器静止不动，没有色散。此前提保证了信道的时不变性。“相干多途信道”的数学模型描述为：从声源发出的信号沿各种不同的途径到达接收点，它们互相干涉叠加，产生复杂的空间干涉图案和复杂的滤波特性，接收信号因而产生畸变，从而和原始发射信号有较大区别。

沿各种不同的途径到达接收点，所以我们说声信道是多途信道。到达接收点的一簇声线称为本征声线，每条声线的幅度和时延记为$\left(A_i,\tau_i\right)$，若发射信号为$s\left(\tau\right)$，则本征声线的波形可记为$A_i s\left(\tau-\tau_i\right)$。

声波是微振幅波，所以本征声线互相干涉叠加，所以我们说声信道是相干信道。可叠加也说明了声信道的线性特征，故接收点处的声信号$y\left(\tau\right)$可记为

$$y\left(\tau\right)=\sum_i^N A_i\cdot s\left(\tau-\tau_i\right) \tag{3-5}$$

式中，N为本征声线数。作为线性时不变系统，输出可表示为输入和系统冲激响应函数的卷积，所以：

$$y\left(t\right)=\sum_i^N A_i\cdot s\left(\tau-\tau_i\right)=s\left(t\right)*h\left(t\right)=s\left(t\right)*\sum_i^N A_i\cdot\delta\left(\tau-\tau_i\right) \tag{3-6}$$

式中，$*$代表卷积运算。

由此，我们得到了相干多途信道冲激响应函数的表达式，冲激响应函数的傅里叶变换是系统的系统函数。

若已知海深、海底的剖面形状、声速剖面、声源和接收点的相对几何关系，则只需计算声线参数即可由式（3-7）求得相干多途信道系统函数的具体形式。

$$\begin{aligned} h(\tau) &= \sum_{i}^{N} A_i \delta(\tau - \tau_i) \\ H(f) &= \sum_{i}^{N} A_i \mathrm{e}^{-\mathrm{j}2\pi f \tau_i} \end{aligned} \tag{3-7}$$

从式（3-7）可总结出相干多途信道的特点如下。

（1）存在确定性时延扩展。

（2）对波形和频谱进行了确定性变换。

（3）对信号波形产生了畸变。

（4）没有频率展宽。只有运动能产生多普勒频偏，从而导致频率展宽。

（5）是一梳状滤波器。

（6）相间出现子通带和子止带。常用平均子通带宽、平均子止带宽来描述相干多途信道的良好和恶劣程度。通常情况下，良好水文子通带宽，恶劣水文子通带窄；正梯度水文子通带宽，负梯度水文子通带窄；浅海子通带宽，深海子通带窄。

3.2.2　相关器和匹配滤波器

下面讨论白噪声背景下相干多途信道中确知信号的最优探测问题。

首先考虑理想海洋信道，即单途径传播，接收信号除了幅度和到达时间以外，信号形式是确知的，背景干扰是白色的、平稳的，信号和干扰相互独立。在理想条件下，若发射、接收和目标静止，图 3-7 所展示的主动声呐工作流程示意图中，最佳的“信号处理机”是匹配滤波器。

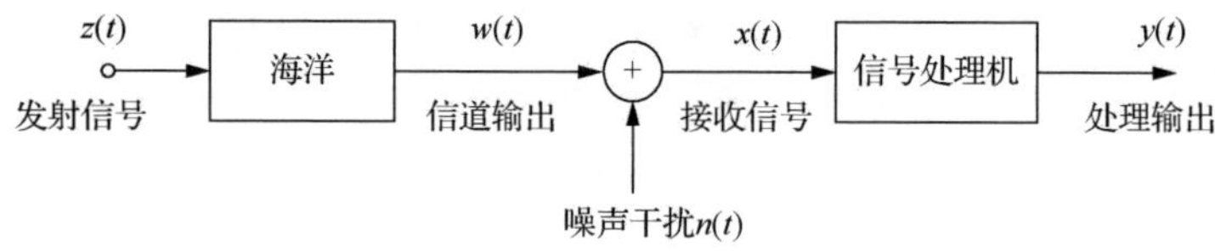

图 3-7　主动声呐工作流程示意

$$W(f) = A \cdot Z(f) \mathrm{e}^{-\mathrm{j}2\pi f \tau_0} \tag{3-8}$$

则匹配滤波器的系统函数为

$$H(f)=Z^*(f)\mathrm{e}^{-\mathrm{j}2\pi f t_1}=A\cdot|Z(f)|\mathrm{e}^{-\mathrm{j}\psi(f)}\mathrm{e}^{-\mathrm{j}2\pi f t_1} \tag{3-9}$$

式中，上标$*$表示共轭转置。

匹配滤波器的冲激响应函数为

$$h(t)=kz^*(t_1-t) \tag{3-10}$$

处理输出为

$$y(t)=w(t)*h(t)=A\cdot z(t-\tau_0)*kz^*(t_1-t) \tag{3-11}$$

从式（3-11）可见，匹配滤波器在时域相当于对发射信号做拷贝相关，所以又称匹配滤波器为拷贝相关器。

考虑理想条件下，发射、接收和目标相对运动的情况，图 3-7 中的$w(t)$可表示为

$$\begin{aligned} w(t)&=A\cdot z(t-\tau_0)\cdot\mathrm{e}^{-\mathrm{j}2\pi v_0(t-\tau_0)}\\ W(f)&=A\cdot Z(f+v_0)\mathrm{e}^{-\mathrm{j}2\pi f\tau_0}\end{aligned} \tag{3-12}$$

式中，τ_0和v_0分别表示回波与发射之间的时延差和频率差。此时，拷贝相关器的冲激响应函数为

$$h(t)=kz^*(t_0-\tau_0-t)\cdot\mathrm{e}^{\mathrm{j}2\pi v_0(t_0-\tau_0-t)} \tag{3-13}$$

故处理器的输出可表示为

$$\begin{aligned} y(t)&=w(t)*h(t)\\ &=\int z(\tau-\tau_0)\mathrm{e}^{-\mathrm{j}2\pi v_0(\tau-\tau_0)}z^*(\tau-t-\tau_0+t_0)\mathrm{e}^{\mathrm{j}2\pi v_0(\tau-t-\tau_0+t_0)}\mathrm{d}\tau\\ &=\int z(\tau)z^*(\tau+t_0-t)\mathrm{e}^{\mathrm{j}2\pi v_0(t_0-t)}\mathrm{d}\tau\end{aligned} \tag{3-14}$$

我们定义具有多普勒频移和时延差的信号的自相关函数为信号的模糊度函数，用$\chi(\tau,v)$表示。该函数即为在理想信道中拷贝相关器的输出，即

$$\begin{aligned} \chi(\tau,v)&\triangleq\int z(t)z^*(t+\tau)\mathrm{e}^{-\mathrm{j}2\pi vt}\mathrm{d}t\\ \chi(t_0-t,-v_0)&\triangleq\int z(\tau)z^*(\tau+t_0-t)\mathrm{e}^{\mathrm{j}2\pi v_0(t_0-t)}\mathrm{d}\tau\end{aligned} \tag{3-15}$$

式中，v表示目标运动所产生的多普勒频移；τ表示目标回波与相关器参考信号之间的时延差。式（3-15）用来描写拷贝相关器在理想信道中的探测性能和测量性能，由该式可知拷贝相关器的性能完全决定于发射信号本身，因此声呐系统的性能所受限制之一是所选择的信号波形。

现在考虑相干多途信道情况，图 3-7 中海洋信道的冲激响应函数可表示为式（3-7），输出$w(t)$为

$$w(t)=z(t)*h(t)=z(t)*\sum_{i}^{N}A_i\delta(t-\tau_{0i})=\sum_{i}^{N}A_i z(t-\tau_{0i}) \tag{3-16}$$

仍然用拷贝相关器作为信号处理机，其冲激响应函数如式（3-10）所示，则处理输出为

$$\begin{aligned}R(\tau)&=\int w(t)z^*(t+\tau)\mathrm{d}t=\int\left[\sum_{i}^{N}A_i z(t-\tau_{0i})\right]z^*(t+\tau)\mathrm{d}t\\&=\sum_{i}^{N}\int A_i z(t-\tau_{0i})z^*(t+\tau)\mathrm{d}t=\sum_{i}^{N}A_i\chi(\tau+\tau_{0i},0)\end{aligned} \tag{3-17}$$

由式（3-17）可知，在相干多途信道中，拷贝相关器的输出是多个途径模糊度函数的叠加。若发射信号的模糊度函数主峰设计得很尖锐（例如图钉函数），能够分辨不同途径的时延差，则相关器就不能充分利用多途信号到达的总能量，拷贝相关器的输出是多峰的，并且其幅度取决于单独途径到达的能量，再加上较高的裙边和旁瓣或残脊对多途信号的响应，就使干涉图案更加杂乱。因此采用拷贝相关器的声呐系统其信号应选择其模糊度函数裙边较低而其时延分辨率适度的波形，信号的带宽不宜过分宽，线性调频信号就是一种合适的波形。

关于如何进一步改善相干多途信道中拷贝相关器的性能，请参见《水下声信道》[2]中的 3.5 节和 3.6 节。

3.2.3　相干多途信道中的互相关

声呐信号处理是时-频-空处理，3.2.2 节介绍了相干多途信道中的匹配滤波器，即时-频处理，本节以空间互相关为例，介绍相干多途信道中的空间处理，空间互相关也是被动声呐常采用的信号处理手段。

相干多途信道中点源声场的互相关理论模型见图 3-8。

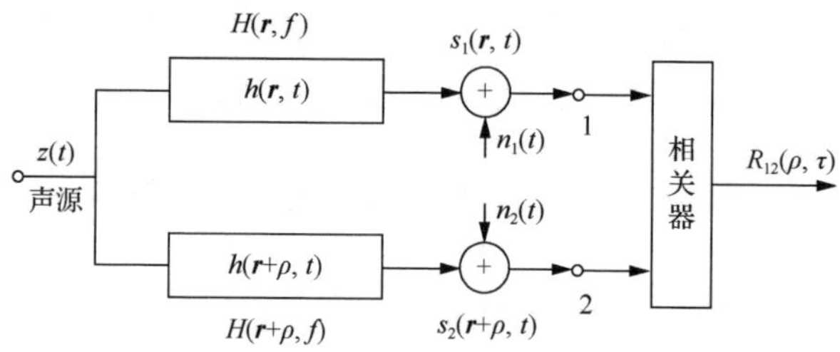

图 3-8　相干多途信道中点源声场的互相关理论模型

从声信道理论的观点来看，在声源和接收点 1 之间的海洋的系统函数为 $h(\boldsymbol{r},t)$

和 $H(\boldsymbol{r},f)$，在声源和接收点 2 之间的海洋的系统函数被看作另一个滤波器 $h(\boldsymbol{r}+\rho,t)$ 和 $H(\boldsymbol{r}+\rho,f)$：

$$\begin{aligned}h(\boldsymbol{r},t)&=\sum_{i=1}^{N}A_i\delta(t-\tau_{0i})\\h(\boldsymbol{r}+\rho,t)&=\sum_{j=1}^{N}A_j'\delta(t-\tau_{0j}')\end{aligned}\tag{3-18}$$

相干信道中两个点之间的互相关就是两个滤波器输出的互相关。因此有

$$s_1(\boldsymbol{r},t)=z(t)*h(\boldsymbol{r},t)=\int Z(f)H(\boldsymbol{r},f)\mathrm{e}^{\mathrm{j}2\pi ft}\,\mathrm{d}f\tag{3-19}$$

$$s_2(\boldsymbol{r}+\rho,t)=z(t)*h(\boldsymbol{r}+\rho,t)=\int Z(f)H(\boldsymbol{r}+\rho,f)\mathrm{e}^{\mathrm{j}2\pi ft}\,\mathrm{d}f\tag{3-20}$$

则互相关函数为

$$R_{12}(\rho,\tau)=\overline{s_1(\boldsymbol{r},t)\cdot s_2^*(\boldsymbol{r}+\rho,t+\tau)}\tag{3-21}$$

$$\begin{aligned}R_{12}(\rho,\tau)&=\overline{s_1(\boldsymbol{r},t)\cdot s_2^*(\boldsymbol{r}+\rho,t+\tau)}\\&=\overline{\left[\sum_i A_i z(t-\tau_{1i})\right]\left[\sum_j A_j z^*(t+\tau-\tau_{2j})\right]}\\&=\sum_i\sum_j A_iA_j\chi_z(\tau+\tau_{1i}-\tau_{2j})\\&=\sum_i A_i^2\chi_z(\tau+\varDelta_i)+\sum_i\sum_j A_iA_j\chi_z(\tau+\tau_i-\tau_j)\end{aligned}\tag{3-22}$$

式中，$\varDelta_i=\tau_{1i}-\tau_{2j},i\neq j$，$\chi_z(\tau+\varDelta_i)$ 是声源辐射信号的相关函数或零多普勒频偏时的模糊度函数。自相关函数的主峰宽度或模糊度函数的时延分辨力大致和声源辐射信号的带宽成反比。式（3-21）表明相干多途信道中的互相关不但与声信道的传输函数有关，也与声源有关，特别是与后者的带宽有关。我们特别指出：在谈到声场互相关时必须注意所关心的具体条件，如信号带宽、积分时间长度和海洋环境条件。

相干多途信道中的互相关具有以下特点。

（1）在相干多途信道中，任意两点的声压波形是完全相干的。

（2）在相干多途信道中，任意两点的声压波形的相关性可以很大，也可以很小。

（3）互相关系数表征了两个接收点接收到信号波形的相似程度。

（4）利用互相关抗干扰的原理为：两个基元干扰是互相独立的，两个基元信号是相关的，两个基元间距小于信道相干长度。

对于两个分开的接收点，当接收有限带宽的点源辐射信号时，由于多途干涉的情况不同，在不同的接收点可以接收到不同的波形，因而当两个接收点逐渐分

离时，归一化互相关系数将降低。

通常将归一化互相关系数降到 0.5 时两个接收点分开的距离称为空间相关半径。如图 3-9 所示，与声传播方向垂直的相关半径 r_1 称为横向相关半径，沿着声传播方向的相关半径 r_2 称为纵向相关半径，铅直方向的相关半径 r_3 称为垂直相关半径。在完全相干的开阔的信道中，声场基本上是柱对称的，因此与声传播方向垂直的水平对称分开的两个接收点应该收到相同的两个波形，横向相关半径理论上应该无穷大。在实际的海洋信道中横向相关半径不会是无穷大而是很大而已，因为实际上海洋环境总是有各种随机因素的，声传播的各种随机过程限制了横向相关半径。垂直相关半径是最小的。这是因为声场在铅直方向是驻波形式，其声场干涉的空间图案沿深度方向的变化尺度远小于波长，因此垂直相关半径也远小于波长。

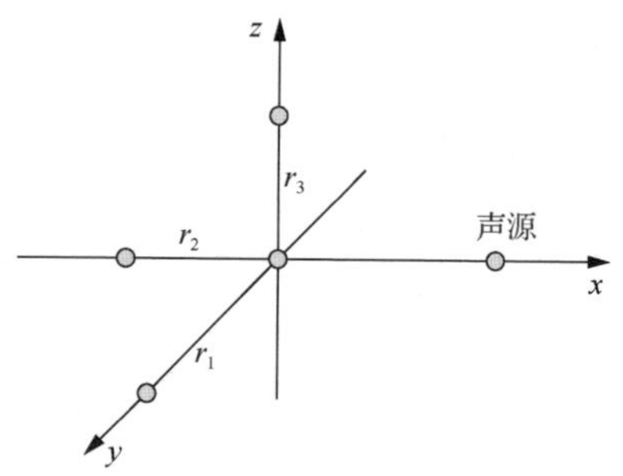

图 3-9 空间相关半径定义示意

海上试验证明，单频波的横向相关半径确实很大，这正好提供了有力的证据，证明实际的海洋信道在一定条件下可以看作相干多途信道，即在频带宽度相当宽的条件下，当仅关心声波的前向传播时，实际的海洋声信道可以看作是相干多途信道。

3.3 随机时变空变信道

海洋声场呈现时间和空间上随机性的特点。导致海洋声场随机变化的因素很多，如波浪、内波、潮汐、温度微结构、湍流、气泡、海底不平、泥沙粒子、鱼虾等，它们会引起随机的声散射，波浪会导致多途到达的信号相对相位关系发生变化，再加上可能的声源与接收器的相对运动，使得接收信号会随时间发生变化，称为声信号起伏。起伏的瞬时值服从高斯分布，包络服从广义瑞利分布。

海洋中某点总声压 $P(\boldsymbol{r},t)$ 可视为确定性声场（相干分量）和随机声场（非相干分量）两部分，即

$$P(\boldsymbol{r},t)=p_0(\boldsymbol{r},t)+p(\boldsymbol{r},t) \tag{3-23}$$

声场的随机分量须用统计的方法来描述，而通常使用的两个统计量即均值$\langle p(\boldsymbol{r},t)\rangle$和相关函数$R_p(\boldsymbol{r}_1,t_1;\boldsymbol{r}_2,t_2)$。若相关函数仅仅依赖于时间差$\tau=t_2-t_1$和差值$\rho=|\boldsymbol{r}_2-\boldsymbol{r}_1|$，即随机声场在时间域上和空间域上是平稳的，则相关函数可写为

$$R_P(\rho,\tau)=\langle p_0(\boldsymbol{r},t)p_0(\boldsymbol{r}+\rho,t+\tau)\rangle+\langle p(\boldsymbol{r},t)p(\boldsymbol{r}+\rho,t+\tau)\rangle \tag{3-24}$$

取$\rho=0$，可得到时间自相关函数，$R_p(0,0)=\left\langle|p(\boldsymbol{r},t)|^2\right\rangle$表示声场的非相干分量的能量，同样$\left\langle|p_0(\boldsymbol{r},t)|^2\right\rangle$表示确定性声场的能量。定义声场的相干系数为相干分量的声强与总声强之比，即相干系数为

$$\xi=\frac{\left\langle|p_0|^2\right\rangle}{\left\langle|p_0|^2\right\rangle+\left\langle|p|^2\right\rangle} \tag{3-25}$$

相干系数是用来描述声场相干程度的度量。

3.3.1　线性时变信道的系统函数

首先定义时变信道的系统函数，时变网络在t时刻的冲激响应记为$h(\tau,t)$，称为网络的冲激响应函数。$h(\tau,t)$是观测时间t的函数，同时也是信道产生的时延τ的函数。在系统的输入端加信号$\mathrm{e}^{\mathrm{j}2\pi ft}$时，系统的输出记为$H(f,t)\mathrm{e}^{\mathrm{j}2\pi ft}$，$H(f,t)$称为网络的传输函数。$H(f,t)$是观测时间$t$的函数，同时也是频率$f$的函数。信道产生的时延$\tau$和频率$f$成傅里叶变换对。

信道随着观测时间t变化（运动），运动速度即为多普勒频率φ，观测时间t与多普勒频率φ成傅里叶变换对。综上所述，线性时变信道有四个系统函数，它们之中任何一个都可以完全确定系统的性能，且它们互为傅里叶变换对。

$$\begin{aligned}&\text{冲激响应函数：}h(\tau,t)\\&\text{传输函数：}H(f,t)\\&\text{扩展函数：}s(\tau,\varphi)=\int h(\tau,t)\mathrm{e}^{-\mathrm{j}2\pi\varphi t}\mathrm{d}t\\&\text{双频函数：}B(f,\varphi)=\int H(f,t)\mathrm{e}^{-\mathrm{j}2\pi\varphi t}\mathrm{d}t\end{aligned} \tag{3-26}$$

式中，$s(\tau,\varphi)$描述了线性时变信道时延扩展和多普勒扩展特性；$B(f,\varphi)$描述了线性时变信道的频率滤波特性和多普勒频率特性。

线性时不变信道可看作线性时变信道在多普勒频率为0时的特例，这时系统函数退化为

$$\begin{aligned} &h(\tau,t)=h(\tau),H(f,t)=H(f) \\ &s(\tau,\varphi)=\int h(\tau,t)\mathrm{e}^{-\mathrm{j}2\pi\varphi t}\mathrm{d}t=h(\tau)\int \mathrm{e}^{-\mathrm{j}2\pi\varphi t}\mathrm{d}t=h(\tau)\cdot\delta(\varphi) \\ &B(f,\varphi)=\int H(f,t)\mathrm{e}^{-\mathrm{j}2\pi\varphi t}\mathrm{d}t=H(f)\int \mathrm{e}^{-\mathrm{j}2\pi\varphi t}\mathrm{d}t=H(f)\cdot\delta(\varphi) \end{aligned} \tag{3-27}$$

时变包括确定性时变和随机时变，确定性时变可通过测量来估计参数或复原信号，随机时变会引起信息损失和处理增益的下降。

3.3.2 随机时变信道的系统函数

当信道的时变性是随机的，则式（3-26）中的四个函数为随机函数，需要用随机函数的统计特征，这里采用相关函数，来描述随机时变信道的特性，于是有四个新的函数来描述随机时变信道，这四个相关函数也互为傅里叶变换对。

$$\begin{aligned} &\text{功率响应函数：} R_h(\tau,\tau';t,t')=h(\tau,t)h^*(\tau',t') \\ &\text{相干函数：} R_H(f,f';t,t')=H(f,t)H^*(f',t') \\ &\text{散射函数：} R_s(\tau,\tau';\varphi,\varphi')=s(\tau,\varphi)s^*(\tau',\varphi') \\ &\text{双频函数：} R_B(f,f';\varphi,\varphi')=B(f,\varphi)B^*(f',\varphi') \end{aligned} \tag{3-28}$$

$$\begin{aligned} R_w(t,t')&=w(t)w^*(t') \\ &=\iint z(t-\tau)z^*(t'-\tau')R_h(\tau,\tau';t,t')\mathrm{d}\tau\mathrm{d}\tau' \\ &=\iint R_{zz}(t-\tau,t'-\tau')R_h(\tau,\tau';t,t')\mathrm{d}\tau\mathrm{d}\tau'=R_{zz}(t-\tau,t'-\tau')*R_h(\tau,\tau';t,t') \end{aligned} \tag{3-29}$$

如图 3-10 所示，若给定输入信号 $Z(t)$ 的自相关函数 $R_{zz}(t,t')$，则随机信道输出信号的相关函数是输入信号相关函数与信道功率响应函数的二维卷积。

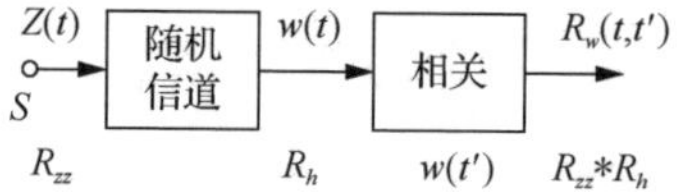

图 3-10　随机时变信道输出端信号处理流程示意

3.3.3 WSSUS 信道的定义

如果信道系统函数只与观测的时间差有关，而与观测的绝对时间无关，这种信道在时间域（观察时间）t 上是广义平稳的，称作广义平稳（wide sense stationary,

WSS）信道。

$$R_h(\tau,\tau';t,t')=R_h(\tau,\tau';\Delta t)$$
$$R_H(f,f';t,t')=R_H(f,f';\Delta t)$$

而根据系统函数的傅里叶变换关系可以得到

$$\begin{aligned}R_s(\tau,\tau';\varphi,\varphi')&=R_s(\tau,\tau';\varphi)\\R_B(f,f';\varphi,\varphi')&=R_B(f,f';\varphi)\end{aligned}\tag{3-30}$$

WSS 信道在多普勒域上是 δ 相关的，即不同多普勒频率的散射分量是不相关的。

如果信道系统函数只与观测的频率差有关，而与观测的绝对频率值无关，这种信道在频率域（观察频率）f 上是广义平稳的，称作非相干散射（uncorrelated scattering, US）信道。US 信道和 WSS 信道是对偶的。

$$\begin{aligned}R_h(\tau,\tau';t,t')&=R_h(\tau;t,t')\\R_H(f,f';t,t')&=R_H(\Delta f;t,t')\\R_s(\tau,\tau';\varphi,\varphi')&=R_s(\tau;\varphi,\varphi')\\R_B(f,f';\varphi,\varphi')&=R_B(\Delta f;\varphi,\varphi')\end{aligned}\tag{3-31}$$

US 信道在时延域上是不相关的，不同时延的散射分量不相关。

当信道同时满足广义时间平稳和广义频率平稳条件时，该类信道为广义平稳非相干散射信道，简称 WSSUS 信道，它的系统函数有如下形式，四个系统函数互为二维傅里叶变换对。

$$\begin{aligned}R_h(\tau,\tau';t,t')&=R_h(\tau;\Delta t)\\R_H(f,f';t,t')&=R_H(\Delta f;t,t')\\R_s(\tau,\tau';\varphi,\varphi')&=R_s(\tau;\varphi)\\R_B(f,f';\varphi,\varphi')&=R_B(\Delta f;\varphi)\end{aligned}\tag{3-32}$$

$$\begin{aligned}R_{yy}(t_1,t_2)=y(t_1)y^*(t_2)&=E\left[Y(t_1)Y^*(t_2)\right]\\&=\left|\chi_z(\tau,\varphi)\right|^2*R_s(\tau,\varphi)\end{aligned}\tag{3-33}$$

如图 3-11 所示，拷贝相关器在 WSSUS 信道中的响应是发射信号模糊度函数与信道扩展函数做双重卷积的输出。

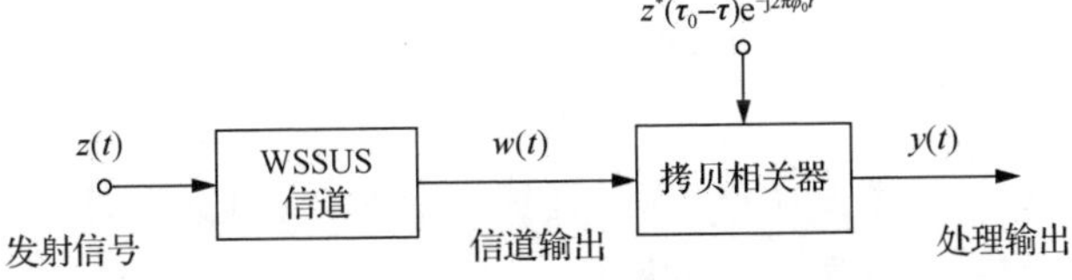

图 3-11　WSSUS 信道中拷贝相关器的输出示意

3.3.4 WSSUS 信道的散射函数和相干函数

$R_s(\tau,\varphi)$ 被称为 WSSUS 信道的散射函数。由式（3-29）可知，即使发射的是图钉函数，WSSUS 信道输出的相关函数也不会是 δ 函数了，WSSUS 信道产生测量模糊，限制了时延和频率的测量精度，散射函数给出了在 WSSUS 信道中时延/多普勒频率测量（分辨）精度的极限。散射函数和 WSSUS 信道有关，它没有信号模糊度函数的那些特征。在相干多途信道中，只有时延精度测量限制，没有多普勒测量精度限制，在 WSSUS 信道中，二者都有。

当 $\Delta t=0$ 时，$R_h(\tau,0)=\int R_s(\tau,\varphi)\mathrm{d}\varphi=R_s(\tau)$，称为时延扩展函数，由它决定信道在确定时刻的时延模糊度。

当 $\Delta f=0$ 时，$R_B(0,\varphi)=\int R_s(\tau,\varphi)\mathrm{d}\tau=R_s(\varphi)$，称为多普勒扩展函数，由它决定信道在确定频率的多普勒模糊度。

$$
\begin{aligned}
L&=\frac{\int R_s(\tau)\mathrm{d}\tau}{R_s(\tau)_{\tau=0}}=\frac{\iint R_s(\tau,\varphi)\mathrm{d}\tau\mathrm{d}\varphi}{\int R_s(0,\varphi)\mathrm{d}\varphi}\\
B&=\frac{\int R_s(\varphi)\mathrm{d}\varphi}{R_s(\varphi)_{\varphi=0}}=\frac{\iint R_s(\tau,\varphi)\mathrm{d}\tau\mathrm{d}\varphi}{\int R_s(\tau,0)\mathrm{d}\tau}
\end{aligned}
\tag{3-34}
$$

式中，L 为 WSSUS 信道的时间扩展长度，或称为时间模糊长度；B 为 WSSUS 信道的多普勒扩展宽度，或称为多普勒模糊宽度。用 L 和 B 的乘积表征信道对时延和多普勒的联合扩展，或称信道的联合模糊度。

$R_H(\Delta f,\Delta t)$ 被称为 WSSUS 信道的相干函数，又叫时频相关函数，它表征信道在时间域和频率域上的二维联合相关情况。

当 $\Delta f=0$ 时，$R_H(\Delta t,0)=R_H(\Delta t)$，称为时间相干函数，是声源辐射 CW 信号时接收信号的自相关函数，由它决定信道的相干时间长度。

当 $\Delta t=0$ 时，$R_H(0,\Delta f)=R_H(\Delta f)$，称为频率相干函数，是声源辐射频率相差为 Δf 的两个 CW 信号时，无时延差时的互相关函数，由它决定信道的相干带宽。

时间相干函数 $R_H(\Delta t)$ 和多普勒扩展函数 $R_s(\varphi)$ 互为傅里叶变换对。矩形脉冲波形的傅里叶变换为其频谱，矩形脉冲的宽度和其频谱宽度可近似认为互为倒数。类似于矩形脉冲的宽度及其频谱的关系，信道的时间相干函数的主峰宽度近似可以估计为多普勒频率扩展宽度的倒数，即信道的相干时间长度与多普勒模糊宽度互为倒数。

同理，频率相干函数 $R_H(\Delta f)$ 和时延扩展函数 $R_s(\tau)$ 互为傅里叶变换对，即信道的相干带宽与时延扩展宽度互为倒数。

通过试验结果，可得到 WSSUS 信道的一些普适性的特征如下。

（1）WSSUS 信道的随机时延扩展宽度大约是 3ms。

（2）WSSUS 信道的相干带宽大约是 300Hz。

（3）WSSUS 信道的随机多普勒扩展宽度为 0.1～0.2Hz。

（4）WSSUS 信道的相干时间长度为 5～10s。

（5）负梯度水层比均匀水层的散射更剧烈。

（6）单频信号，信号起伏为 10～20dB，变化速率为几秒量级。

（7）200Hz 带限信号，信号起伏为 2～3dB，相干带宽不超过 200Hz，说明宽带信号相对稳定。

（8）中心频率越低，信号起伏越小。

3.4　缓慢时变相干多途信道

浅海试验将发射系统的干端布放在船上，湿端发射换能器固定于海底，将固定于海底的水下基阵作为接收阵。发射周期为 5s，发射信号脉冲宽度为 640ms，信号形式为调频带宽为 100Hz 的线性调频脉冲。接收阵的输出信号经放大、滤波后用脉间相关法测量信道时间相干函数，试验结果如图 3-12 所示，其拟合曲线如图 3-13 所示。

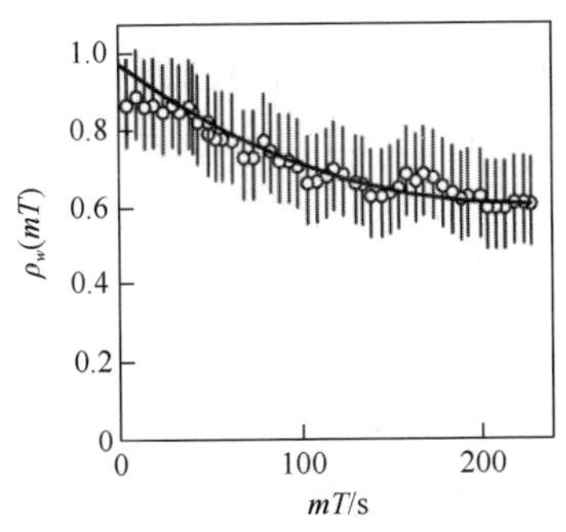

图 3-12　浅海相干函数

从图 3-12 和图 3-13 可以总结出水声信道的特点如下。

（1）海洋信道由三部分组成：快速起伏的非相干分量、缓慢时变的相干分量、稳定的相干分量。

（2）随机信道的变化是快速的，时间相干长度不超过 5s，能量约为信道总能量的 10%，可能是由于干扰产生的相关损失或者可能存在相干时间长度为数秒的快速时变过程。

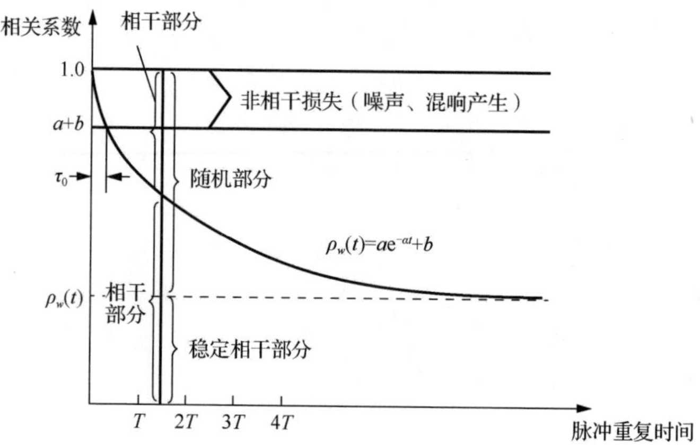

图 3-13　缓慢时变相干信道

(3)缓慢时变相干多途信道的时间相干长度至少有几分钟，一般为 300～500s，能量为信道总能量的 40%～50%。接收信号间的相关性随着脉冲间隔时间增大而变化，说明信道是在缓慢时变的。对于缓慢时变的相干信道，随时间增长按指数规律减小，脉间相关形式为

$$\rho_w(t) = a\mathrm{e}^{-\alpha t} + b$$

式中，a、α、b 为由信道的环境条件和信噪比决定的常数。

(4) 当 mT>200s 后，相关系数基本保持 0.5～0.6，说明信道有 50%～60%的能量是时不变的。试验指出脉间相关系数将趋于一个稳定值 b，浅海信道尽管很复杂，但即使对于更复杂的双程信道，都会有一个稳定的相干系数。

3.5　混 响 信 道

与之前的声信道不同，混响信道是反向传输信道，主动声呐发射信号之后，混响信道从能量反向传输和波形畸变两个角度，对主动声呐回波探测产生了复杂的影响。

3.5.1　平均混响强度

在声呐方程中，用混响级来描述主动声呐系统在预定工作条件下的混响强度，混响级代表接收点的混响强度的分贝数，收发合置的主动声呐的混响级可表示为

$$\mathrm{RL} = \mathrm{SL} - 2\mathrm{TL}_R + S_{s,v} + 10\lg A, V \tag{3-35}$$

式中，RL 为混响级；SL 为主动声呐的声源级；参考声压取为1μPa； $S_{s,v}$ 是单位面积或体积的散射系数； A,V 分别是散射面积或散射体积； $2\mathrm{TL}_R$ 是混响的传播损失，混响的衰减规律与水文条件、混响类型有关，一般情况，体积混响服从球面波衰减规律，界面混响则根据产生混响的距离不同，分别服从球面波、柱面波或 3/2 次方衰减规律。

$S_{s,v}$ 与水域有密切关系，水体散射系数为−90dB 到−70dB，海面散射系数居中，为−50dB 到−20dB，海底散射系数最大，为−40dB 到−10dB，所以浅海混响主要是海底混响。

体积散射强度与深度有关，白天深海体积散射强，黑夜则海面体积散射强，这与深海浮游生物的昼夜迁居现象有关，由此导致深海主动声呐表面声道工作方式下，晚上的混响较白天高 10dB 左右。

体积混响强度与频率有关，3～5kHz 的体积混响最强，该特征建议在深海工作的主动声呐工作频率应在 3.5kHz 以下。

界面混响强度与掠射角有关，掠射角越大，界面散射强度越大。混响强度与频率有关，频率越高混响强度越大。

混响强度对主动声呐探测的影响用信混比来描述。收发合置的主动声呐的回波级可表示为

$$\mathrm{EL}=\mathrm{SL}-2\mathrm{TL}+\mathrm{TS} \tag{3-36}$$

结合式（3-31），则信混比可表示为

$$\mathrm{EL}-\mathrm{RL}=\mathrm{TS}-S_{s,v}-10\lg A,V \tag{3-37}$$

通过对信混比的分析可知，信混比与主动声呐声源级，即发射功率无关。提高信混比的有效途径是控制散射面积或散射体积，即降低 $10\lg A,V$ ，这可以通过采用窄波束发射和接收，以及窄脉冲宽度的主动信号来实现，但窄波束给声呐基阵带来了挑战，窄脉冲宽度则需要更优质的信号处理手段来弥补积分时间受损失导致的处理增益下降问题。

3.5.2　混响的频率扩展特性

体积混响是由散射粒子反向散射声波形成的，散射粒子的随机运动导致混响频率的扩展。海面混响也因海面的运动而产生频率的扩展。从试验数据分析可得出结论：海面混响的频率扩展约为 1.75kn 多普勒。所以，当主动声呐在混响中探测运动目标时，可将海面混响和运动速度大于 1.75kn 的目标的频谱分离，前提是动目标探测器的频率分辨率优于 1kn 多普勒。

需要指出的是，虽然运动目标的频率和混响的频率可分开，但混响本身强度

大且是随时间衰减的非平稳过程，所以在动目标探测时，常需要先进行混响的归一化处理。

3.5.3 基于混响统计特性的抗混响方法

混响瞬时值是高斯分布，包络是瑞利分布。主动声呐工作带宽为B，则混响的时间相关半径为$1/B$，混响包络的时间相关半径也是$1/B$。混响功率谱有海底混响不展宽功率、海面混响展宽 1.75 kn 多普勒的特性。混响水平横向相关半径约为4λ，信号带宽增加时，空间相关半径减小。

声呐波动或漂泊时，相继发射的海底混响相关性很强，海面混响相关性中等，体积混响相关性最弱，混响声压与振速的相关性较弱。

利用以上混响的统计特性，可得到如下一些抗混响方法的启示。

（1）窄波束抗混响，指向性旁瓣级要低。

（2）动目标探测器抗混响，对 1.75 kn 多普勒以上有效。

（3）时域、频域归一化。

（4）宽带信号抗混响。

（5）矢量阵抗混响。

参考文献

[1] Pekeris C L. Theory of propagation of explosive sound in shallow water[J]. Geological Society of America, 1948, 27: 1-116.

[2] 惠俊英, 生雪莉. 水下声信道[M]. 哈尔滨: 哈尔滨工程大学出版社, 2011.

第 4 章　双/多基地水声信道

4.1　双/多基地声呐系统概况

多基地声呐探测系统的发射声源、接收机具有灵活的配置组合，选择的声呐形式不同，其探测特性与工作深度不同，不同类型的被探测目标也具有各自深度、尺寸属性。随发射声源、接收基地数目与被探测目标数量的增加，多基地声呐的探测关系愈加复杂。不失一般性，图 4-1 为多基地声呐探测目标时的二维平面示意图。

假定多基地系统含有 M 个主动发射声源和 N 个接收机，探测区域内有 Q 个目标。在笛卡儿坐标系下，$\mathbf{tr}_m=\left(x_m^{\mathrm{tr}},y_m^{\mathrm{tr}}\right)$、$\mathbf{re}_n=\left(x_n^{\mathrm{re}},y_n^{\mathrm{re}}\right)$、$\mathbf{ta}_q=\left(x_q^{\mathrm{ta}},y_q^{\mathrm{ta}}\right)$ 分别表示第 m 个声源、第 n 个接收机和第 q 个目标的位置。声源与目标的距离为 $\boldsymbol{r}_{m,q}^{\mathrm{tr,ta}}=\left\|\mathbf{tr}_m-\mathbf{ta}_q\right\|$，类似可表示声源与接收机、接收机与目标的距离。声源到目标与目标到接收机的距离和为 $\boldsymbol{r}_{m,q,n}^{\Sigma}=\boldsymbol{r}_{m,q}^{\mathrm{tr,ta}}+\boldsymbol{r}_{q,n}^{\mathrm{ta,re}}$。$\theta_{\mathrm{tr}}$ 为声源发射信号到目标的夹角；θ_{re} 为接收信号到目标的夹角；θ_{bi} 为收发分置角（以下简称为分置角），是以目标为顶点，由收发波束形成的夹角；θ_{as} 为双基地角，是目标端线方向与分置角角分线形成的夹角。声源、接收机与目标构成几何三角关系，$\boldsymbol{r}_{m,q}^{\mathrm{tr,ta}}$、$\boldsymbol{r}_{m,n}^{\mathrm{tr,re}}$、$\boldsymbol{r}_{q,n}^{\mathrm{ta,re}}$，$\theta_{\mathrm{tr}}$、$\theta_{\mathrm{re}}$、$\theta_{\mathrm{bi}}$ 符合余弦定理。

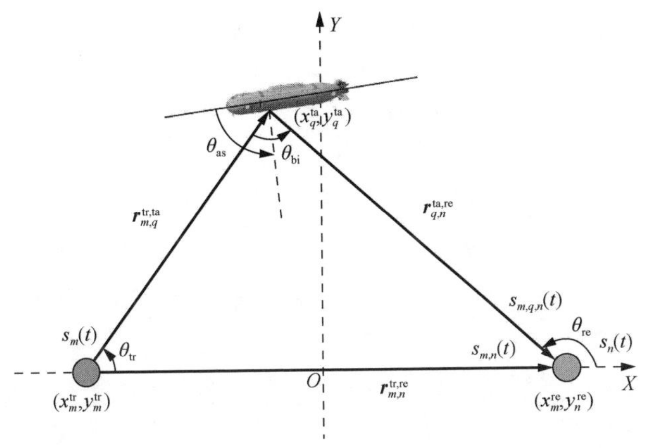

图 4-1　多基地声呐探测目标时的二维平面示意图

当声源照射区域存在目标时，主动信号 $s_m(t)$ 经目标散射后，在接收机处形成目标回波信号 $s_{m,q,n}(t)$，传播时延 $\boldsymbol{\tau}_{m,q,n}^{\Sigma}=\boldsymbol{r}_{m,q,n}^{\Sigma}/c$，$c$ 为介质声速。此外，主动信号 $s_m(t)$ 还会沿基线传播，在接收机处形成直达波信号 $s_{m,n}(t)$，传播时延 $\boldsymbol{\tau}_{m,n}^{\mathrm{tr,re}}=\boldsymbol{r}_{m,n}^{\mathrm{tr,re}}/c$。接收机最终获得的接收信号为

$$s_m(t)=\sum_{n=1}^{N}\sum_{q=1}^{Q}\alpha_{m,q,n}s_{m,q,n}(t)+\sum_{n=1}^{N}\alpha_{m,n}s_{m,n}(t)+e_m(t) \tag{4-1}$$

式中，α 表示对应信号在接收端的振幅响应，当 t 时刻无相应信号到达接收端时 $\alpha=0$；$e_m(t)$ 代表接收端处的本地干扰。

结构最简单的多基地声呐只含有一个声源和一个接收机，可视为一个双基地声呐。双基地声呐是多基地声呐的基本形态，复杂的多基地声呐可视为双基地声呐的推广。

4.2　多基地声呐探测模型

声呐设备探测距离或覆盖范围通常根据对目标的探测概率来定义。最简单也是最常应用的是声源发射单个脉冲时对目标的探测概率，然而衡量声呐对目标的探测能力时，多次探测后的累计探测概率可能更具意义。文献[1]认为跟踪起始概率比起单次探测概率更适用于定义作用距离。跟踪起始概率由跟踪起始规则决定，通常被定义为在给定连续探测次数下，完成有效探测的次数不低于最小值时的概率。

部署在目标区域的多部声呐，随着基地单元数目增加，其拓扑结构将张成网络状，随着网络节点的外张，组网声呐的可探测面积扩张。组网声呐间协作方式的不同和信号处理的不同会影响最终的组网探测性能。

4.2.1　单基地声呐探测概率模型

目标探测概率与探测距离的关系可根据声呐所处的海洋环境、脉冲信号形式和探测算法具体确定。理论研究中为了简化过程，经常采用多种模型曲线近似模拟声呐探测距离与探测概率的关系，其中较为简化的模型为“确定探测距离”模型，如式（4-2）所示。它的不足是采用阶跃函数定义探测概率-探测距离曲线，忽略了探测概率随探测距离的渐变关系，无法用于研究多部声呐协作时对“边缘”区域探测性能的提升。

$$p_{\mathrm{d}}(r)=\begin{cases}p_0, & r\leqslant r_0\\ 0, & r>r_0\end{cases}\tag{4-2}$$

式中，$p_{\mathrm{d}}(r)$ 为探测概率；r 为探测距离；r_0 为参考距离；p_0 为 $r\leqslant r_0$ 时的探测概率。

另外两种模型则考虑了探测概率-探测距离曲线渐变的属性。第一种是 Fermi（费米）模型，定义如下：

$$p_{\mathrm{d}}(r)=p_0\frac{1+\exp\left(-r_0/b\right)}{1+\exp\left(\left(r-r_0\right)/b\right)}\tag{4-3}$$

式中，r 为探测距离；r_0 为参考距离；p_0 为 $r=0$ 时的探测概率；b 用来控制“距离与探测概率”曲线尾区长度（这里定义为 $0.1<p_{\mathrm{d}}(r)<0.5$ 的区域），即控制探测概率由 0.5 下降到 0.1 的速度。这里给出一种新的 Fermi 模型如下：

$$p_{\mathrm{d}}(r)=\frac{1}{1+10^{(r/r_0-1)/b}}\tag{4-4}$$

在新模型中 $r=r_0$ 时，$p_{\mathrm{d}}(r)$ 的探测概率小于 1。b 同样用来控制尾区长度。Fermi 模型中，选择合适的 b 可使 $p_{\mathrm{d}}(r)$ 在 r_0 附近快速下降，可以实现模拟探测概率随距离剧烈变化的规律。当 b 趋近于 0 时，Fermi 模型近似为“确定距离”模型。

第二种是指数模型[2]，定义如下：

$$p_{\mathrm{d}}(r)=10^{-ar/r_0}\tag{4-5}$$

式中，r 为探测距离；$r=0$ 时的探测概率 $p_{\mathrm{d}}=1$；a 是衰减系数，若将 $p_{\mathrm{d}}\left(r_0\right)=0.5$ 代入式（4-5），可反推得到 $a=0.3010$。与 Fermi 模型相比，在不牺牲中心位置探测概率的前提下（Fermi 模型随 b 增加，下降变缓，但 $p_{\mathrm{d}}(r=0)$ 随之减小），指数模型的 p_{d} 在 r_0 附近下降较为缓慢，并且其尾区长度明显大于 Fermi 模型。指数模型可用于模拟探测概率随距离缓慢变化的情况。为体现两种模型规律特性，后文也将 Fermi 模型称为短尾区模型，将指数模型称为长尾区模型。

图 4-2 给出了 Fermi 和指数两种模型下的探测概率随参考距离变化曲线。横轴坐标是以参考距离 r_0 进行归一化的。

以上模型都是针对单基地声呐收发合置的情况，对于双/多基地声呐通常采用等效距离来替代单基地的探测距离。忽略吸收损失时，单基地声呐 $\mathrm{TL}_{\mathrm{mono}}=20\lg r^2$，多基地声呐 $\mathrm{TL}_{\mathrm{multi}}=20\lg\left(r_{\mathrm{tr,ta}}\,r_{\mathrm{ta,re}}\right)=20\lg\left(\sqrt{r_{\mathrm{tr,ta}}\,r_{\mathrm{ta,re}}}^{\,2}\right)$。

定义多基地等效距离：

$$r_{\mathrm{eq}}=\sqrt{r_{\mathrm{tr,ta}}\,r_{\mathrm{ta,re}}}\tag{4-6}$$

则从距离-能量关系看，等效距离 r_{eq} 对多基地与探测距离 r 对单基地的性质类似，可用于上述两种探测概率-距离模型。

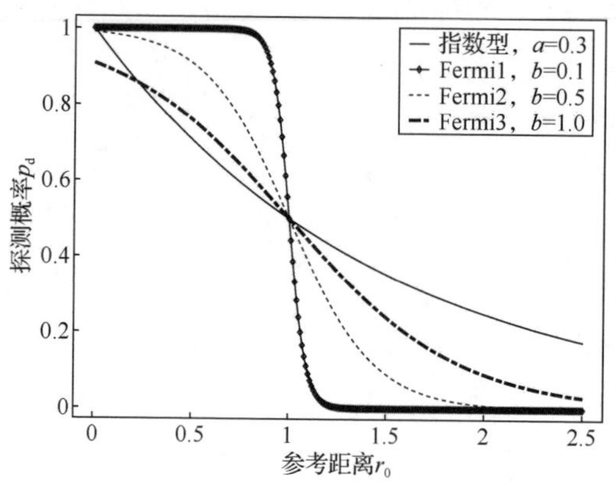

图 4-2　探测概率随参考距离变化曲线

4.2.2　多基地声呐探测概率模型

当区域内同时存在多部声呐时，每部声呐在自己 $p_d(r)<1$ 的区域内可获得相邻声呐提供的支持，从而提高多声呐构成的探测系统在区域的探测概率，增大系统的覆盖范围。研究组网声呐覆盖范围时，可采用跟踪起始概率代替单次脉冲的探测概率，这样更有利于研究分布式和集中式处理对多基地跟踪目标的影响。

假定多基地声呐由 M 个声源和 N 个接收机组成，为了便于分析相邻单元间的影响和多基地与单基地区别，令每一部声呐都为收发合置，即 $M=N$。跟踪起始规则为“v 中 u”，即每个声源发射 v 个脉冲，u 为探测门限，探测到的脉冲数目 $t>u$ 时，则开始跟踪。多基地模型中，采用等效距离 r_{eq} 作为与单基地模型中距离 r 对应的参数。下面给出四种组网结构及相应探测概率计算方法。

（1）单基地分布式：组网内各个声呐彼此独立工作，每个接收机只探测自己探测的回波信号。每个接收机对 v 个脉冲回波进行探测，当成功探测次数不小于 u 次则开启跟踪。探测概率计算公式为

$$\begin{aligned} p_{\mathrm{d,mono\_dist}}(t \geqslant u) &= 1-\prod_{n=1}^{N} p_{\mathrm{d,mono}}^{n}(t<u) \\ &= 1-\prod_{n=1}^{N}\left(\sum_{t=0}^{u-1} C_v^t \left(p_{\mathrm{d}}^{n}\right)^t \left(1-p_{\mathrm{d}}^{n}\right)^{v-t}\right) \end{aligned} \tag{4-7}$$

式中，p_d^n 表示第 n 个单基地的单次探测概率；p_d 表示组网声呐或接收机在 v 个脉

冲后的探测概率；mono 表示单基地；mono_dist 表示单基地分布式；C_v^t 表示组合数公式。

（2）单基地集中式：组网内各个接收机依然只探测由自己声源发射脉冲的回波，但各个接收机不根据成功探测次数直接决定是否开始跟踪，而是将成功探测次数传到网络中心，由中心汇总所有接收机成功探测次数后进行判决，此时跟踪起始规则变为“$v\cdot N$ 中 u”。探测概率计算公式为

$$\begin{aligned}p_{\mathrm{d,mono\_cent}}(t\geqslant u)&=1-\sum_{t=0}^{u-1}p_{\mathrm{d,mono\_cent}}(t)\\&=1-\left\{\left(C_v^0\right)^{t=0}+\left(C_v^1\right)^{t=1}\cdot\sum_{n=1}^{N}\left(\frac{p_{\mathrm{d}}^n}{1-p_{\mathrm{d}}^n}\right)^{t=1}+\left(C_v^2\right)\sum_{n=1}^{N}\left(\frac{p_{\mathrm{d}}^n}{1-p_{\mathrm{d}}^n}\right)^{t=2}\right.\\&\quad\left.+\left(C_v^1\right)^{t=2}\cdot\sum_{n=1}^{N-1}\sum_{n'=n+1}^{N}\left(\frac{p_{\mathrm{d}}^n}{1-p_{\mathrm{d}}^n}\right)^{t=1}\left(\frac{p_{\mathrm{d}}^{n'}}{1-p_{\mathrm{d}}^{n'}}\right)^{t=1}\right\}\cdot\prod_{n=1}^{N}(1-p_{\mathrm{d}}^n)^v\end{aligned}\tag{4-8}$$

式中，mono_cent 表示单基地集中式。因单基地集中式、多基地分布式、多基地集中式三种结构的探测概率展开公式随 u 增大复杂度显著增加，而通常 u 取值不宜过大，这样最大取 $u=3$ 即能涵盖基本需求，故三种结构的探测概率计算公式只展开到 $u=3$ 次。

（3）多基地分布式：组网内不同单元的声源与接收机配合工作，即每个接收机最多可接收到 $v\cdot M$ 个脉冲回波，各个接收机根据自身探测结果进行判决，此时跟踪起始规则同为“$v\cdot M$ 中 u”。尽管与单基地集中式有同样的跟踪起始规则，但二者的输入不同，因而结果也不相同。探测概率计算公式为

$$\begin{aligned}p_{\mathrm{d,multi\_dist}}(t\geqslant u)&=1-\prod_{n=1}^{N}p_{\mathrm{d,multi}}^{n}(t<u)\\&=1-\prod_{n=1}^{N}\left\{\left(C_v^0\right)^{t=0}+\left(C_v^1\right)^{t=1}\cdot\sum_{m=-1}^{M}\left(\frac{p_{\mathrm{d}}^{m,n}}{1-p_{\mathrm{d}}^{m,n}}\right)^{t=1}+\left(C_v^2\right)\sum_{m=-1}^{M}\left(\frac{p_{\mathrm{d}}^{m,n}}{1-p_{\mathrm{d}}^{m,n}}\right)^{t=2}+\cdots\right.\\&\quad\left.+\left(C_v^1\right)^{t=1}\cdot\sum_{m=1}^{M-1}\sum_{m'=m+1}^{M}\left(\frac{p_{\mathrm{d}}^{m,n}}{1-p_{\mathrm{d}}^{m,n}}\right)^{t=1}\left(\frac{p_{\mathrm{d}}^{m',n}}{1-p_{\mathrm{d}}^{m',n}}\right)^{t=1}\right\}\cdot\prod_{m=1}^{M}\left(1-p_{\mathrm{d}}^{m,n}\right)^{v}\end{aligned}\tag{4-9}$$

式中，multi 表示多基地；multi_dist 表示多基地分布式；$p_{\mathrm{d}}^{m,n}$ 为第 m 个声源和第 n 个接收机组成的双基地单元的探测概率。

（4）多基地集中式：组网内不同单元的声源与接收机配合工作，各个接收机不直接判决是否开始跟踪，而是将成功探测次数传到网络中心。此时整个组网声呐的总探测次数为$v \cdot M \cdot N = v \cdot N^2$，跟踪起始规则也变为“$v \cdot N^2$中$u$”。随着多基地集中式组网结构探测次数的显著增加，其系统整体的虚警概率升高。探测概率计算公式为

$$\begin{aligned}
p_{\mathrm{d,multi_cent}}(t \geqslant u) &= 1 - \sum_{t=0}^{u-1} p_{\mathrm{d,multi_cent}}(t) \\
&= 1 - \left\{ \left(C_v^0\right)^{t=0} + \left(C_v^1\right)^{t=1} \cdot \sum_{m=1}^{M} \sum_{n=1}^{N} \left(\frac{p_{\mathrm{d}}^{m,n}}{1 - p_{\mathrm{d}}^{m,n}} \right)^{t=1} + \left(C_v^2\right) \cdot \sum_{m=1}^{M} \sum_{n=1}^{N} \left(\frac{p_{\mathrm{d}}^{m,n}}{1 - p_{\mathrm{d}}^{m,n}} \right)^{t=2} + \cdots \right. \\
&\quad + \left(C_v^1\right)^{t=2} \cdot \sum_{n=1}^{N} \sum_{m=1}^{M-1} \sum_{m'=m+1}^{M} \left(\frac{p_{\mathrm{d}}^{m,n}}{1 - p_{\mathrm{d}}^{m,n}} \right)^{t=1} \left(\frac{p_{\mathrm{d}}^{m',n}}{1 - p_{\mathrm{d}}^{m',n}} \right)^{t=1} + \cdots \\
&\quad \left. + \left(C_v^1\right)^{t=2} \cdot \sum_{n=1}^{N} \sum_{m=1}^{M} \sum_{n'=n+1}^{N} \sum_{m'=1, j \neq m}^{M} \left(\frac{p_{\mathrm{d}}^{m,n}}{1 - p_{\mathrm{d}}^{m,n}} \right)^{t=1} \left(\frac{p_{\mathrm{d}}^{m',n'}}{1 - p_{\mathrm{d}}^{m',n'}} \right)^{t=1} \right\} \cdot \prod_{m=1}^{M} \prod_{n=1}^{N} \left(1 - p_{\mathrm{d}}^{m,n}\right)^{v}
\end{aligned} \tag{4-10}$$

4.2.3 多基地声呐探测范围

采用蜂窝拓扑结构设置声呐位置，布放三层，内层 1 部声呐，中层 6 部，外层 12 部，相邻声呐间距为r_{sp}。将到达内层声呐距离满足$r_0 < r < r_{\mathrm{sp}} - r_0$的位置所组成的区域称为内环区域，将到达内层声呐距离满足$r_{\mathrm{sp}} + r_0 < r < 2r_{\mathrm{sp}} - r_0$的位置所组成的区域称为外环区域。将位于相邻三部声呐构成的三角形中且距其中任一声呐$r > r_0$的位置所组成的区域称为内部盲区，各声呐设备对以上区域（有交叠）有$p_{\mathrm{d}}(r) < p_{\mathrm{d}}(r_0)$。算例分析中，跟踪起始规则选取“5 中 3”，并令$p_{\mathrm{d}}(r_0) = 0.5$，以上条件除具有普遍适用性外，恰好满足在$r_0$位置处单次探测概率与跟踪起始概率相等，即$p_{\mathrm{d}} = p_{\mathrm{d}}^3 \times \left(10 - 15p_{\mathrm{d}} + 6p_{\mathrm{d}}^2\right)$，便于直观比较。

图 4-3 中，探测概率-距离曲线基于 Fermi 模型（$b = 0.5$），相邻声呐间距$r_{\mathrm{sp}} = 2.5r_0$。黑色圆点为布放的声呐，白色曲线围成的区域为组成网络前各单基地单元$p_{\mathrm{d}} \geqslant 0.5$的区域，黑色曲线围成的区域为组成网络后组网系统$p_{\mathrm{d}} \geqslant 0.5$的区域。图 4-3（a）中白色曲线与黑色曲线几乎重合，组网后并没有有效提升探测能力。三个相邻声呐几何中心位置处（成为内部盲区）$p_{\mathrm{d}} \leqslant 0.05$，基地彼此提供支持可以忽略。图 4-3（b）中黑色曲线围成的区域涵盖了白色曲线，探测能力有所提升，内部盲区处$p_{\mathrm{d}} \geqslant 0.2$，组网后对原探测概率几乎为零的区域探测能力有所

增强。相比图 4-3（a)、（b）中黑色曲线包围的区域互不联通，图 4-3（c）中黑色曲线包裹区域全部联通，其中在白色曲线区域内 $p_d \geqslant 0.8$，内部盲区处也实现了 $p_d \geqslant 0.6$。比较图 4-3（b)、（c）可以发现，尽管二者采用了相同的起始跟踪规则，但是多基地的协作模式明显提升了组网系统探测能力，真正实现了 1+1>2。图 4-3（d）多基地集中式相比于图 4-3（c）进一步提升了原组网内部盲区的探测能力（$p_d \geqslant 0.9$），对外层声呐向外区域的探测能力则提升有限。四种组网结构探测能力依次提升。

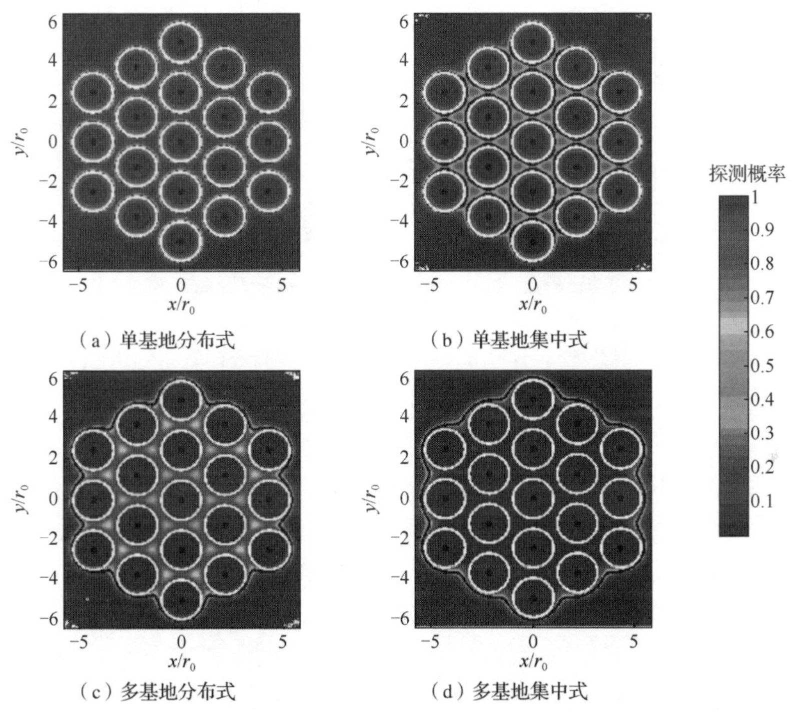

图 4-3　Fermi 模型下四种组网结构声呐覆盖范围（彩图附书后）

图 4-4 中，探测概率-距离曲线基于指数模型（$a = 0.3010$），声呐仍采用蜂窝结构布放，声呐间距调整为 $r_{sp} = 6r_0$。图 4-4 展现的基本规律与图 4-3 基本相同，四种结构探测性能依次提高，但图 4-4 中声呐间距明显大于图 4-3，对于原内部盲区及外层声呐向外区域的探测能力提升也高于图 4-3。

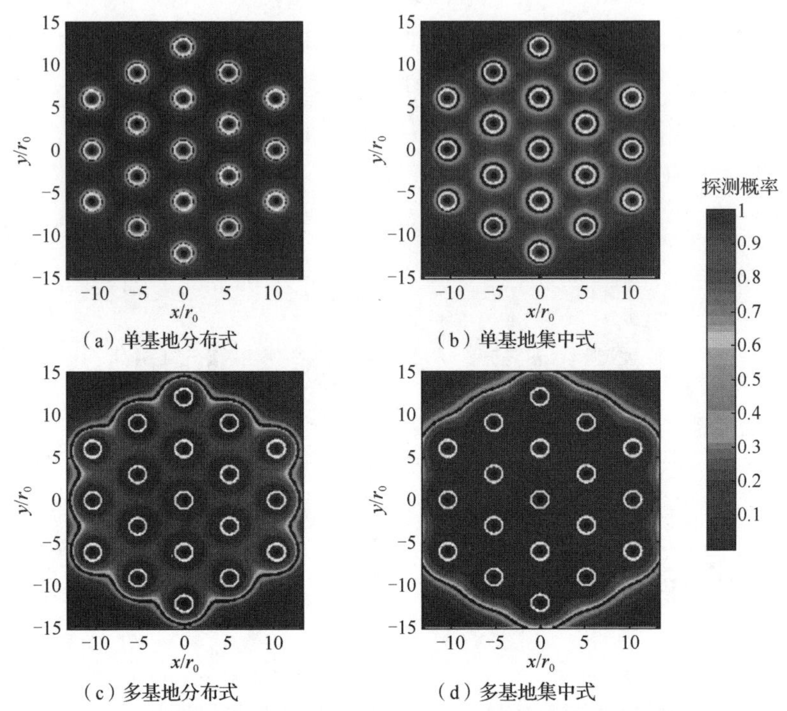

图 4-4　指数模型下四种结构组网声呐覆盖范围（彩图附书后）

根据图 4-3、图 4-4 结果，单基地分布式虚警水平最低，探测能力最弱，多基地集中式探测能力最强、虚警水平却最高，多基地分布式与单基地集中式的虚警概率相等，虚警水平适中，但多基地分布式探测能力优于多基地集中式。综上，多基地分布式是综合性能最优的组网结构。对比图 4-3、图 4-4，可知长尾区模型下，多基地协作方式对组网探测能力的提高作用更大，靠近网络几何中心声呐周围区域的探测能力提升高于远离中心的声呐，内环区域的提升也高于外环区域。

多基地组网下，发射与接收基地距离遥远的双基地单元的探测能力受限较大，距离较远的双基地单元对彼此的支持也有限，而为此仍要付出虚警水平提高的代价。在下一步对多基地组网声呐探测能力研究中，可具体考虑目标位置与各个声呐的距离关系，设计更合适的探测准则。

4.3　双/多基地水声信道特性

双/多基地声呐是未来海-陆-空-天全维打击网的重要组成部分，在军事上具有作战模式灵活、信息搜索快速全面、战略威慑力强等突出优势，同时因其使用成本低，可在船舶搜救、灾害预报等复杂的民用作业任务中起到关键作用。然而，水声信道的复杂性，对双/多基地声呐探测系统的可靠性和稳定性提出了严峻挑战。

水声信道的复杂性可总结为如下特点。

（1）水声探测的有利工作频带在低频，频带资源匮乏，这导致无线电中的频分多址信道复用技术难以在双/多基地声呐中应用。另外，低频导致声波波长较长，受双/多基地声呐平台大小和能源的限制，难以实现探测声波空间窄指向性发射，引起集群探测时严重的直达波干扰。

（2）水中声速相对较低，同时海水中不均匀分布的声速剖面造成声线弯曲，与海面、海底边界的反射和随机散射效应结合，导致了声传播的多途效应。这使得接收信号存在长达数十甚至数百毫秒的时延扩展。因此双/多基地声呐难以借鉴无线电中的时分多址信道复用技术。

（3）水声信道具有强时变、空变性。双/多基地声呐的发射平台和接收平台间相互运动、海面风浪、水体流动和潮汐等都会引起严重的时变效应。此外，多个平台分散在海洋不同空间位置，收发平台间的声速梯度差异和边界条件的不同都会产生复杂的空变性。水声信道的强时变、空变性将导致双/多基地声呐的探测可靠性下降，探测暂时性失效现象频有发生。

双/多基地声呐协同探测可建模为基于信道复用的水声探测问题。一个较完整意义上的多基地声呐协同探测示意图如图 4-5 所示。在图 4-5 中，假设基地 1、2、4 是主被动协同工作模式，基地 3 是被动工作模式。基地 1 产生的声线用红色实线表示，基地 2 产生的声线用蓝色虚线表示，基地 4 产生的声线用黑色点画线表示。

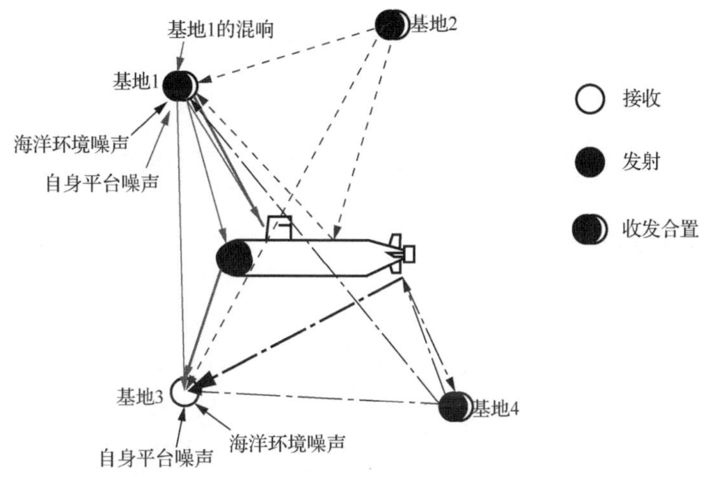

图 4-5　多基地声呐协同探测示意图（彩图附书后）

以基地 1 为例，从物理意义上来说，它在声场中工作，就会收到信号和噪声，如表 4-1 所示。

表 4-1　多基地声呐接收信号及任务分析

<table>
<tr><th colspan="2">接收</th><th>任务</th><th>难点</th></tr>
<tr><td>干扰</td><td>海洋环境噪声
自身平台噪声
自身的混响
基地 2 到达基地 1 的直达波
基地 4 到达基地 1 的直达波
多途的影响</td><td>克服干扰，提高信噪比</td><td>①如何区分噪声和信号
②噪声抑制</td></tr>
<tr><td rowspan="2">信号</td><td>自身探测目标的回波</td><td>提取自身探测目标的回波，对目标进行检查和定位</td><td rowspan="2">①如何克服其他平台探测信号对本平台的强干扰
②如何区分并提取自身回波和基地 2 探测目标的回波
③从信号中提取目标特征</td></tr>
<tr><td>基地 2 探测目标的回波（在这里假设基地 4 探测目标的回波无法到达基地 1）</td><td>提取出基地 2 探测目标的回波，对目标进行检查和定位</td></tr>
</table>

4.4　平均能量信道中的多基地声呐覆盖范围

本节介绍一种基于奈曼-皮尔逊准则的多基地声呐覆盖范围。具体定义为：多基地声呐系统根据执行任务的特征，选择合适的探测判决准则，在系统允许的虚警概率下，针对待测目标输出的探测概率不低于系统要求的探测概率的区域，是多基地声呐系统的覆盖范围。

需要说明的是，将多基地视为整体系统后，其覆盖范围与所含双基地单元的覆盖范围总和并不具有可比性，或者说多个双基地单元组成一个整体时，在获得整体探测性能的提升后，相应单元自身在系统中表现未必优于单元独立工作时的表现，为使认识更加直观，本书将选取部分性能进行对比分析。

4.4.1　探测概率特性曲线

多基地声呐的覆盖范围和探测概率与信噪比的变化规律具有较大关联性。描述探测概率随信噪比变化规律的曲线图简称为接收机工作特性（receiver operating characteristic, ROC）曲线。在 ROC 曲线中，系统要求的输出探测概率对应的信噪比决定了双基地单元的覆盖范围，而探测概率从 1 变为 0 的过渡区宽度则影响双基地单元合成多基地后覆盖范围，这里我们更关心后者。

ROC 曲线有两种获取方法，理论推导法和蒙特卡罗测试法，结合实例加以说明如下。

随机振幅和相位（random amplitude and phase, RAP）信号二元判决的理论 ROC 曲线：声呐系统中，声波因遭受海洋介质、界面不均匀性、多途效应等因素影响，使接收声信号的振幅、相位等产生起伏现象。这里假设在一帧观察时间 T 里，随机振幅 α 与随机相位 ϕ 保持不变，接收信号可以表示为

$$s(t,\alpha,\phi)=\alpha\cdot\cos(\omega t+\phi),\quad 0\leqslant t\leqslant T \tag{4-11}$$

假定随机振幅 α 服从瑞利分布：

$$p(\alpha)=\begin{cases}\dfrac{\alpha}{\sigma_\alpha^2}\exp\left(-\dfrac{\alpha^2}{2\sigma_\alpha^2}\right), & \alpha\geqslant 0\\ 0, & \alpha<0\end{cases} \tag{4-12}$$

随机相位 ϕ 在 $(0,2\pi)$ 范围内服从均匀分布：

$$p(\phi)=\begin{cases}\dfrac{1}{2\pi}, & 0\leqslant\phi\leqslant 2\pi\\ 0, & \text{其他}\end{cases} \tag{4-13}$$

振幅和相位通常被认为在统计特性上是相互独立的，即 $p(\alpha,\phi)=p(\alpha)\cdot p(\phi)$。接收信号的二元假设可表示为

$$H_0: x(t)=n(t),\quad 0\leqslant t\leqslant T \tag{4-14}$$

$$H_1: x(t)=\alpha\cdot\cos(\omega t+\phi)+n(t),\quad 0\leqslant t\leqslant T \tag{4-15}$$

式中，随机振幅 α 和随机相位 ϕ 的概率密度已给出；$n(t)$ 是零均值、功率谱密度 $P_n(w)=N_0/2$ 的加性高斯噪声。

似然比探测判决式为

$$l[x(t)]=\frac{N_0}{N_0+\sigma_\alpha^2 T}\exp\left(\frac{\sigma_\alpha^2 T}{N_0\left(N_0+\sigma_\alpha^2 T\right)}l^2\right)\underset{H_0}{\overset{H_1}{\gtrless}}\eta,\quad l\geqslant 0 \tag{4-16}$$

取自然对数可得等效判决式为

$$l\underset{H_0}{\overset{H_1}{\gtrless}}\gamma\triangleq\left(\frac{N_0\left(N_0+\sigma_\alpha^2 T\right)}{\sigma_\alpha^2 T}\cdot\ln\left(\frac{N_0+\sigma_\alpha^2 T}{N_0}\right)\right),\quad l\geqslant 0 \tag{4-17}$$

计算虚警概率（H_0 为真时，判决 H_1 成立）为

$$p_{\mathrm{f}}\triangleq p\left(H_1|\,H_0\right)=\exp\left(-\frac{\gamma^2}{N_0}\right) \tag{4-18}$$

计算探测概率（H_1 为真时，判决 H_1 成立）为

$$p_{\mathrm{d}} \triangleq p\left(H_1 | H_1\right) = \exp\left(-\frac{\gamma^2}{N_0} \cdot \frac{1}{1+E_{\mathrm{s}}/N_0}\right) \tag{4-19}$$

式中，E_{s}/N_0 表示平均功率信噪比。

则探测概率与虚警概率关系为[3]

$$p_{\mathrm{d}} = p_{\mathrm{f}}^{1/\left(1+E_{\mathrm{s}}/N_0\right)} \tag{4-20}$$

$$H_0: x(t) = n(t), \quad 0 \leqslant t \leqslant T \tag{4-21}$$

$$H_1: x(t) = \alpha \cdot \cos\left(2\pi f t + \pi k t^2\right) + n(t), \quad 0 \leqslant t \leqslant T \tag{4-22}$$

在 H_0 假设下以拷贝信号进行相关探测，保存 num 次蒙特卡罗实验中结果的最大值 $\mathrm{result}_i, i = 1,2,\cdots,\mathrm{num}$ 。根据要求的虚警概率 p_{f}，可求出对应门限，为保证统计准确性，应使 $\mathrm{num} \cdot p_{\mathrm{f}} \gg 1$。利用求出的门限对假设 H_1 在各信噪比条件下做统计探测，即能获得 ROC 曲线。

我们关心的是探测概率过渡区宽度（而非探测概率与信噪比的绝对关系）对多基地声呐覆盖范围的影响，因此这里将两类 ROC 曲线以 $p_{\mathrm{f}} = 10^{-4}$ 、 $p_{\mathrm{d}} = 0.9$ 的信噪比位置统一在 0dB 处，画于同一幅图中，如图 4-6 所示，并将其用于后续章节的算例分析。为体现不同 ROC 曲线过渡区宽度区别，后文也将 RAP 信号的 ROC 曲线称为宽过渡区 ROC 曲线，将线性调频（linear frequency modulation, LFM）信号的 ROC 曲线称为窄过渡区 ROC 曲线。

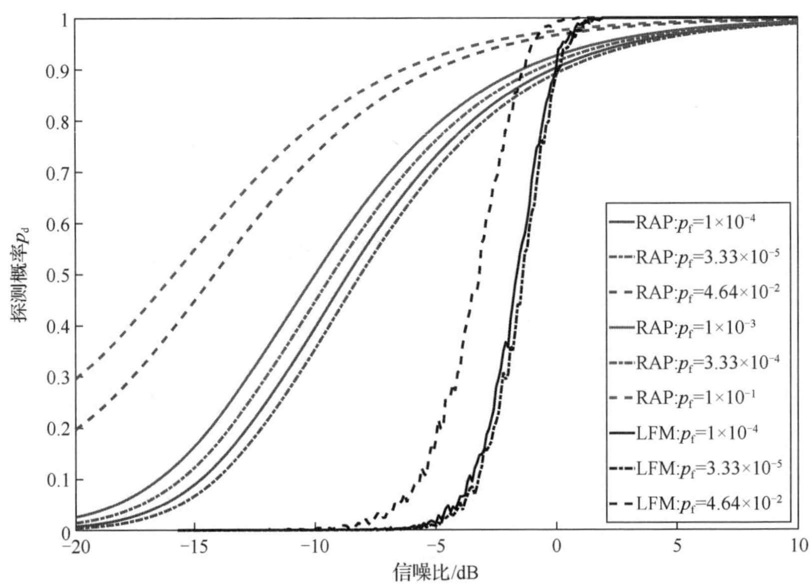

图 4-6　两种信号的 ROC 曲线

4.4.2　多基地声呐覆盖范围定义

多基地声呐的很多应用，尤其是军事应用，要求有明确的参数指标，不能脱离虚警概率讨论探测概率。本节将结合具体指标研究多基地声呐覆盖范围。

在不影响规律的前提下，除跟踪情形外，可只考虑声源发射一次脉冲信号。设多基地声呐含有多个双基地单元。多基地在探测目标时，每个双基地单元对目标进行独立探测，若该单元探测到脉冲回波，记为“1”，未探测到脉冲回波则记为“0”。各个单元的探测结果被传送至处理中心。通常多基地声呐采用的探测准则为“M 中选 k”，即当成功探测次数不少于 k 时，认为探测到目标，其中 M 为双基地单元数目。系统允许的输出虚警概率 $p_{\mathrm{f,req}}$ 和要求的探测概率 $p_{\mathrm{d,req}}$ 应当事先给定。组网声呐中已经讨论了跟踪模式，本节将对另两种模式进行研究，即搜索模式和定位模式。

1. 搜索模式

搜索模式下，探测准则设为“M 中选 k，$k=1$”，表示只要有一个双基地单元探测到目标，该区域即为搜索覆盖范围。Chernyak[4]已经证明，应当为各个双基地单元设置相同的虚警概率，即 $p_{\mathrm{f},m}=p_{\mathrm{f}}, m=1,2,\cdots,M$，由此得

$$p_{\mathrm{f},m}=1-\left(1-p_{\mathrm{f,req}}\right)^{1/M} \tag{4-23}$$

多基地在任意位置处的探测概率 p_{d} 由各双基地单元在该位置处的探测概率 $p_{\mathrm{d},m}, m=1,2,\cdots,M$ 决定。$p_{\mathrm{d},m}$ 在该位置处的数值由信噪比、探测方法、探测门限等决定。

$$p_{\mathrm{d}}=1-\prod_{m=1}^{M}\left(1-p_{\mathrm{d},m}\right) \tag{4-24}$$

搜索覆盖范围为 $p_{\mathrm{d}} \geqslant p_{\mathrm{d,req}}$ 的区域。搜索覆盖范围在逻辑上与各双基地声呐覆盖范围的并集相对，但二者并不等价。

2. 定位模式

探测准则为“M 中选 k，$k=M$”，表示全部双基地单元探测到目标的区域为定位覆盖范围。此时虚警概率计算方法如下：

$$p_{\mathrm{f},m} = \left(p_{\mathrm{f,seq}}\right)^{1/M} \tag{4-25}$$

区域内探测概率为

$$p_{\mathrm{d}} = \prod_{m=1}^{M} p_{\mathrm{d},m} \tag{4-26}$$

定位覆盖范围为 $p_{\mathrm{d}} \geqslant p_{\mathrm{d,req}}$ 的区域。定位覆盖范围在逻辑上与各双基地声呐覆盖范围的交集相对，但二者并不等价。

4.4.3 算例分析

多基地声呐结构为一发三收型，以发射基地为中心，三个接收基地成等边三角形，基线长 10km。限定系统允许的虚警概率为 $p_{\mathrm{f,req}} = 10^{-4}$，要求的探测概率为 $p_{\mathrm{d,req}} = 0.9$， $p_{\mathrm{f},1} = p_{\mathrm{f},2} = p_{\mathrm{f},3} = 3.3\times10^{-5}$ 。选择 RAP 信号的宽过渡区 ROC 曲线来研究多基地声呐覆盖范围。将以上参数条件作为对照条件，通过改变参数条件，分析影响覆盖范围的因素。

图 4-7 为搜索模式下的多基地声呐覆盖范围，其中“▲”表示发射基地，“*”表示接收基地。图 4-7（a）为对照条件下的多基地声呐覆盖范围，在宽过渡区 ROC 曲线条件下，多基地声呐覆盖范围明显大于各双基地声呐覆盖范围的并集，并在全方向上都有明显的扩展。图 4-7（b）的基线长度为 30km，双基地单元最远的覆盖范围处（基线方向）与其他双基地单元覆盖范围距离大幅增加，在该方向上，多基地声呐覆盖范围无扩展，而在双基地单元交叉处（两个双基地单元夹角方向）仍有扩展。图 4-7（c）的基线长度增加到 40km，双基地声呐覆盖范围蜕变为非连通的，而多基地仍能保持覆盖范围的连通性，且覆盖范围远大于双基地的并集。图 4-7（d）为要求 $p_{\mathrm{d,req}} = 0.5$ 时的结果，由于过渡区较宽，多基地的覆盖范围大幅增加，但由于双基地最远覆盖范围与彼此更远，因而多基地声呐覆盖范围并不明显大于双基地声呐的并集。图 4-7（e）为改变系统 $p_{\mathrm{f,req}} = 10^{-3}$（$p_{\mathrm{f},1} = p_{\mathrm{f},2} = p_{\mathrm{f},3} = 3.3\times10^{-4}$）时的结果，由于 $p_{\mathrm{f,req}} = 10^{-3}$ 和 $p_{\mathrm{f,req}} = 10^{-4}$ 对应的 ROC 曲线相近，因而多基地声呐覆盖范围提升较小。图 4-7（f）为采用 LFM 信号的窄过渡区 ROC 曲线，由于探测概率下降迅速，双基地对自身覆盖范围以外的地区探测能力急剧下降，对其他双基地支持能力大幅减弱，导致最终多基地声呐覆盖范围几乎仅等于双基地的并集，甚至在部分方向还略小于双基地。

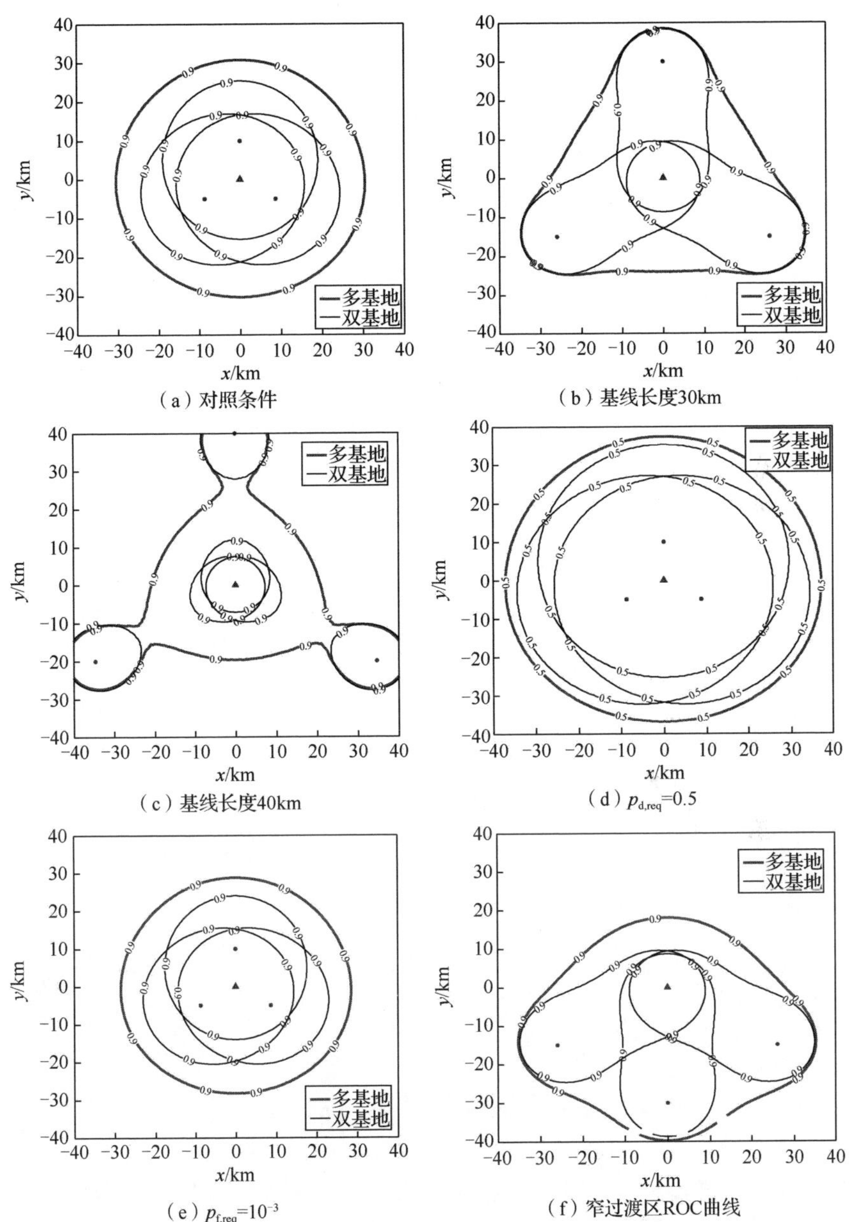

（a）对照条件　（b）基线长度30km

（c）基线长度40km　（d）$p_{d,req}=0.5$

（e）$p_{f,req}=10^{-3}$　（f）窄过渡区ROC曲线

图 4-7　搜索模式下的多基地声呐覆盖范围

图 4-8 为定位模式下的多基地声呐覆盖范围，与双基地声呐覆盖范围的交集相对。图 4-8（a）为对照条件下的多基地声呐覆盖范围，在宽过渡区条件下，

多基地声呐覆盖范围大于各双基地声呐覆盖范围的交集。图 4-8（b）的基线长度为 40km，双基地声呐覆盖范围退化为不连通区域，交集进一步减小，多基地声呐覆盖范围也退缩到中心区域，仅略大于双基地交集。图 4-8（c）为要求 $p_{\mathrm{d,req}} = 0.5$ 时的结果，双基地交集变大，多基地声呐覆盖范围也随之增大，并依然大于双基地交集。图 4-8（d）为窄过渡区 ROC 曲线，与图 4-8（a）相比，多基地声呐覆盖范围有所缩小，仅略大于双基地交集。

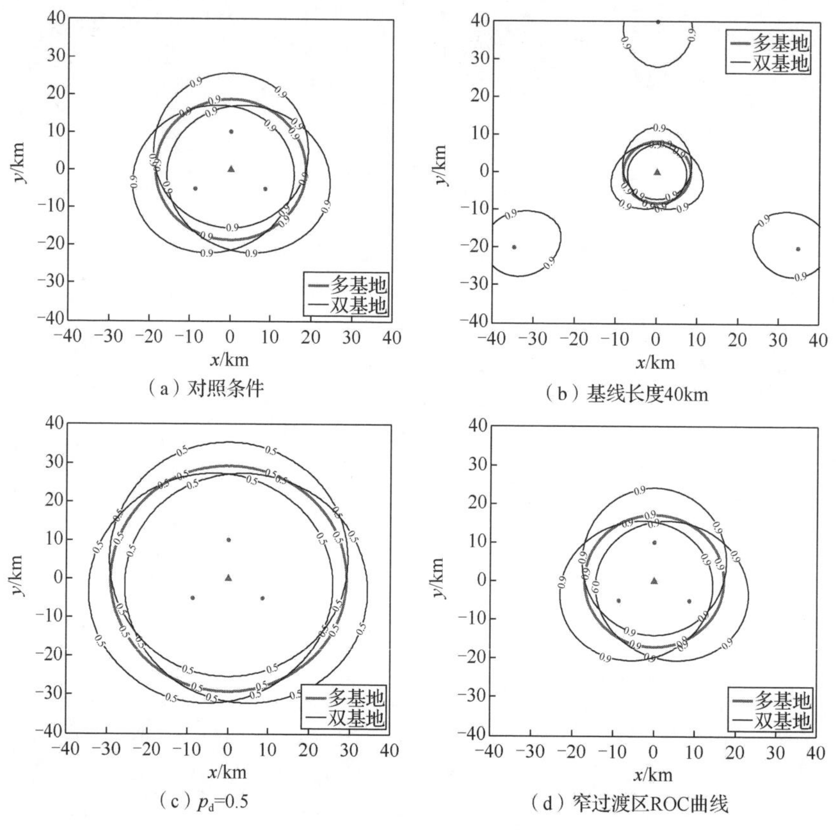

图 4-8　定位模式下的多基地声呐覆盖范围

根据图 4-7、图 4-8，窄过渡区 ROC 曲线下，多基地声呐覆盖范围近似各双基地元组成的覆盖范围；宽过渡区 ROC 曲线下，多基地声呐覆盖范围提升较多，尤其是搜索模式，在不同基线长度下，覆盖范围均有明显提升。系统要求的探测概率、虚警概率变化对多基地声呐覆盖范围提升的相对变化，没有明显影响。

4.5　直达波效应

对于某一特定的主动声呐系统，直达波盲区是指一个空间位置集合，目标在此空间范围内运动时，声源发射信号经目标散射到达接收基地的时间与声源原始脉冲信号到达接收基地的时间相近，散射信号和直达波存在交叠。因此直达波盲区的大小与主动探测信号的时间长度有关，脉冲持续时间越长盲区越大。但也要考虑到，在实际应用中，主动探测信号的时间长度通常根据期望的有效作用距离来确定，尤其是在一些系统中基地声呐配置限制了其可选范围。分析直达波效应影响，可用于指导实际工作中参数的选取。

4.5.1　双基地直达波效应

为了更进一步了解盲区的几何特征，考虑一个收发合置的单基地声呐，发射脉冲信号脉冲宽度为τ，水中声速为c。假设目标散射信号的任何一部分与直达波在接收端发生重叠，则认为目标探测失败。设发射基地 0 时刻开始发射脉冲，脉冲持续时间$\left[0,\tau\right]$，目标与基地距离d。目标回波信号到接收基地的持续时间为$\left[2d/c,2d/c+\tau\right]$，因此当$2d/c<\tau$时，无法成功探测目标；换言之，以发射基地为中心、半径$r_{\mathrm{b}}=c\tau/2$的圆形范围内无法实现目标探测。定义参数r_{b}为脉冲距离，它是脉冲信号在时间τ内传递的距离。

对于双基地声呐系统，盲区表现为椭圆形。考虑单发射基地、单接收基地和单目标的情况，用$d_{\mathrm{s,t}}$、$d_{\mathrm{t,r}}$和$d_{\mathrm{s,r}}$分别表示发射基地到目标、目标到接收基地和发射基地到接收基地的距离。设发射基地 0 时刻开始辐射主动探测信号，则收到直达脉冲的持续时间为$\left[d_{\mathrm{s,r}}/c,d_{\mathrm{s,r}}/c+\tau\right]$，收到目标反射脉冲的持续时间为$\left[(d_{\mathrm{s,t}}+d_{\mathrm{t,r}})/c,(d_{\mathrm{s,t}}+d_{\mathrm{t,r}})/c+\tau\right]$。因此，假如$(d_{\mathrm{s,t}}+d_{\mathrm{t,r}})/c<d_{\mathrm{s,r}}/c+\tau$，或者说当$d_{\mathrm{s,t}}+d_{\mathrm{t,r}}<d_{\mathrm{s,r}}+2r_{\mathrm{b}}$时，目标探测失败。

下面研究直达波效应盲区的范围大小。定义无量纲参数：

$$k=r_{\mathrm{b}}/\rho \tag{4-27}$$

式（4-27）反映了脉冲距离r_{b}与双基地等效作用距离ρ的关系。$k=1$是一种极限情况，此时脉冲宽度足够长，所有在双基地作用距离范围内的目标都受到直达波效应影响，无法被探测到。图 4-9 给出了不同基线长度下盲区随k值的变化，$k=0.01$、0.05、0.1 和 0.2 时，图 4-9（a）至图 4-9（e）中双基地基线长度依次为 0km、1km、2.7km、3km 和 4km。5 个基线长度对应了 5 个典型双基地声呐覆盖范围形状。

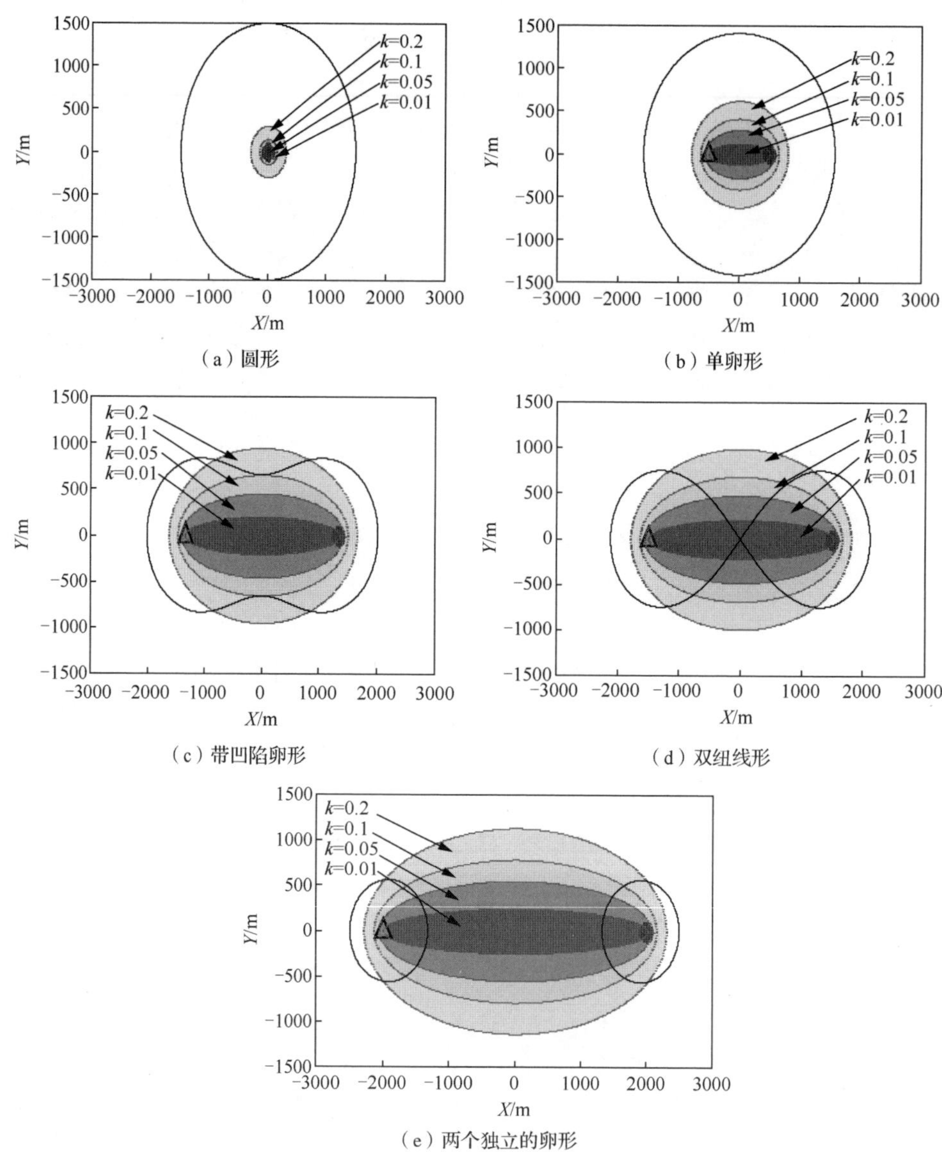

（a）圆形

（b）单卵形

（c）带凹陷卵形

（d）双组线形

（e）两个独立的卵形

图 4-9　直达波盲区与基线长度、*k* 值关系（彩图附书后）

由图 4-9（e）可见，*k* 越大，盲区越大，并且随着基线长度的增加，盲区的面积和在 *Y* 方向的厚度都有所增加，甚至有效探测区域也变小。

图 4-10 给出了一个双基地声呐系统接收信号的匹配滤波结果。可以看出，在一个脉冲重复周期内，接收信号以直达波为主，较弱的目标回波被掩蔽其中，探

测性能差。将接收信号时延匹配到空间距离，直达波的强度遵循传播损失的一般规律，随着距离的增大逐渐降低。

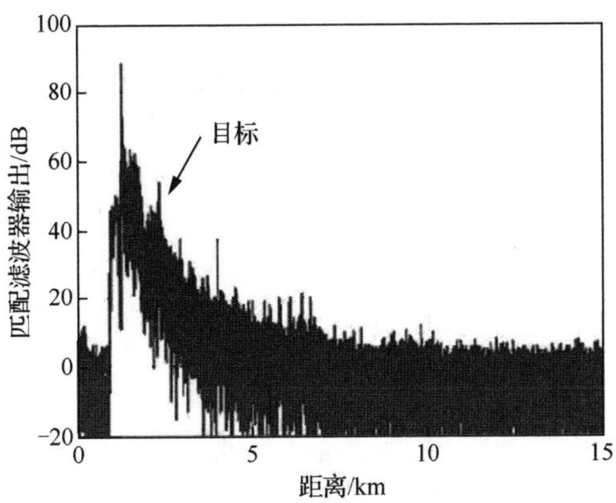

图 4-10　双基地声呐系统接收信号的匹配滤波

4.5.2　多基地直达波效应

当空间存在多个发射基地或接收基地时，直达波效应变得更为复杂。为了进一步分析直达波效应对多基地声呐系统的影响，首先介绍随机多基地网络的概念和部分结论。

发射基地集合 S 和接收基地集合 R 均随机分布于方形区域 A 中，这样的系统被称为随机多基地网络。2015 年，Washburn 等[5]基于随机多基地网络模型定义了覆盖密度：

$$y=\frac{2\pi\rho^2\sqrt{|S||R|}}{A} \tag{4-28}$$

式中，ρ 为等效单基地作用距离；$|S|$ 为发射基地个数；$|R|$ 为接收基地个数。由此可获得方形子区域 A'，A' 与 A 共心且 $A'\in A$。将收发基地随机布放于区域 A' 中，可使系统覆盖面积最大。此时，最优比 A'/A 为

$$\frac{A'}{A}=\begin{cases}\dfrac{y}{1.1}, & y\leqslant 1.1\\ 1\;, & y>1.1\end{cases} \tag{4-29}$$

等效覆盖面积为

$$C=0.8\pi\rho^2\sqrt{|S||R|} \tag{4-30}$$

上述解析式并没有考虑直达波影响，下面将通过具体算例，分析直达波影响下多基地声呐系统最优比 A'/A 和覆盖面积，并研究多基地条件下的直达波效应及其影响。

算例 4-1：在 100km×100km 的二维方形区域 A 中，随机生成目标方位数目为 500，发射基地数目 $|S|=2$，接收基地数目 $|R|=2$，取 A'=80km×80km，直达波效应参数 k=0.1，等效单基地作用距离 ρ=20km，声速 1500m/s。多基地中任意一个发射基地和一个接收基地组合，只要任何一个组合探测到目标则认为该位置探测成功。图 4-11 为考虑盲区情况下的多基地声呐系统有效覆盖范围示意图。

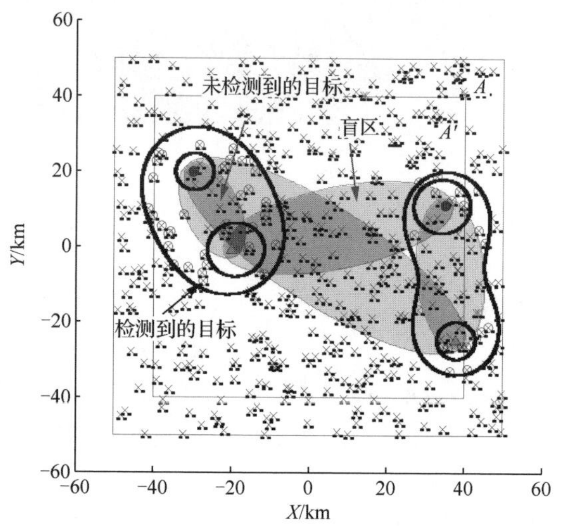

图 4-11　考虑盲区情况下的多基地声呐系统有效覆盖范围示意图（彩图附书后）

图 4-11 中蓝色圆圈表示接收基地，绿色三角表示发射基地，“×”表示未探测到的目标，“⊗”表示探测到的目标。基地周围用黑线画出的区域为不同收发基地组合下 Cassini（卡西尼）卵形线表示的覆盖范围，红色线画出的黄色和橙色区域为各基地组合条件下形成的盲区。可见，在多基地声呐系统中，虽然定义了较宽松的探测规则，即“任意组合探测到目标则认为该位置探测成功”，相当于覆盖范围为各基地组合的并集，但由直达波产生的盲区范围依然较大，严重影响系统的探测和跟踪性能。

下面通过统计分析，进一步研究盲区对多基地声呐系统最优布阵范围和覆盖范围的影响。

算例 4-2：在 100km×100km 的二维方形区域 A 中，随机生成 500 个目标位置，$|S|$、$|R|\in\{5,10,15,20,25\}$，在每种收发基地个数的情况下，取 $A'=n^2$，$n=20,24,\cdots,100$，单位为 km，计算每个 A' 对应的覆盖比例。直达波效应参数 $k=0,0.01,0.1,0.2$，等效单基地作用距离 ρ=10km，统计次数为 100 次。需要指出

的是，当 $k=0$ 时，相当于不考虑直达波效应盲区，因此最优比 A'/A 采用式(4-29)计算。

表 4-2 为算例 4-2 计算结果，图 4-12 为最优比 A'/A 随基地个数的变化，图 4-13 为覆盖范围随 A'/A 和基地个数的变化。由结果可见，当考虑到盲区时，Washburn 等[5]提出的关于最优比 A'/A 和有效覆盖范围的分析不再成立，最优布阵范围 A' 和有效覆盖范围都发生变化，但总趋势保持一致，即基地数 $|S|$ 和 $|R|$ 越多，则最优比 A'/A 越大，有效覆盖范围越大，如图 4-12 所示。此外，如图 4-13 所示，若基地没有布放在最优比 A'/A 内，则覆盖范围有可能严重退化。可见，盲区对于多基地声呐系统是重要的影响因素，在实际应用中不容忽视。

表 4-2　多基地声呐系统最优比 A'/A 和覆盖面积

$\|S\|$	$\|R\|$	$k=0$		$k=0.01$		$k=0.1$		$k=0.2$	
		最优比 A'/A	覆盖面积 /%	最优比 A'/A	覆盖面积 /%	最优比 A'/A	覆盖面积 /%	最优比 A'/A	覆盖面积 /%
5	5	0.2856	12.8200	0.2304	12.2860	0.1600	11.2320	0.1296	9.9880
	10	0.4039	17.3520	0.3136	17.2560	0.1936	15.4800	0.2304	13.5520
	15	0.4947	21.4120	0.4096	20.8960	0.3136	18.7520	0.2304	16.2320
	20	0.5712	24.6340	0.3600	23.6440	0.3600	21.2220	0.2704	18.7500
	25	0.6386	27.5040	0.4624	26.6760	0.5184	23.7000	0.3136	20.5560
10	5	0.4039	17.3700	0.4096	17.0080	0.2704	15.7540	0.2304	13.6360
	10	0.5712	24.7680	0.5776	23.8740	0.3600	21.8740	0.3136	19.3700
	15	0.6996	29.9620	0.5184	29.6700	0.4624	26.3040	0.3600	23.6900
	20	0.8078	34.4140	0.5776	34.0600	0.5776	30.3780	0.4624	27.2320
	25	0.9031	38.6400	0.7056	37.4160	0.5776	34.7420	0.5184	30.0380
15	5	0.4947	21.5320	0.4624	20.6420	0.3136	19.0140	0.2304	16.4920
	10	0.6996	30.1740	0.5776	29.2160	0.3600	26.5260	0.3136	23.2840
	15	0.8568	36.4960	0.6400	35.7340	0.5776	32.3460	0.5184	28.9660
	20	0.9893	42.4480	0.7056	41.2000	0.7056	37.7560	0.5776	33.2520
	25	1.0000	46.3600	0.7744	46.1300	0.7744	41.3180	0.5776	37.2860
20	5	0.5712	24.7020	0.4096	23.8460	0.3136	21.2340	0.3136	18.6780
	10	0.8078	34.8780	0.6400	33.7340	0.6400	30.9180	0.4096	27.0860
	15	0.9893	42.0740	0.7744	41.7920	0.6400	37.6700	0.4624	33.5020
	20	1.0000	47.9800	0.7744	47.5780	0.8464	43.1620	0.6400	38.0500
	25	1.0000	53.3280	0.7744	51.7980	0.7744	48.6300	0.7744	42.5520

续表

|S|	|R|	k =0		k =0.01		k =0.1		k =0.2	
		最优比 A′ / A	覆盖面积 /%	最优比 A′ / A	覆盖面积 /%	最优比 A′ / A	覆盖面积 /%	最优比 A′ / A	覆盖面积 /%
25	5	0.6386	27.2920	0.4624	26.2800	0.5184	23.5040	0.3600	20.5060
	10	0.9031	38.2620	0.7744	37.8060	0.6400	34.0240	0.4624	29.7560
	15	1.0000	46.6920	0.7056	45.6040	0.7744	41.9700	0.6400	37.1660
	20	1.0000	53.3580	0.7744	51.9060	0.7056	47.7360	0.6400	42.7740
	25	1.0000	58.6620	0.8464	56.7400	0.8464	53.2060	0.7744	47.9960

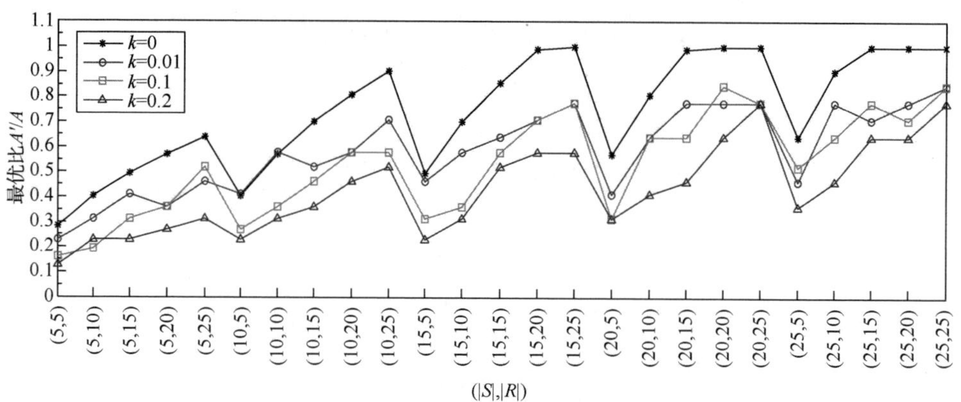

图 4-12　最优比 A'/A 随基地个数的变化

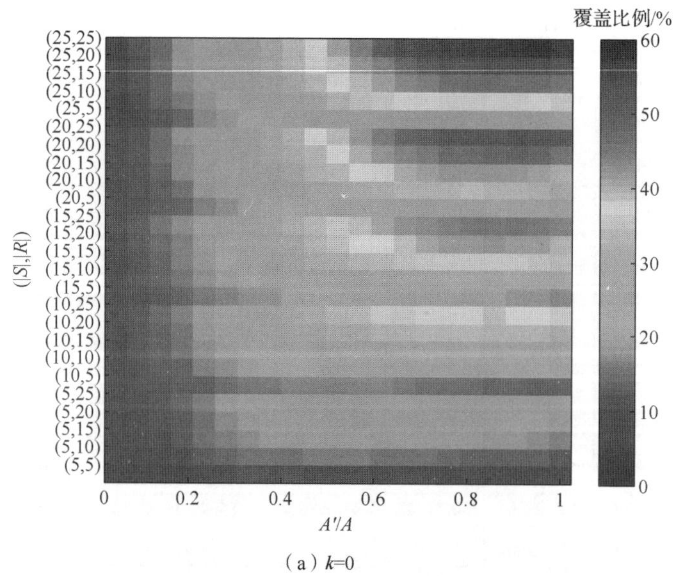

（a）k=0

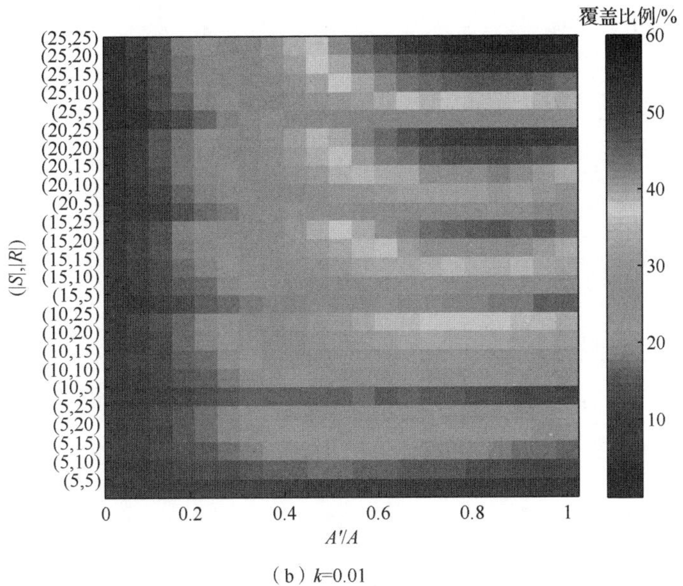
覆盖比例/%
60
50
40
30
20
10
(25,25)
(25,20)
(25,15)
(25,10)
(25,5)
(20,25)
(20,20)
(20,15)
(20,10)
(20,5)
(15,25)
(15,20)
(15,15)
(15,10)
(15,5)
(10,25)
(10,20)
(10,15)
(10,10)
(10,5)
(5,25)
(5,20)
(5,15)
(5,10)
(5,5)
(|S|,|R|)
0
0.2
0.4
0.6
0.8
1
A'/A

（b）k=0.01

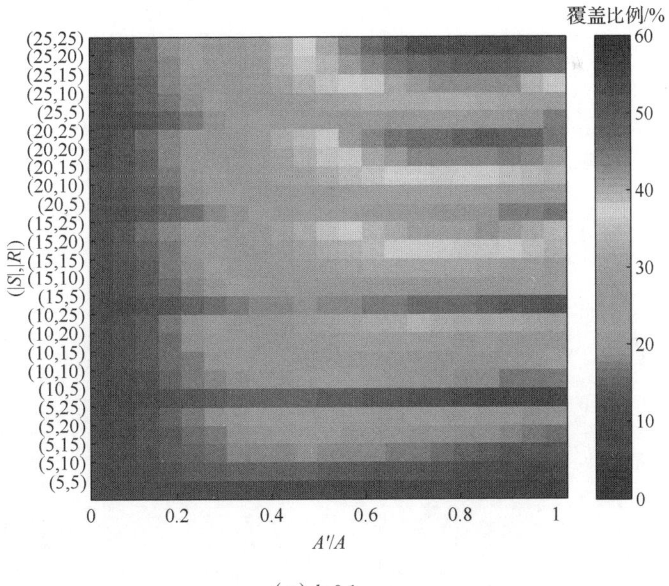
覆盖比例/%
60
50
40
30
20
10
0
(25,25)
(25,20)
(25,15)
(25,10)
(25,5)
(20,25)
(20,20)
(20,15)
(20,10)
(20,5)
(15,25)
(15,20)
(15,15)
(15,10)
(15,5)
(10,25)
(10,20)
(10,15)
(10,10)
(10,5)
(5,25)
(5,20)
(5,15)
(5,10)
(5,5)
(|S|,|R|)
0
0.2
0.4
0.6
0.8
1
A'/A

（c）k=0.1

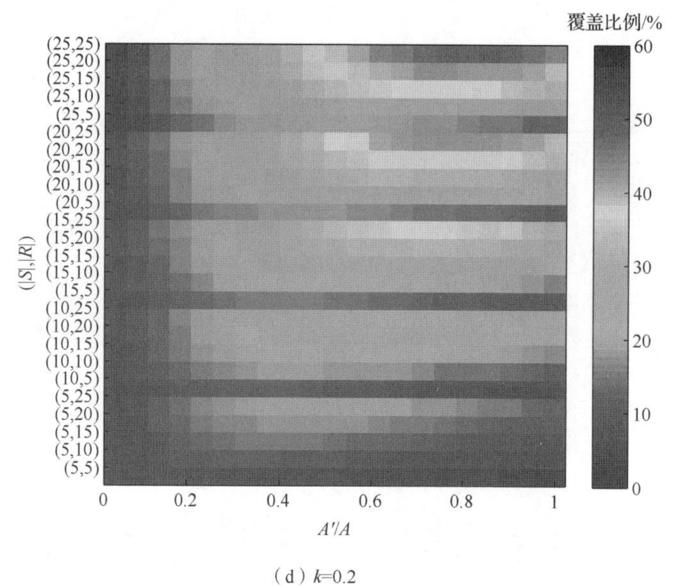

（d）k=0.2

图 4-13　覆盖范围随 A'/A 和基地个数的变化（彩图附书后）

下面一组算例研究覆盖范围随不同收发基地组合方式的变化。

算例 4-3：固定搜索区域 A=80km×80km，布阵子区域为 A'=60km×60km，发射基地和接收基地个数 $|S|,|R| \in \{5,10,15,20,25\}$，直达波效应参数 k=0,0.01,0.1,0.2，等效单基地作用距离 ρ=10。每次仍然在 A 区域中产生 500 个目标位置，基地随机分布于 A' 区域中，做 100 次统计。算例 4-3 分析结果示于图 4-14 和图 4-15。

图 4-14 为不同收发基地组合下平均覆盖比例，对比图 4-14（a）至（d）可见，随着 k 值变大，覆盖范围越来越小。为了更清晰地表示 k 值对覆盖范围的影响，图 4-15 给出了平均覆盖范围减小情况，即 $\left(c_{k=0}-c_{k=0.01,0.1,0.2}\right)/c_{k=0}$，其中 c 表示覆盖范围。可见，直达波对覆盖范围的影响较大，在算例条件下损失可达 45%。

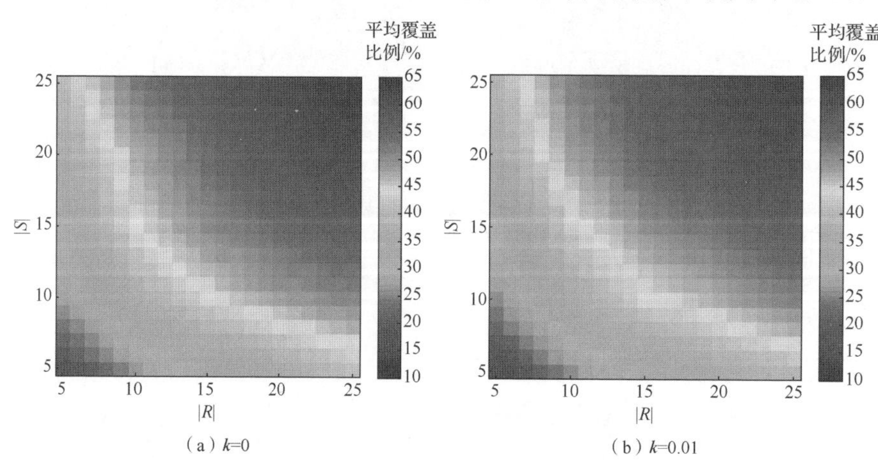

（a）k=0　　　　　　　　　　（b）k=0.01

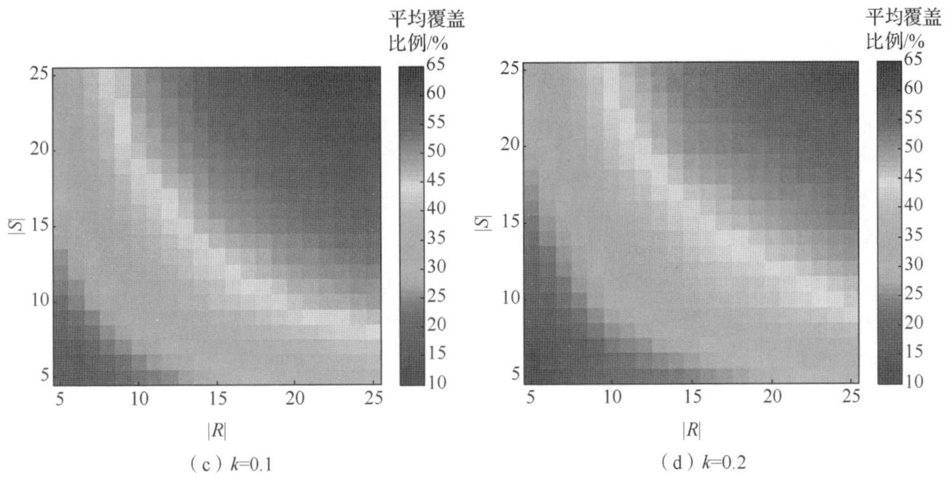

图 4-14　不同收发基地组合下平均覆盖比例（彩图附书后）

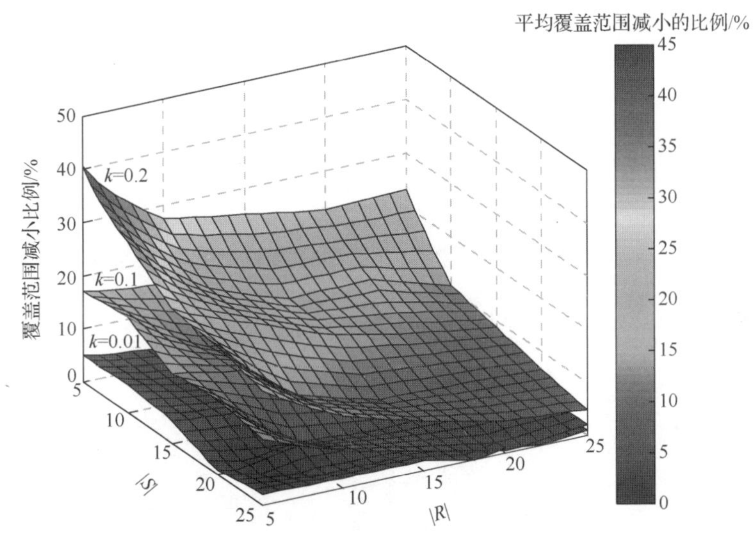

图 4-15　不同收发基地组合下平均覆盖范围减小比例（彩图附书后）

此外，正如所期望的，基地数量越多，有效覆盖范围越大。但反之，不仅有效覆盖范围小，且因直达波效应造成的覆盖范围损失也变大。原因在于，若基地数目足够多，则一个目标位置位于某收发基地组合的盲区内，但又有较大的可能落入其他组合的探测区域，因此容易被探测到。而当基地数目较少，上述概率会变小。因此，直达波效应是多基地声呐系统工作中必须考虑的因素，尤其是在基地数目较少的情况下。第 7 章将分别详细讨论多基地声呐在三种直达波干扰下的空域复用问题。

4.6　多基地友邻干扰

声呐搭载平台在水下工作中会产生噪声，在多个平台协同工作时，相邻平台的辐射噪声成为多基地友邻干扰，是多基地声呐不容忽视的噪声之一。

如图 4-16 所示，声呐接收端同时接收友邻平台的辐射噪声和目标的信号，主波束对准目标使得接收信噪比最大，而友邻干扰的存在使得信噪比减小。根据友邻平台干扰产生的机理，其在声呐接收端的噪声级可表示如下：

$$\mathrm{NL}_{\text{neighbours}} = L_{\mathrm{s}} - \mathrm{TL} + \mathrm{DI}(\theta) \tag{4-31}$$

式中，TL 为友邻平台与接收声呐间的传播损失；$\mathrm{DI}(\theta)$ 为声呐接收指向性指数；L_{s} 为友邻平台的辐射噪声源级，其值通常来源于在试验环境下对平台噪声的直接测量，若缺乏先验信息，则可以考虑使用文献[6]中给出的舰船辐射噪声经验公式进行估算，经验公式为

$$\begin{aligned} L_{\mathrm{s}} &= L_{\mathrm{s}}' + 20 - 20\lg f \\ L_{\mathrm{s}}' &= 134 + 60\lg\frac{v}{10} + 9\lg D \end{aligned} \tag{4-32}$$

其中，f 为观测频率，单位为 Hz；v 为平台航速，单位为 kn；D 为平台排水量，单位为 t。适用条件为频率大于 100Hz，排水量小于 30000t。

自平台噪声干扰与友邻平台干扰均来自平台噪声，区别在于自平台噪声属于近场噪声，友邻平台干扰属于远场噪声。

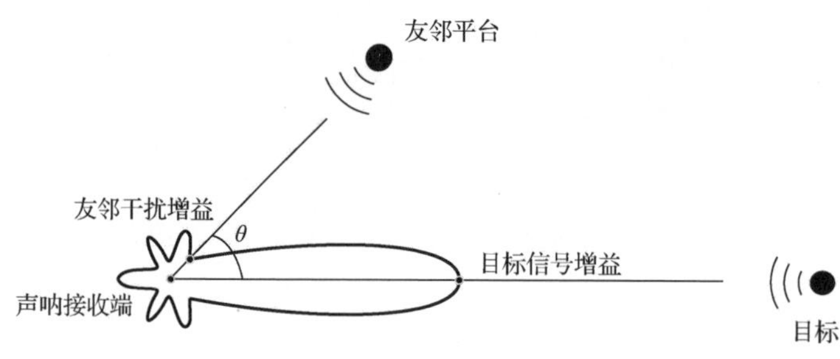

图 4-16　友邻平台干扰示意图

4.7　双/多基地目标信道

对双基地声呐探测系统而言，目标强度取决于三个要素：目标姿态、发射端

位置和接收端位置。如图 4-17 所示，目标、发射端与接收端三者所构成的平面为双基地平面。

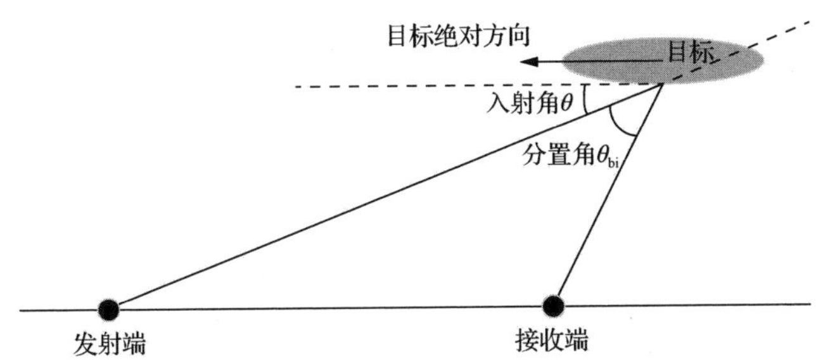

图 4-17　双基地探测态势下的目标强度

在双基地平面中，目标绝对方向（依据目标的形状特点约定）与目标和发射端连线所构成的夹角定义为入射角θ，且$\theta \in [0°,360°]$，目标与发射端连线和目标与接收端连线的夹角定义为分置角θ_{bi}，且$\theta_{bi} \in [0°,180°]$。利用入射角$\theta$与分置角$\theta_{bi}$便可确定目标相对于双基地探测系统的姿态。

算例 4-4：一发两收的多基地声呐，发射平台位于区域原点，两个接收平台分别位于y轴正向左右 45° 方向，目标航向分别为 0° 和 60° 。

图 4-18 中发现改变目标的航向角会对组网声呐系统探测性能产生显著影响。整体趋势是随目标航向的改变，探测概率结果进行了旋转。当目标航向相对探测平台处于某些特定位置时，最远探测距离会明显提高。

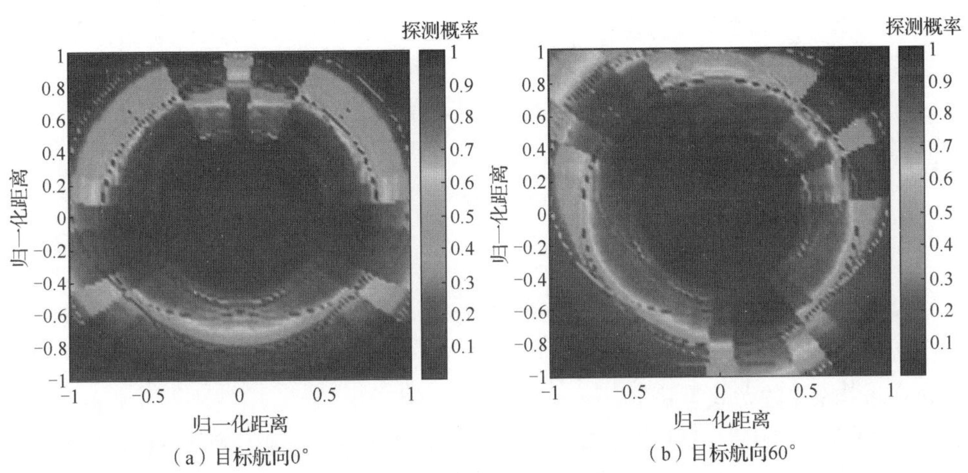

图 4-18　多基地目标信道对探测概率的影响（彩图附书后）

图 4-18 所示的算例只阐述了改变目标航向角导致入射角变化的情况，而分置角没有发生改变，现考虑入射角和分置角都发生变化的情况，图 4-19 为文献[7]给出的不同频率下 155mm 壳体在入射角分别为 0°与 90°时不同分置角下的目标强度。当入射角不同时，155mm 壳体目标在相对于入射角的 0°与 180°方向上均有亮点，且可以明显看出目标强度会随着分置角的变化而改变。

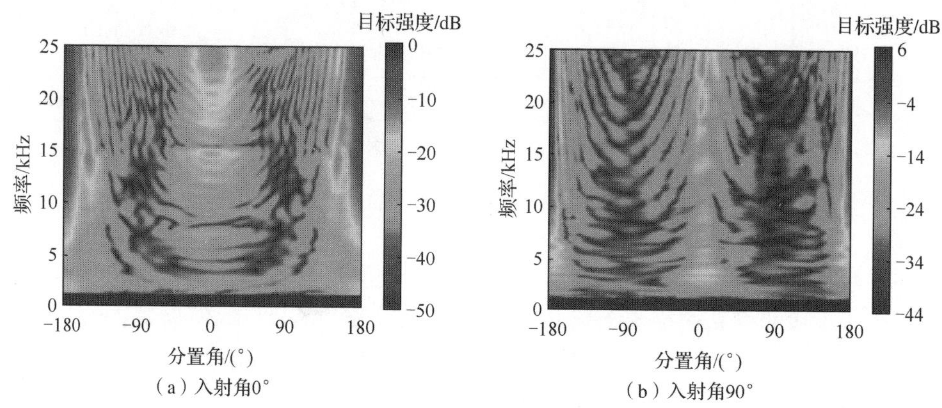

图 4-19　不同频率下 155mm 壳体在入射角分别为 0°与 90°时不同分置角下的目标强度[7]（彩图附书后）

4.8　双/多基地混响信道

双/多基地声呐系统探测范围大、隐蔽性好、抗干扰能力强，近年来广受关注。在浅海环境下，混响严重影响目标探测、跟踪、识别。已有研究发现双/多基地声呐系统混响与传统单基地系统混响在时域波形、概率分布、相关性和能量谱等方面具有一定的相似性和差异性，下面我们就以单/双/多基地海底混响为例，探讨双/多基地混响信道的特性。

4.8.1　双/多基地混响模型

首先建立海底三维散射强度模型。对于粗糙海洋边界的声散射有很多理论模型，如一阶和高阶扰动理论、综合粗糙度模型、Voronovich[8]的小斜面理论以及 Wurmser[9]的弹性海底理论等。

由海底混响的形成机理可知，非平整粗糙海底与海底附近沉积物散射形成海底混响，是海底混响的主要影响因素，海底三维散射强度[10]计算公式为

$$S_{\text{bottom}}(\theta_i,\theta_s,\varphi_s)=10\lg\sigma_b=10\lg[\sigma_{br}(\theta_i,\theta_s,\varphi_s)+\sigma_{bv}(\theta_i,\theta_s,\varphi_s)] \tag{4-33}$$

式中，$S_{\text{bottom}}(\theta_i,\theta_s,\varphi_s)$ 表示双基地海底三维散射强度；$\sigma_{\text{br}}(\theta_i,\theta_s,\varphi_s)$ 表示起伏的海底界面引起的散射声强；$\sigma_{\text{bv}}(\theta_i,\theta_s,\varphi_s)$ 表示海底沉积层所引起的散射声强；θ_i 表示入射掠射角；θ_s 表示散射掠射角；φ_s 表示散射方位角。双基地海底三维散射强度模型角度配置图如图 4-20 所示。

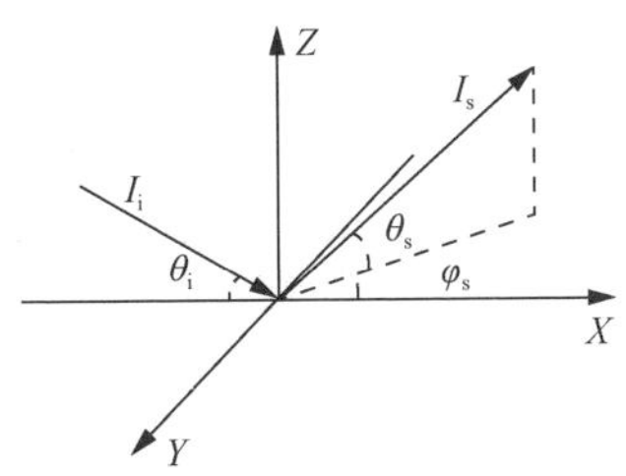

图 4-20　双基地海底三维散射强度模型角度配置图

依据双基地海底三维散射强度模型，下面主要介绍海底三维散射强度与海底底质、海底声线的入射掠射角、散射掠射角和散射方位角之间的关系。

发射信号频率为 30kHz，对于固定散射方位角 φ_s=30°，海底三维散射强度的极大值都出现在 $\theta_s=\theta_i$ 处，即散射掠射角与入射掠射角相等处，并且散射强度随着入射掠射角和散射掠射角的增大而增大，如图 4-21（a）所示。对于固定入射掠射角 $\theta_i=45°$，海底三维散射强度的极大值都出现在散射方位角 0° 方向上，并且与散射方位角 0° 轴呈现对称趋势，如图 4-21（b）所示。

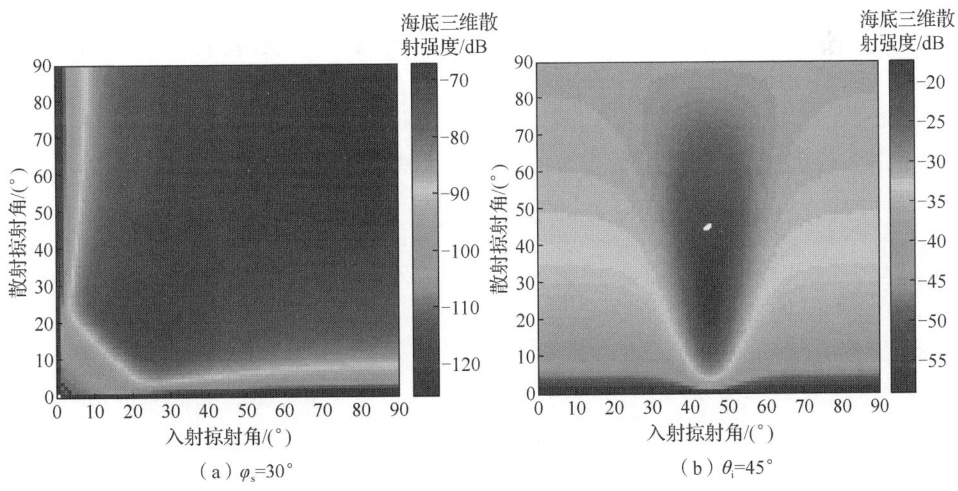

图 4-21　海底声线的入射掠射角、散射掠射角和散射方位角关系（彩图附书后）

基于海底三维散射强度，可建立海底混响信号计算模型，下面以多基地声呐系统水平分置情况为例进行讨论。

海底三维散射强度为$S_{\text{bottom}}(\theta_{\text{i}},\theta_{\text{s}},\varphi_{\text{s}})$，收发分置的海底声压散射系数可简单表示为

$$S_p = \mu'_p \sqrt{S_{\text{bottom}}(\theta_{\text{i}},\theta_{\text{s}},\varphi_{\text{s}})}\text{e}^{\text{j}\phi} \tag{4-34}$$

式中，μ'_p服从高斯分布$N(a,\sigma^2)$，其中a为均值，σ为方差；ϕ为相位，在$(0,2\pi)$服从均匀分布。依据射线声学，对海底混响有贡献的声线可分为四类，如图 4-22 所示。海水等梯度分布且声速恒定为c，声波按球面波传播。海面反射系数为m，收发分置双基地声呐系统中海深为H，声源S与海底距离为H_1，接收机R与海底的距离为H_2，声源与接收机的水平距离为L。

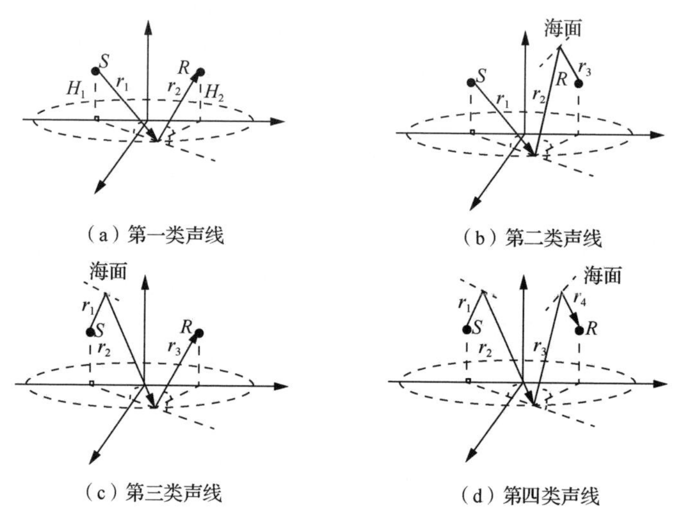

（a）第一类声线　（b）第二类声线　（c）第三类声线　（d）第四类声线

图 4-22　双基地海底混响四类声线示意图

这里介绍四类声线t_k时刻的混响信号生成[11]。首先若发射窄带脉冲信号$s(t)$，则t_k时刻接收机接收到的海底某一散射元的散射信号为

$$p_{1l}(t_k) = \frac{s(t-t_k)}{r_{1l}r_{2l}}\text{d}AS_{pl} \tag{4-35}$$

式中，A为散射元的面积。假设t_k时刻接收机接收到的散射信号的散射区域为一椭圆环，将椭圆环划分为N_1份，那么t_k时刻第一类声线的海底混响信号为

$$p_1(t_k) = \sum_{l=1}^{N_1} \frac{s(t-t_k)}{r_{1l}r_{2l}}\text{d}A\sqrt{S_{\text{bottom}}(\theta_{\text{i}l},\theta_{\text{s}l},\varphi_{\text{s}l})}\mu'_{pl}\text{e}^{\text{j}\phi_l} \tag{4-36}$$

式中，$t_k=(r_1+r_2)/c$；μ'_{pl}服从高斯分布$N(a_l,\sigma_l^2)$，其中a_l为均值，σ_l为方差；ϕ_l服从$(0,2\pi)$的均匀分布。由几何关系整理即可推导出第一类声线的混响信号。同理依次可以得到其他几类声线的混响信号，分别为

$$p_2(t_k)=\sum_{l=1}^{N_1}\frac{ms(t-t_k)}{r_{1l}(r_{2l}+r_{3l})}\mathrm{d}A\sqrt{S_{\text{bottom}}(\theta_{il},\theta_{sl},\varphi_{sl})}\mu'_{pl}\mathrm{e}^{\mathrm{j}\phi_l}$$
$$p_3(t_k)=\sum_{l=1}^{N_1}\frac{ms(t-t_k)}{(r_{1l}+r_{2l})+r_{3l}}\mathrm{d}A\sqrt{S_{\text{bottom}}(\theta_{il},\theta_{sl},\varphi_{sl})}\mu'_{pl}\mathrm{e}^{\mathrm{j}\phi_l} \tag{4-37}$$

式中，$t_k=(r_1+r_2+r_3)/c$；μ'_{pl} 服从高斯分布 $N(a_l,\sigma_l^2)$，其中 a_l 为均值，σ_l 为方差；ϕ_l 服从 $(0,2\pi)$ 的均匀分布。

$$p_4(t_k)=\sum_{l=1}^{N_1}\frac{mms(t-t_k)}{(r_{1l}+r_{2l})+(r_{3l}+r_{4l})}\mathrm{d}A\sqrt{S_{\text{bottom}}(\theta_{il},\theta_{sl},\varphi_{sl})}\mu'_{pl}\mathrm{e}^{\mathrm{j}\phi_l} \tag{4-38}$$

式中，$t_k=(r_1+r_2+r_3+r_4)/c$，μ'_{pl} 服从高斯分布 $N(a_l,\sigma_l^2)$，其中 a_l 为均值，σ_l 为方差；ϕ_l 服从 $(0,2\pi)$ 的均匀分布。总的海底混响信号即为四类声线信号的叠加，即

$$p(t_k)=p_1(t_k)+p_2(t_k)+p_3(t_k)+p_4(t_k) \tag{4-39}$$

基于以上理论我们便可以得到水平分置多基地海底混响信号计算模型。

4.8.2 单/双基地混响特性对比

1. 混响信号统计特性对比分析

以 CW 脉冲发射时的单/双基地混响瞬时值、相位、包络的统计特性为例[12-14]，绘制双基地混响在不同基线长度下的瞬时值、相位统计特性曲线，如图 4-23 所示，图中 L 表示基线长度，绘制单基地混响瞬时值、相位统计特性如图 4-24 所示，同时绘制单/双基地混响包络统计特性曲线，如图 4-25 所示。

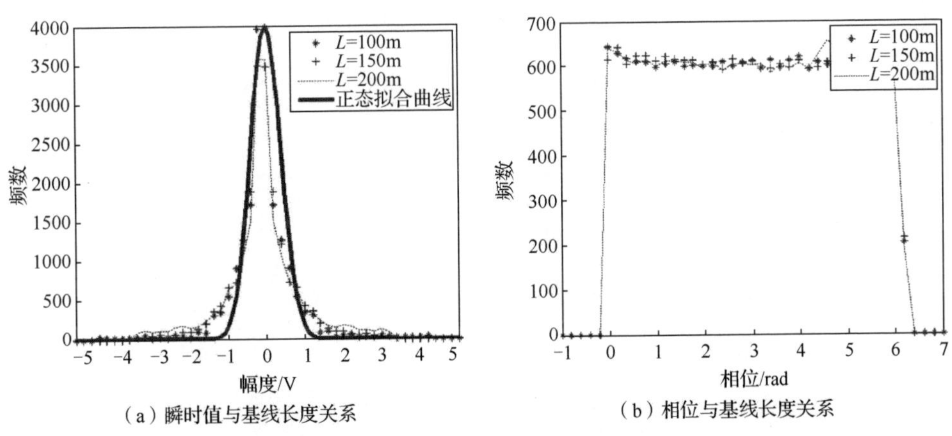

（a）瞬时值与基线长度关系　（b）相位与基线长度关系

图 4-23　双基地混响瞬时值、相位统计特性与基线长度的关系图

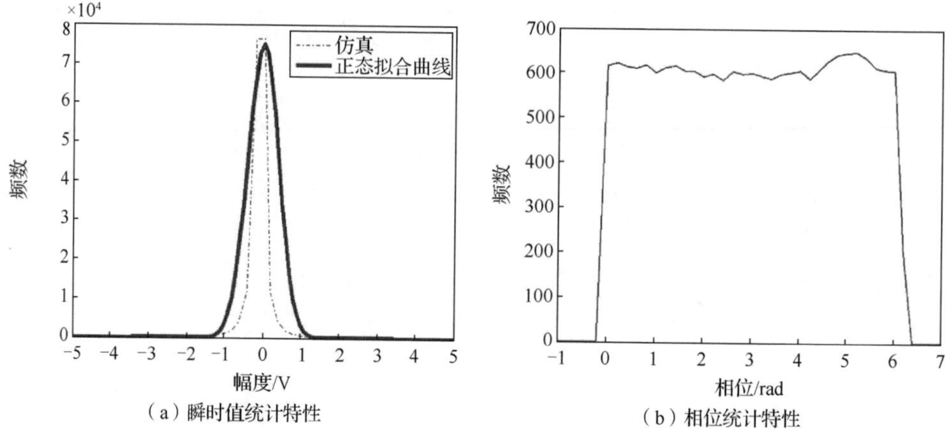

（a）瞬时值统计特性　（b）相位统计特性

图 4-24　单基地混响瞬时值、相位统计特性

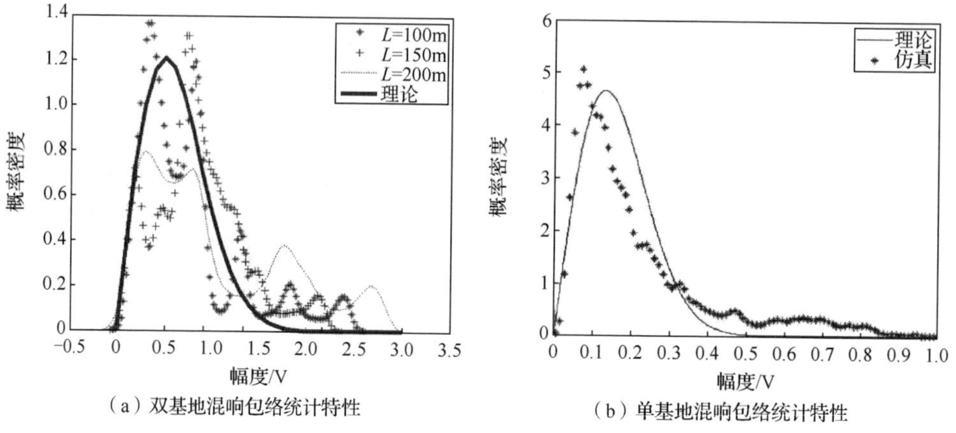

（a）双基地混响包络统计特性　（b）单基地混响包络统计特性

图 4-25　单/双基地混响包络统计特性图

双基地混响瞬时值、相位的统计特性与基线长度基本没有关系，瞬时值服从高斯分布，相位服从均匀分布，包络基本服从瑞利分布，与单基地混响统计特性一致。

2. 混响信道散射函数、多普勒扩展对比分析

混响是由大量不规则散射体对入射声信号的散射在接收点处叠加形成的，混响信道功率响应函数为

$$R''_{\mathrm{hr}}(\tau,\Delta t)=K\int\rho(\tau,\varphi)\,\mathrm{e}^{\mathrm{j}2\pi\varphi\Delta t}\,\mathrm{d}\varphi \tag{4-40}$$

式中，K 为常数因子；$\rho(\tau,\varphi)$ 为散射体关于延迟时间和多普勒频移的联合分布函

数，且混响散射函数与混响信道功率谱响应函数互为傅里叶变换对，因此混响散射函数表示为

$$R''_{sr}(\tau,\varphi)=K\rho(\tau,\varphi) \tag{4-41}$$

混响散射函数的形式是关于 τ 和 φ 的联合分布函数。由此可知混响与时延扩展关联很大，但单/双基地同一时刻的有效散射面积不同，散射粒子不同，则时延扩展有所不同。单基地海底混响的时延扩展宽度为 0.6691s，双基地海底混响的时延扩展宽度为 0.3748s 左右，并且时延扩展宽度与双基地的基线长度无关，如图 4-26 所示。值得注意的是，双基地比单基地混响的时延扩展宽度要小，这主要是因为同一时刻散射粒子对入射声线的散射情况不同。

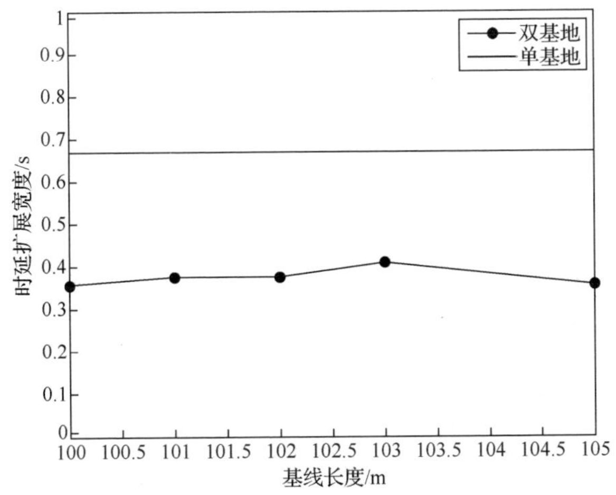

图 4-26　不同基线长度双基地混响的时延扩展宽度

混响频谱特性的一个重要特征在于当声源运动时出现频谱展宽现象，这是由于安装声呐的舰艇的运动和散射体本身的运动，造成信号的中心频率在一定程度上会有所展宽，而发射脉冲本身就有一定的频宽，所以混响信号也会有相应的带宽。由图 4-27 可知，单基地多普勒扩展宽度为 153.8075Hz，双基地混响平均扩展宽度为 153.5070Hz，故单/双基地混响的多普勒扩展宽度基本一致。

3. 混响的平均特性对比分析

双基地声呐系统中，声源发射信号波束宽度为 ψ，那么 t 时刻混响强度可以表示为[15]

$$I_R=\iint_S I(r_s^{-\beta}\mathrm{e}^{-\alpha r_s})(r^{-\beta}\mathrm{e}^{-\alpha r})\mu\mathrm{d}A \tag{4-42}$$

式中，I 表示发射器的声轴方向上距离声源声中心 1m 处的声强；r_s 和 r 分别表示声源声中心到散射元的距离和散射元到接收机声中心的距离；$r_s^{-\beta}e^{-\alpha r_s}$ 表示声源到散射元的声强度衰减量，取分贝数则表示声源到散射元的传播损失，其中 β 值的范围为 1～2；$r^{-\beta}e^{-\alpha r}$ 表示散射元到接收机的声强度衰减量，取分贝数则表示散射元到接收机的传播损失；μ 表示海底散射系数；S 表示 t 时刻到达接收机的所有散射元的集合；dA 表示单位散射面积元。若系统为收发合置的单基地声呐系统，则有 $r_s = r$ 。图 4-28 给出双基地声呐系统 t 时刻海底混响有效作用区域。

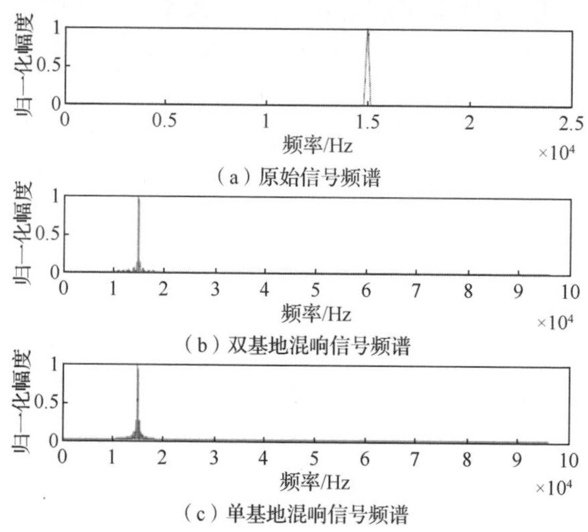

图 4-27　单/双基地混响频谱分析对比

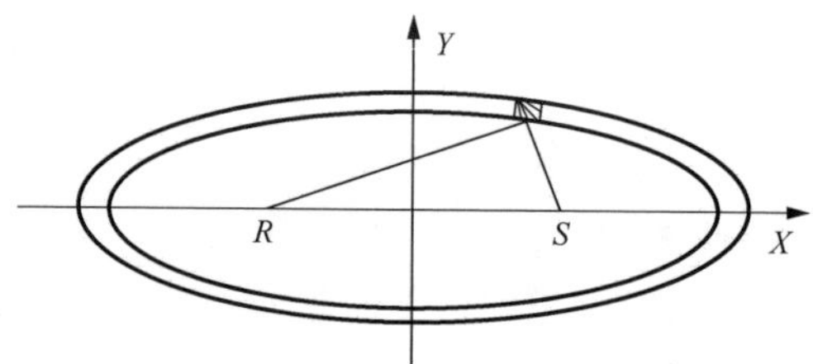

图 4-28　双基地声呐系统 t 时刻海底混响有效作用区域

根据混响强度计算公式，在海深 60m、海水中声速 1525m/s、声源级 145dB，信号中心频率 4kHz、波束宽度 $\psi = 0.2618$ 、脉冲宽度 20ms、双基地收发距离 4000m，收/发平台距海底距离为 35m 条件下，图 4-29 展示了单/双基地声呐浅海海底混响强度对比。

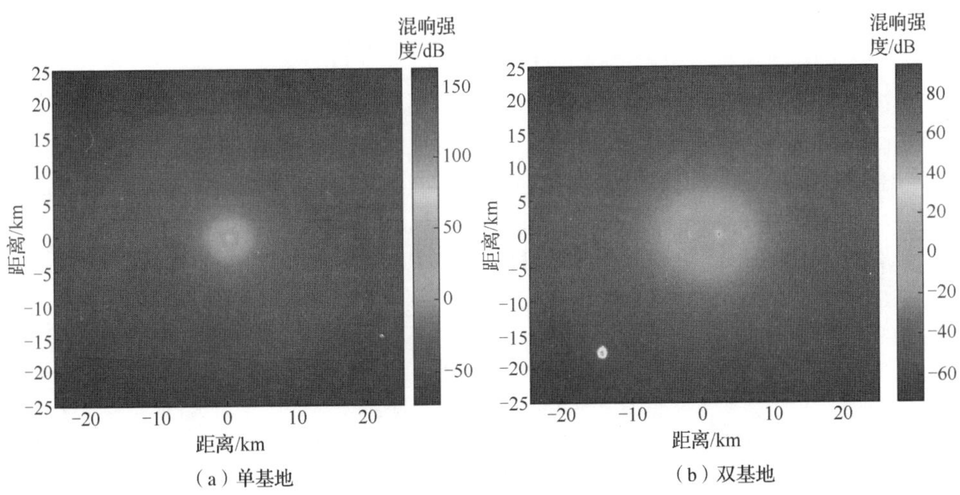

图 4-29　单/双基地声呐浅海海底混响强度对比图（彩图附书后）

图 4-29 说明当传播时延增大时，单/双基地混响强度变化趋势是一致的，都随着传播时延增加混响强度不断下降。仍以上述试验条件为例，图 4-30 表示单/双基地混响强度随时间变化关系，当 $t \leqslant 5\text{s}$ 时，双基地混响强度比单基地混响强度要大，当 $t > 5\text{s}$ 时，双基地混响强度比单基地混响强度要小，主要原因是双基地海底散射强度的计算与单基地有所不同，在收发分置声呐系统中，海底混响的有效椭圆环随接收角度变化而变化[16]。结合双基地三维海底散射强度可以发现：刚开始收发分置声呐系统入射掠射角小而散射掠射角大，较单基地散射强度要大；随着时间椭圆环不断向外扩张，入射掠射角和散射掠射角的影响随之变小，收发分置海底散射强度慢慢减小，所以双基地混响强度相比于单基地混响强度要小。

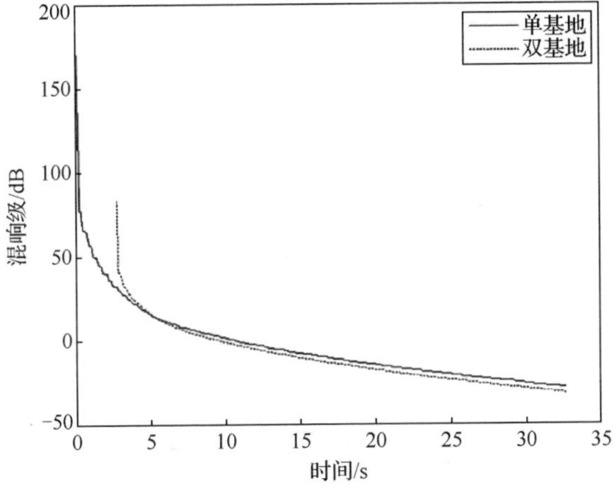

图 4-30　单/双基地混响强度随时间变化

参 考 文 献

[1] Fewell M P, Thredgold J M. Cumulative track-initiation probability as a basis for assessing sonar-system performance in anti-submarine warfare[R]. Edinburgh: Defence Science and Technology Organisation, 2009.

[2] Fewell M P, Ozols S. Simple detection-performance analysis of multistatic sonar for anti-submarine warfare[R]. Edinburgh: Defence Science and Technology Organisation, 2010.

[3] 赵树杰, 赵建勋. 信号检测与估计理论[M]. 北京: 清华大学出版社, 2005.

[4] Chernyak V S. 双(多)基地雷达系统[M]. 周万幸, 吴鸣亚, 胡明春, 等译. 北京: 电子工业出版社, 2011.

[5] Washburn A, Karataş M. Multistatic search theory[J]. Military Operations Research, 2015, 20(1): 21-38.

[6] Ross D. Mechanics of underwater noise[M]. New York: Pergamon Press, 1976.

[7] Bucaro J A, Simpson H, Kraus L, et al. Bistatic scattering from submerged unexploded ordnance lying on a sediment[J]. Journal of the Acoustical Society of America, 2009, 126(5): 2315-2323.

[8] Voronovich A G. Small-slope approximation in wave scattering from rough surfaces[J].Waves in Random Media, 1985, 6(2):151-167.

[9] Wurmser D. A manifestly reciprocal theory of scattering in the presence of elastic media[J].Journal of Mathematical Physics, 1996, 37(9):4434-4479.

[10] 胡剑忠. 海底三维散射强度的测量和模型计算[D]. 哈尔滨: 哈尔滨工程大学, 2009.

[11] 张明辉. 海底声散射强度测量方法及不规则海域混响特性研究[D]. 哈尔滨: 哈尔滨工程大学, 2011.

[12] 赵宝庆. 双基地声呐混响特性研究[D]. 西安: 西北工业大学, 2006.

[13] 张建兰, 马力. 混响场的时空相干性研究[C]//《声学技术》编辑部. 中国声学学会 1999 年青年学术会议(CYCA '99) 论文集. 上海: 同济大学出版社, 1999:100-101.

[14] 王美娜. 关于混响信号建模及其时空统计规律的研究[D]. 哈尔滨: 哈尔滨工程大学, 2007.

[15] 杨丽, 蔡志明. 混响背景下单、双基地声呐的探测范围比较[J]. 系统仿真学报, 2006, 18(11): 3263-3266.

[16] 李明达, 李桂娟, 惠俊英, 等. 海底混响背景对双基地水声探测影响的估算[J]. 装备环境工程, 2008, 5(2): 21-24.

第 5 章　双/多基地水声信道时域复用技术

在双/多基地声呐探测态势下，直达波效应产生了探测盲区，盲区的大小与发射脉冲宽度和基线长度有着密切关系。以上只是针对一次直达波干扰的讨论，实际应用中，发射基地往往是以固定周期发射主动信号，接收端会受到周期性的直达波干扰。增加单位时间内脉冲发射次数，可以提高发现目标的概率，然而直达波干扰占据接收信号的时隙比率也随之增加，即单位时间内回波受干扰次数增加。基于上述考虑，本章探讨发射脉冲周期和脉冲宽度对探测区域的影响，提出警戒环、盲区环的概念。在警戒环、盲区环的基础上，分析发射周期、信号脉冲宽度与累计探测能力的关系，给出参数优化选择策略。

5.1　时分警戒椭圆环

5.1.1　直达波干扰时隙分析

当双基地声呐发射脉冲周期小于最小无混叠发射周期（当目标处于双基地系统覆盖范围内时，回波信号的最大传播时间）时，回波信号容易遭到直达波的干扰。设发射基地与接收基地相距 3km，发射周期 1s，探测信号脉冲宽度 0.25s，声速 1500m/s。图 5-1 为双基地声呐直达波干扰时隙图，图中给出了目标距发射基地、接收基地不同距离时的发射信号（图中第一行）、直达波（图中第二行）以及目标回波（图中其余行）的时隙关系。当目标与收发基地的总距离在 3.375～4.125km 时，目标回波不受直达波干扰，可以被正常探测；当总距离在 4.125～4.875km 时，目标回波会受到不同程度干扰，难以实现最佳探测效果。

直达信号的声级通常要明显高于回波信号的声级。以目标距离收发基地各 2.5km，基线长 3km 为例，按球面波扩展规律，忽略吸收损失，目标强度 0dB 时，直达信号强于回波信号 60dB 以上。目前抑制直达信号主要是从空域进行分离，也有利用目标前向散射特征或是相异的直达信道、回波信道结构等进行抑制，但各方法在应用中都存在一定的限制，例如信干比等。因此利用无直达信号干扰时隙内回波信号的探测结果，对双基地声呐极为重要。

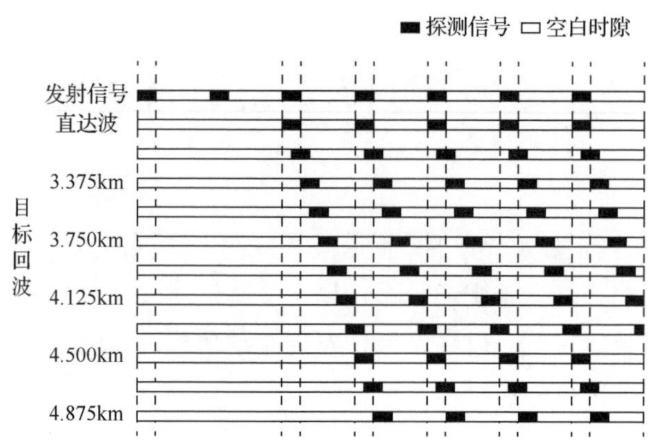

图 5-1　双基地声呐直达波干扰时隙图

图中数据为目标与收发基地的总距离

为便于分析，不考虑受直达信号干扰程度，将对未受直达信号干扰的目标回波信号的探测称为有效探测，将对受直达信号干扰的目标回波信号的探测称为无效探测。需要强调的是有效探测不等于被探测到，只是表明当目标进入覆盖范围后，双基地声呐能在一次探测中以正常的探测概率发现目标。

5.1.2　双基地声呐警戒环

极端情况下，目标在驶向双基地声呐过程中，可能每次遭遇探测信号时均处于不同的探测盲区，从而始终不会被双基地声呐探测到。因此当覆盖范围内存在盲区时，双基地声呐需要知道确切的盲区位置，并利用可警戒区域保持对目标的有效探测；对于运动目标，双基地声呐需要确保目标不能利用脉冲发射间隔不断穿过可探测区域，进入新的盲区来靠近双基地声呐。一种行之有效的办法是设置双基地声呐“警戒环”与“盲区环”。

当脉冲发射周期、信号脉冲宽度和最大多途时延等参数确定后，可以得到各次直达波到达接收基地的时刻和占据的时段。双基地声呐覆盖范围内，所有不与直达波发生混叠的目标回波对应的目标位置组成了一个一个椭圆环，本章将之称为“警戒环”。当目标位于警戒环内时，其目标回波将与直达波在时域上完全分开，双基地能对目标回波进行有效探测。两个相邻警戒环的中间区域构成了“盲区环”，当目标位于其中时，其目标回波将与直达波混叠，其探测难度与混叠程度、信干比等有关。为便于分析，统一认为双基地无法对盲区环内目标进行有效探测。这样，双基地声呐覆盖范围可以看作是由警戒环与盲区环两种椭圆环交替组成，其示意图如图 5-2 所示。

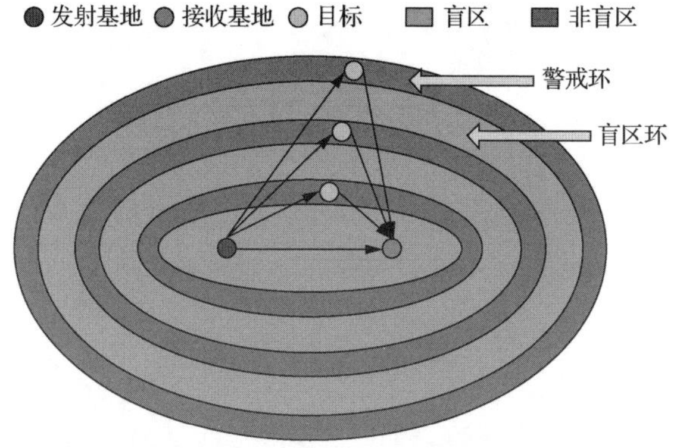

图 5-2　双基地声呐警戒环（彩图附书后）

根据目标速度的先验知识，可以预设脉冲宽度、脉冲发射周期，使双基地声呐能够在任一警戒环中对以最大航速沿径向接近双基地声呐的目标进行至少一次有效探测。合理设置警戒环可带来以下益处：①可对指定地点或重要区域内目标实现有效探测；②能对以最大航速行进的目标保持稳定的跟踪探测。图 5-3 为不同发射周期 T 及脉冲宽度 τ 下的双基地声呐警戒环。

比较图 5-3（a）、（b）、（c）可知，双基地声呐探测信号发射周期决定了相邻的警戒环与盲区环的厚度，脉冲宽度决定了盲区环的厚度。发射周期愈长，信号脉冲宽度越短，单个警戒环覆盖面积越大。但是在警戒环覆盖范围增大的同时，由于发射周期的增长，单位时间内双基地声呐对目标的有效探测次数随之减少。

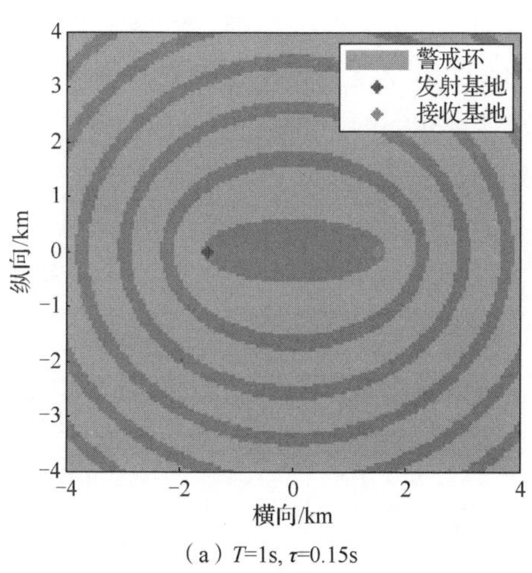

（a）T=1s, τ=0.15s

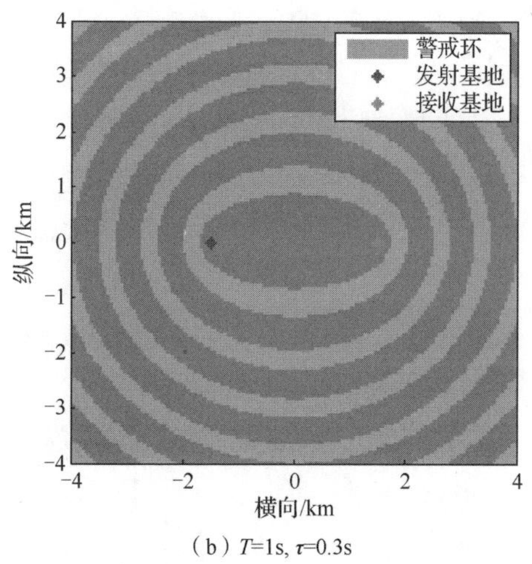

（b）T=1s, τ=0.3s

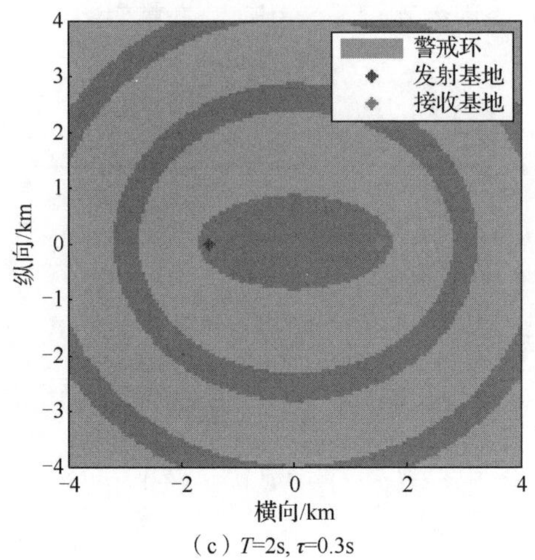

（c）T=2s, τ=0.3s

图 5-3 不同发射周期、脉冲宽度下的双基地声呐警戒环（彩图附书后）

5.1.3 多基地声呐警戒环

多基地声呐警戒环较双基地更加复杂，下面仍以并集多基地探测方法为例，并假设只要直达波（无论哪个周期发射的）与反射声有交叠时间则认为目标探测失败，给出多基地声呐条件下的警戒环示例，并分析当考虑盲区环时，多基地声呐参数对系统有效覆盖范围的影响。

算例 5-1：在 100km×100km 的二维方形范围 A 中，随机生成的目标方位数目为 5000，发射基地个数$|S|=2$，位于(−10km, −1km)和(20km, −12km)，接收基地个数$|R|=2$，位于(−15km, 10km)和(17km, 5km)。等效单基地作用距离 ρ=10km，发射基地发射脉冲周期 2s，脉冲宽度 0.3s，声速 1500m/s。设系统中任意一个发射基地和一个接收基地组合探测到目标则认为该位置探测成功。图 5-4 为考虑盲区环情况下的多基地声呐系统有效覆盖范围示意图。

图中蓝色圆圈 1#和 3#为接收基地，绿色三角 2#和 4#为发射基地，“×”为未探测到的目标，“⊗”为探测到的目标。基地周围用黑色线画出的区域为不同收发基地组合下 Cassini 卵形线表示的覆盖范围，红色线画出的黄色和橙色区域为各基地组合条件下形成的直达波盲区和盲区环。左侧为部分区域放大，可见框中放大区域在 1#和 2#组成的探测区域内，且位于直达波盲区外，但由于它们位于 1#和 2#组合的盲区环上，因此无法正常探测到目标。

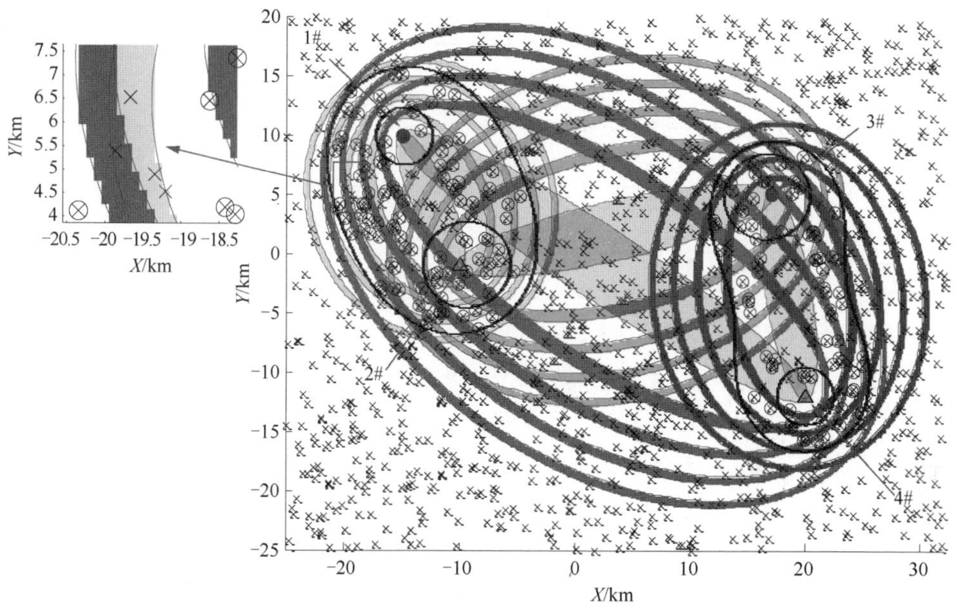

图 5-4 考虑盲区环情况下的多基地声呐系统有效覆盖范围示意图（彩图附书后）

下面通过算例分析，进一步研究不同参数条件下的盲区环对多基地声呐系统最优布阵范围和覆盖范围的影响。

算例 5-2：在上述条件下，该发射基地个数和接收基地个数$|S|,|R|\in\{5,20\}$，取$A'=n^2$，$n=20,24,\cdots,100$，单位为 km。脉冲发射周期$T\in\{0,1,2\}$，单位为 s；脉冲持续时间$\tau\in\{0,0.15,0.3\}$，单位为 s。统计次数 100 次，需要说明的是，当$T=0$表示不考虑盲区环，$\tau=0$时表示不考虑直达波盲区。表 5-1 和表 5-2 分别给出了最优比A'/A和覆盖面积随基地个数、脉冲发射周期、脉冲持续时间等系统参数的变化。

表 5-1 不同条件下多基地声呐系统最优比 A'/A 对比

$\|S\|$	$\|R\|$	τ =0s	T =0s		T =1s		T =2s	
			τ =0.15s	τ = 0.3s	τ =0.15s	τ = 0.3s	τ =0.15s	τ = 0.3s
5	5	0.2856	0.1936	0.1936	0.2304	0.1296	0.1936	0.2304
	20	0.5712	0.5184	0.4096	0.4096	0.3136	0.4096	0.4096
20	5	0.5712	0.4624	0.4624	0.4624	0.4624	0.5184	0.4096
	20	1.0000	0.7744	0.7744	0.8464	0.8464	0.8464	0.6400

表 5-2 不同条件下多基地声呐系统覆盖面积对比 单位：%

$\|S\|$	$\|R\|$	τ =0s	T =0s		T =1s		T =2s	
			τ =0.15s	τ = 0.3s	τ =0.15s	τ = 0.3s	τ =0.15s	τ = 0.3s
5	5	12.8200	11.8782	11.8606	10.8938	10.0154	11.8136	11.1908
	20	24.6340	24.1700	23.4792	21.9392	20.4576	23.1402	22.1690
20	5	24.7020	23.8654	23.5036	22.0618	20.2048	22.9512	22.3424
	20	47.9800	46.7572	45.8534	43.4496	41.0572	46.1854	43.8938

在本节中已经提到当考虑到直达波盲区时（即 $\tau \neq$0s 且 T=0s），Washburn 等[1]提出的关于最优比 A'/A 和有效覆盖范围的分析不再成立。由表 5-1 和表 5-2 可知，信号发射周期引起的盲区环进一步影响了最优比 A'/A 和最大有效覆盖范围，有效覆盖范围相较仅考虑直达波效应盲区影响时进一步减小。当 $T \neq 0\text{s}$ 时，对于相同的脉冲持续时间，周期 T 越大，系统覆盖范围越大，盲区越小；对于相同的发射周期，脉冲持续越长，多基地系统有效覆盖范围越小，盲区越大。覆盖范围的总趋势仍与不考虑直达波盲区和盲区环时保持一致，即基地数 $|S|$ 和 $|R|$ 越多，则最优比 A'/A 越大，有效覆盖范围越大。

5.2 基于时域复用的多基地声呐参数设计

上述内容基于统计分析，研究了多基地声呐系统中基地个数、发射脉冲周期和脉冲宽度等参数对系统最优布阵区域和探测能力的影响。那么在实际对抗条件下如何合理设置多基地声呐参数，才能获得最优的探测性能，实现多基地声呐信道时域复用呢？本节将针对这个问题，提出一种多基地声呐参数优化选择和设计方法。

5.2.1 累计有效探测次数最大化

从目标进入覆盖范围直至目标运动到某一临界距离，该段时间内对目标的累计探测结果是双基地声呐的一项重要指标。相比较而言，评估系统探测目标能力时，累计探测概率可能要比单次探测概率更加重要。在离散搜索中，各次探测发现目标的概率往往并非相互独立[2]，不同方法下的累计探测概率与单次探测概率关系也不尽相同，但累计探测概率都与探测次数呈正相关。

1. 双基地声呐系统

首先，针对由一个发射基地和一个接收基地组成的基本双基地探测声呐模型，本章提出双基地声呐累计有效探测次数的概念，用于评价双基地声呐效能，据此优化系统参数。为得到具有普遍适用性的结论，本章不涉及具体探测方法和策略，只考察影响双基地声呐对目标的累计有效探测次数的因素。

图 5-5 为基地声呐对目标的累计有效探测次数计算示意图。设 $S(x_S, y_S)$ 为发射基地，$R(x_R, y_R)$ 为接收基地，均位于 X 轴上，且距离原点 $L/2$。目标从方位 A 开始沿 Y 轴以速度 $\boldsymbol{v}$ 向原点 O 移动，目标开始移动的同时，S 开始周期性发射脉冲信号，目标从 $A(x_A, y_A)$ 点到 $C(x_C, y_C)$ 点运动过程中，能够被有效探测的次数即为累计有效探测次数。A 点到 C 点为双基地探测系统关注区域，可根据需求设定。设 B 点为首次有效探测，由 A 点到 B 点的运动时间为 t，A 点与原点距离为 r，下面以 B 点为例给出有效探测的判定方法。

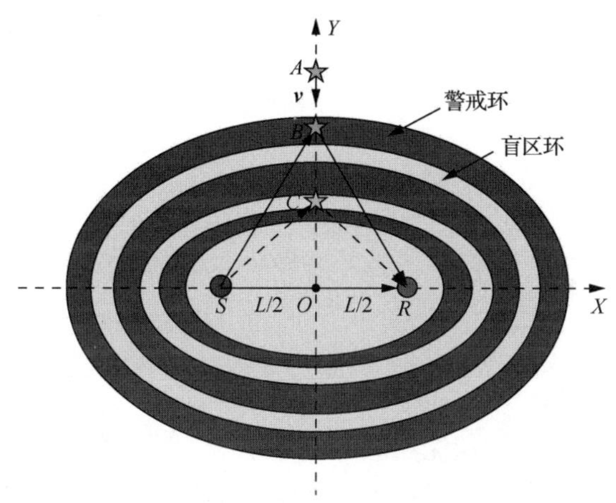

图 5-5　基地声呐对目标的累计有效探测次数计算示意图

由于 B 点为首次有效探测点，因此设 S 发射的信号与目标同时到达 B 点，则有

$$(r - vt)^2 + L^2 / 4 = (ct)^2 \tag{5-1}$$

式中，$v = |\boldsymbol{v}|$。因为 $t > 0$，所以有

$$t = \frac{-rv + \sqrt{r^2 v^2 + (c^2 - v^2)(L^2 / 4 + r^2)}}{c^2 - v^2} \tag{5-2}$$

B 点的位置 $(x_B, y_B) = (0, r - vt)$，若 B 点满足下式，则认为 B 点可被正常探测，累计有效探测次数加 1。

$$\begin{cases} |\mathrm{SB}| \times |\mathrm{BR}| < \rho^2 \\ |\mathrm{SB}| + |\mathrm{BR}| > L + c\tau + nTc \\ |\mathrm{SB}| + |\mathrm{BR}| < L - c\tau + (n+1)Tc \end{cases}, \quad n = 0,1,\cdots,N \tag{5-3}$$

式中，$|\mathrm{SB}|$ 和 $|\mathrm{BR}|$ 分别表示发射基地和接收基地到 B 点的距离；ρ 表示单基地作用距离；τ 表示发射信号脉冲宽度；T 表示发射周期；N 表示覆盖范围内最大可能周期数。

根据上面的推导可知，由 A 点运动至 C 点的累计有效探测次数 C_n 可表示为所有满足式（5-4）的 t_i 的个数，其中 M 为目标由观测范围外沿至内沿的运动时间内发射基地最大发射周期数。

$$t_i = \frac{-(r - viT)v + \sqrt{(r - viT)^2 v^2 + (c^2 - v^2)(L^2/4 + (r - viT)^2)}}{c^2 - v^2}, \quad i = 0,1,\cdots,M$$

$$\text{s.t.}\begin{cases} L^2/4 + (r - vt_i)^2 < \rho^2 \\ 2\sqrt{L^2/4 + (r - vt_i)^2} > L + c\tau + nTc \\ 2\sqrt{L^2/4 + (r - vt_i)^2} < L - c\tau + (n+1)Tc \\ r - vt_i \geqslant y_C \end{cases}, \quad n = 0,1,\cdots,N \tag{5-4}$$

下面通过算例分析，给出典型参数条件下的累计有效探测次数计算结果。

算例 5-3：设发射基地与接收基地相距 L=3km，ρ=10km，声速 1500m/s。令目标沿双基地法线（垂直于双基地基线，交于基线中点）由远处向双基地声呐行进，航速 25kn。考察双基地声呐在目标自距基线中点 3km 处运动至距中点 1km 过程中，对目标的累计有效探测次数。图 5-6 给出了信号脉冲宽度分别为 0.2s、0.4s、0.8s、1.6s 时，双基地声呐累计有效探测次数随发射周期的变化关系。当信号占空比较大时，累计有效探测次数随发射周期增加而增加，并分别在 0.8s、1.4s、3.2s、4s 达到最大值。分析结果可知，当发射周期大于某一值 t 时，四条曲线开始趋于重合，该值为最大无混叠发射周期减去直达波时延加上脉冲宽度，例如 $t=(2\sqrt{3000^2+1500^2}-3000)/c+\tau$。脉冲宽度 τ=0.2s 时，t=2.6s；τ=0.4s 时，t=2.8s；τ=0.8s 时，t=3.2s；τ=1.6s 时，t=4s。将周期大于 t 后不同脉宽信号探测次数曲线重合的部分称为零直达波干扰探测次数曲线。当信号脉冲宽度较大时，如 0.8s 和 1.6s，其累计有效探测次数随发射周期增加而增加，直至与零直达波干扰探测次数曲线相交后，与零直达波干扰探测次数曲线保持一致，随着发射周期的增加而减小。

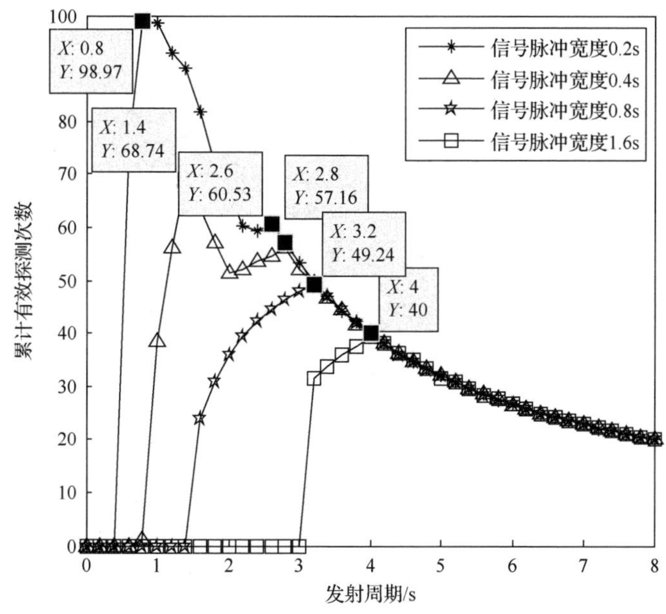

图 5-6　双基地声呐累计有效探测次数随发射周期的变化曲线

2. 多基地声呐系统

多基地声呐系统较双基地声呐系统更加复杂，本章以图 5-7 所示的一个发射基地和两个接收基地组成的简单多基地声呐系统为例，给出具有普适性的多基地累计有效探测次数的估计思路。

如图 5-7 所示，发射站 S 位于坐标原点，两接收站 $R1$ 坐标 (x_1, y_1) 、$R2$ 坐标 (x_2, y_2)，橘色区域为 S-$R1$ 组合和 S-$R2$ 组合的盲区和盲区环，白色区域为探测警戒环，黑色椭圆线包围的区域为 Cassini 卵形线确定的工作范围，定义有效探测区域为两接收基地有效探测区域的并集。每个象限均匀取 10 条目标运动轨迹，如 $L_1, L_2, \cdots, L_{10}$，轨迹起始点与原点距离为 r，运动速度为 v，指向发射基地。图中虚线标出的大圆和小圆之间的区域为系统关注的探测区域，定义多基地声呐系统累计有效探测次数为：在四个象限共 40 条轨迹中，在关注探测区域里能探测到目标反射波的总次数。下面以图 5-7 第二象限标出的运动轨迹为例，给出轨迹的有效探测次数估计方法。

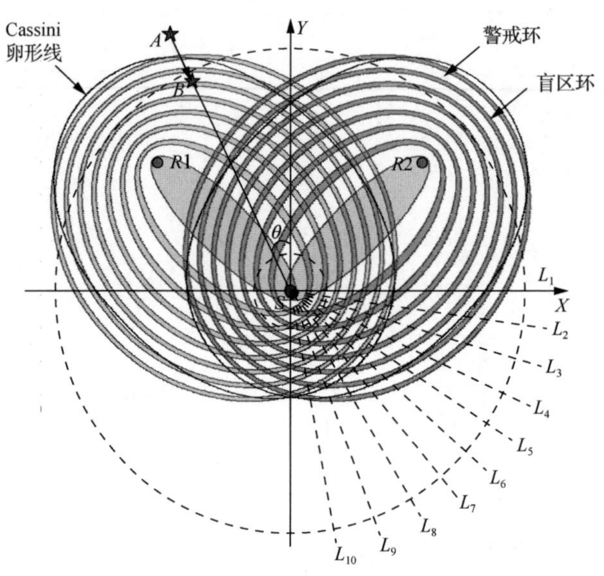

图 5-7　多基地累计有效探测次数计算示意图（彩图附书后）

目标从 A 点出发的同时 S 发射脉冲信号，脉冲宽度为 τ，脉冲重复周期为 T。设目标运动到 B 点时 S 发射的第一个周期的信号刚好到达 B 点，发生声反射，此时目标的运动时间为

$$t_{A\to B} = r/(c+v) \tag{5-5}$$

由于目标轨迹是预设的，因此轨迹与 Y 轴的夹角 θ 已知，则 B 点的坐标为

$$\begin{cases} x_B = (r - vt_{A\to B})\sin\theta = \dfrac{rc}{c+v}\sin\theta \\ y_B = (r - vt_{A\to B})\cos\theta = \dfrac{rc}{c+v}\cos\theta \end{cases} \tag{5-6}$$

进而可以计算 B 点与两接收基地的距离：

$$r_{B\to R1} = \sqrt{(x_B - x_1)^2 - (y_B - y_1)^2} \tag{5-7}$$

$$r_{B\to R2} = \sqrt{(x_B - x_2)^2 - (y_B - y_2)^2} \tag{5-8}$$

假如满足式（5-9）或式（5-10），则认为目标运动到 B 点时能够被探测到，并将累计有效探测次数加一。

$$\begin{cases} r_{B\to R1}\times\dfrac{rc}{c+v}<\rho_1^2 \\ r_{B\to R1}+\dfrac{rc}{c+v}>r_{R1}+c\tau+nTc \\ r_{B\to R1}+\dfrac{rc}{c+v}<r_{R1}-c\tau+(n+1)Tc \end{cases},\quad n=0,1,\cdots,N_1 \tag{5-9}$$

$$\begin{cases} r_{B\to R2}\times\dfrac{rc}{c+v}<\rho_2^2 \\ r_{B\to R2}+\dfrac{rc}{c+v}>r_{R2}+c\tau+nTc \\ r_{B\to R2}+\dfrac{rc}{c+v}<r_{R2}-c\tau+(n+1)Tc \end{cases},\quad n=0,1,\cdots,N_2 \tag{5-10}$$

式中，r_{R1} 和 r_{R2} 分别表示 $R1$ 和 $R2$ 与 T 的距离；ρ_1 和 ρ_2 分别表示两组收发单元的单基地作用距离；N_1 和 N_2 分别表示两组收发单元覆盖范围内最大可能周期数。

进而，可以得到多基地声呐系统的累计有效探测次数 C_n，它可以表示为所有满足式（5-11）的 t_i 的个数，其中 r_0 为小圆半径，M 为目标由观测范围外沿至内沿的运动时间内发射基地最大发射周期数。

$$\begin{aligned} & t_i=\frac{r-iTv}{c+v},\quad i=0,1,\cdots,M \\ & \text{s.t.}\begin{cases} \begin{cases} \sqrt{(t_ic\sin\theta_k-x_1)^2-(t_ic\cos\theta_k-y_1)^2}\times t_ic<\rho_1^2 \\ \sqrt{(t_ic\sin\theta_k-x_1)^2-(t_ic\cos\theta_k-y_1)^2}+t_ic>r_{R1}+c\tau+nTc \\ \sqrt{(t_ic\sin\theta_k-x_1)^2-(t_ic\cos\theta_k-y_1)^2}+t_ic<r_{R1}-c\tau+(n+1)Tc \end{cases},n=0,1,\cdots,N_1, \\ \text{或}\begin{cases} \sqrt{(t_ic\sin\theta_k-x_2)^2-(t_ic\cos\theta_k-y_2)^2}\times t_ic<\rho_2^2 \\ \sqrt{(t_ic\sin\theta_k-x_2)^2-(t_ic\cos\theta_k-y_2)^2}+t_ic>r_{R2}+c\tau+nTc \\ \sqrt{(t_ic\sin\theta_k-x_2)^2-(t_ic\cos\theta_k-y_2)^2}+t_ic<r_{R2}-c\tau+(n+1)Tc \end{cases},\quad n=0,1,\cdots,N_2 \end{cases} \\ & \text{s.t.}\quad t_ic>r_0 \end{aligned} \tag{5-11}$$

下面通过一个算例，给出典型参数条件下的多基地累计有效探测次数计算结果。

算例 5-4：设发射基地位置为(0m, 0m)，两个接收基地位置分别为(−1500m, 3000m)和(1500m, 3000m)，单机站作用距离为 5km，声速为 1500m/s，四个象限共 40 条轨迹与 Y 轴夹角为 $\theta\in\{-180°, -171°,\cdots, 171°\}$，关注半径从 1000m 到 7000m 的圆环区域，目标速度 25kn，方向指向原点。图 5-8 给出了信号脉冲宽度分别为 0.2s、0.4s、0.8s、1.6s 时，多基地声呐累计有效探测次数随发射周期的变化关系。

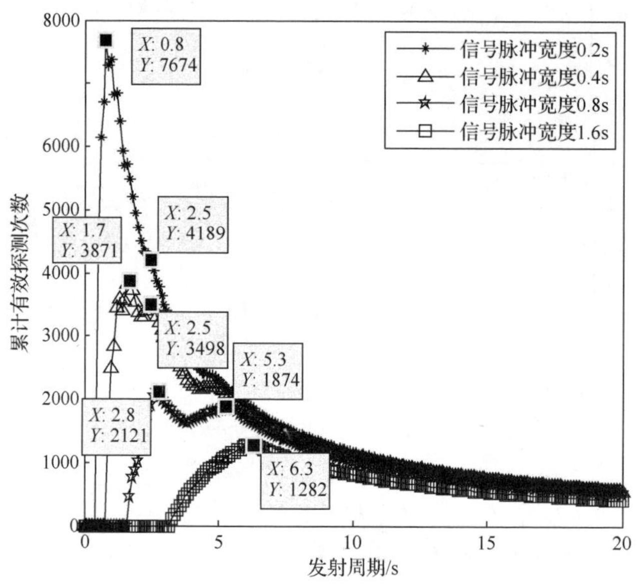

图 5-8　多基地声呐累计有效探测次数随发射周期的变化曲线

可见，多基地声呐累计有效探测次数曲线与双基地声呐相似，当信号占空比较大时，累计有效探测次数随发射周期增加而增加，并分别在 0.8s、1.7s、2.8s、6.3s 达到最大值，此时占空比约为 25%。而后当发射周期大于某一值 t 时，四条曲线开始趋近于零直达波干扰探测次数曲线。脉冲宽度 τ =0.2s 时，t =2.5s；τ =0.4s 时，t =2.5s；τ =0.8s 时，t =5.3s；τ =1.6s 时，t =6.3s。由于多基地声呐系统中各收发单元间的互相耦合关系，上述 t 值难以获得固定的解析解。与双基地类似，当信号脉冲宽度较大时，如 1.6s，其累计有效探测次数随发射周期增加而增加，直至与零直达波干扰探测次数曲线相交后，与零直达波干扰探测次数曲线保持一致，随着发射周期的增加而减小。

本节定义的累计有效探测次数是建立在关注区域内探测次数最大化的意义下，亦可理解为单位时间内探测次数最多，据此最优化系统参数。基于上述优化目的，当双基地声呐需要获得尽可能高的累计探测能力时，应将发射周期设为信号脉冲宽度 4 倍左右，或根据实际平台条件和布阵方式预先通过式（5-11）进行分析，选取合适的发射周期和脉冲宽度。

5.2.2　警戒区域最大化

5.2.1 节的参数优化建立在累计有效探测次数的基础上，本节将从系统警戒区域最大化的角度，优化系统参数。

以一个发射基地和一个接收基地组成的多基地声呐系统为例，设观测区域为 $A\times A$ 的方形区域，令发射基地 S 位于观测区域中心，坐标为(0, 0)。为确定平面坐标轴，令 $R1$ 位于 X 正半轴上，到发射基地间距为 L，坐标为(L, 0)，另一个接收基地 $R2$ 位置任意，设为(x_2, y_2)，为了确保最优解的唯一性，令 $y_2 \geqslant 0$，如图 5-9 所示。设信号发射周期为 T，脉冲宽度为 τ，求如何设置两接收基地位置，可使系统警戒区域最大。

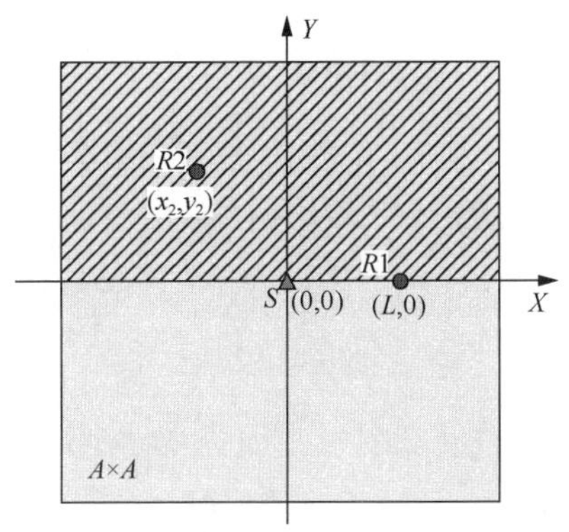

图 5-9　警戒区域优化模型

分析图 5-9 所示模型，系统警戒区域应包括 S 和 $R1$ 组合的警戒环面积，加上 S 和 $R2$ 组合的警戒环面积，减去二者的警戒交叠区，再减去各组合最外层警戒环内的部分位于有效探测距离外的区域面积。可见这一求解过程，不仅仅是求多条椭圆线间的区域面积，还要计算多个椭圆环两两间的交叠面积、椭圆环和 Cassini 卵形线的交点等。这是一个较复杂的积分问题，为了简化过程，本章从统计学的角度入手，若在观测区域内均匀随机产生多个目标位置，那么通过统计落入系统警戒区域的目标数，可近似表示警戒区域的大小，并且产生的目标位置越多，结果越接近真值。但是，若想判断目标是否落入警戒区域必须已知所有基地位置，包括三个待求未知参数 L、x_2 和 y_2。解决这一问题最直接的思路是采用遍历搜索的方式，根据变量的取值范围，按照一定的步进进行多参数扫描，计算各参数设置下的警戒区覆盖范围，从而获得基地最优位置。上述搜索方法若想提高参数估计精度，必须减小每一个参数扫描的步长，计算量大，且存在扫描误差。本章采用优化解算方式，将覆盖范围作为目标函数，采用差分进化算法求解未知参量。

首先，在 $A\times A$ 的考察区域内随机产生 M 个目标方位，记为 $B_i=(xt_i,yt_i)$，$i=1,2,\cdots,M$，则优化问题的目标函数可定义为

$$f_{\mathrm{obj}}(L,x_2,y_2)=\mathrm{num}(B_i,P(B_i))/M\times 100 \tag{5-12}$$

式中，$\mathrm{num}(B_i,P(B_i))$ 表示所有满足条件 $P(B_i)$ 的 B_i 的个数。条件 $P(B_i)$ 可表示为

$$\begin{cases}|SB_i|\times|B_iR_1|<\rho_1^2\\|SB_i|+|B_iR_1|>L+c\tau+nTc \qquad , \qquad n=0,1,\cdots,N_1\\|SB_i|+|B_iR_1|<L-c\tau+(n+1)Tc\end{cases}$$
$$\text{或}\begin{cases}|SB_i|\times|B_iR_2|<\rho_2^2\\|SB_i|+|B_iR_2|>|SR_2|+c\tau+nTc \qquad , \qquad n=0,1,\cdots,N_2\\|SB_i|+|B_iR_2|<|SR_2|-c\tau+(n+1)Tc\end{cases} \tag{5-13}$$

式中，$|\cdot|$ 表示两点之间距离；ρ_1 和 ρ_2 分别表示两组收发单元的单基地作用距离；N_1 和 N_2 分别表示两组收发单元覆盖范围内最大可能周期数。

令未知向量 $\boldsymbol{\alpha}=[L,x_2,y_2]$，采用优化解算方式估计未知向量：

$$\hat{\boldsymbol{\alpha}}=\mathrm{argmax}\left\{f_{\mathrm{obj}}(\alpha)\right\} \tag{5-14}$$

下面通过算例分析，首先证明目标空间 $f_{\mathrm{obj}}(L,x_2,y_2)$ 中仅存在唯一最优解。

算例 5-5：现有一观测区域 $A\times A$，A=12km，声速 1500m/s，产生目标个数 M=100000，单基地作用距离 $\rho_1=\rho_2$=5km，脉冲宽度 τ=0.5s，脉冲重复周期 T=2s。由于问题中存在三个未知量，目标空间是包括 $f_{\mathrm{obj}}(L,x_2,y_2)$ 值在内的四维参量空间，因此难以用图像直观表述。本章通过对参数 L 进行特征值采样，尝试将目标空间可视化，结果如图 5-10 所示。

对 L 进行步长为1km的特征采样，图5-10中横坐标为 $x_2+L\times A$，纵坐标为 y_2，垂直坐标为 $f_{\mathrm{obj}}(L,x_2,y_2)$。

由图 5-10 可见，空间内存在唯一的全局最优解，覆盖范围最大值出现在 $L=1$ km 的采样区域，图中坐标为(8.5km, 2.4km)，对应 $R1$ 最优位置为(1km, 0km)，$R2$ 最优位置为(2.5km, 2.4km)。需要说明的是，目标空间的估计是通过多参数采样得到的，因此最优位置存在一定误差，尤其是 L 的采样间隔较大（1km）。又因为目标位置是随机生成的，因此对于目标值存在一定的统计误差。综上所述，图 5-10 中所示目标空间的变化趋势是可信的，但最优位置存在一定偏差，可用于证明目标空间最优解的唯一性。

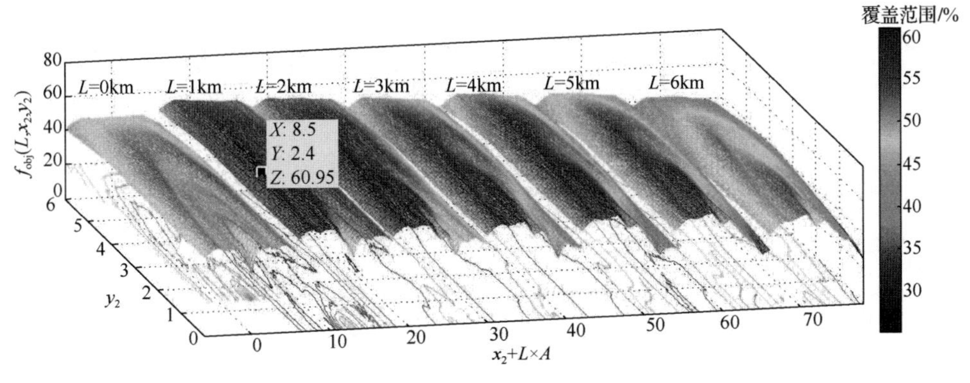

图 5-10　目标空间

通过差分进化（differential evolution, DE）算法可以求解精确的最优方位。下面采用 DE 算法，求解基地的最优方位。

计算过程包括四步：种群初始化、变异、交叉和选择。设参数上界 $(L_{\max}, x_{2\max}, y_{2\max})$=(6km, 6km, 6km)，下界 $(L_{\min}, x_{2\min}, y_{2\min})$=(0km, −6km, 0km)，种群进化代数上限为 15，种群数量为 300。

表 5-3 记录了各代中的最优个体，用以表现 DE 算法的收敛过程。可见，进化约 10 代时算法达到收敛。计算得到两处相对较优的接收基地，位置分别为 (1.28km, 0)和(−3.13km, 2.83km)，最大警戒区域为 $A\times A$ 的 61.21%。上述方法可在基地数较少的条件下较好地估计最优布阵位置，但在应用中要正确选择每个基地的位置范围，以避免由几何对称产生的目标空间极点的多值问题，否则优化解算过程将发散。在基地数较多的情况下，建议参考 5.1.3 节的统计分析方式，以确定最优比 A'/A。

表 5-3　各代中的最优个体

进化代数	L/km	x_2 /km	y_2 /km	$f_{obj}(L,x_2,y_2)$ /%
1	1.16	−3.71	2.32	60.96
2	1.19	−3.61	2.43	61.09
3	1.14	−3.44	2.53	61.10
4	1.35	−3.27	2.63	61.16
5	1.35	−3.27	2.63	61.16
6	1.35	−3.27	2.63	61.16
7	1.35	−3.27	2.63	61.16
8	1.33	−3.04	2.89	61.17
9	1.33	−3.04	2.89	61.17

续表

进化代数	L/km	x_2 /km	y_2 /km	$f_{obj}(L,x_2,y_2)$ /%
10	1.28	−3.13	2.83	61.21
11	1.28	−3.13	2.83	61.21
12	1.28	−3.13	2.83	61.21
13	1.28	−3.13	2.83	61.21
14	1.28	−3.13	2.83	61.21
15	1.28	−3.13	2.83	61.21

参 考 文 献

[1] Washburn A, Karatas M. Multistatic search theory[J]. Military Operations Research, 2015, 20(1):21-38.

[2] Wagner D H, Mylander W C, Sanders T J. 海军运筹分析[M]. 3 版. 姜青山, 郑保华, 译. 北京: 国防工业出版社, 2008.

第 6 章　双/多基地水声信道码域复用技术

多主动声呐分时工作的效率低，为了提高多基地工作的效率，我们探索多主动声呐同时、共频无扰工作的物理基础。

多个主动声呐在同一时间段、同一个发射信号频段共用水声信道协同探测时，面临的挑战是接收端如何区分不同主动声呐产生的目标回波，我们称为多源目标回波分辨问题，以保障后续数据关联和融合的正确性。

本章借鉴通信技术中的码分多址思想，从主动声呐探测信号（在此我们称为多源分辨信号）的差异出发，实现双/多基地水声信道的复用，即“水声信道码域复用”。

水声信道码域复用的优势在于多声呐具有宽带传输、抗干扰能力强的优点，同时，可利用发射信号的设计，兼顾保密性和抗截获能力；难点在于发射信号的设计要在信道时、频、空域复用能力和目标探测、识别、跟踪能力之间进行平衡。

6.1　多源分辨信号选取原则与特性分析

多源分辨信号需能反映信道的空间特性以及探测目标的特性，所以它应具备以下物理特征。

（1）信号在时间上和频段上都是共用的，可以实现宽带传输。

（2）信号间呈弱互相关性，以保证在利用相关处理时可以分辨。

（3）信号形式利于探测，在噪声和混响背景下具有可允许的虚警概率。

（4）信号频段的选取根据声呐搭载平台、水声环境、目标特性要求等因素综合确定。

（5）以时间分辨力和频域处理增益为信号带宽的选取原则。

（6）以频率分辨力和相干处理增益为信号时间长度的选取原则，同时兼顾探测盲区、混响和运动目标的探测需求。

（7）此外，可通过调制等手段，让多源分辨信号携带发射位置信息和发射时间信息，提高探测系统的协同能力。

以常规主动声呐信号为例，LFM 信号作为多源分辨信号，可获得正交性好、多普勒容限大、模糊度函数成图钉状等优点，但同一频带内只能获得一组正负

LFM 信号，LFM 信号集的扩展性较差，无法满足多基地系统发射基地数量较多的情况。

以 m 序列为例，伪随机信号作为多源分辨信号，可获得正交性好、抗干扰能力强等优点，并且 m 序列可扩展性强，易于获得大的正交信号集，适用于对正交码数目要求较高的多基地系统。

噪声调频（noise frequency modulation, NFM）信号拥有优良的低截获属性和时、频分辨能力。将 NFM 信号作为多源分辨信号，可获得较好的自相关特性、时频分辨能力和低截获特性，但 NFM 相关特性对脉冲宽度、带宽要求较高，且在脉冲宽度较高时，获得大正交信号集是以较大的运算量作为代价的。

常规的多基地协同，需系统里的声呐共享位置信息，且时间同步。可以借鉴水声通信信号设计的思想，在常规主动声呐信号前设计同步码、地址码、时间码，也可以利用常规主动声呐信号自身的相关特性进行同步，在常规主动声呐信号上调制地址信息和时间信息，来提高系统的协同能力。

6.2　多基地空时码探测信号设计

常规主动声呐信号作为多源分辨信号，能够满足基本的多源目标回波分辨需求。但在实际海洋环境中，一方面，信道传播损失、多途信道的频率选择特性以及信道时变特性，导致多源分辨信号能量衰减严重（通信中称为信道衰落）；另一方面，多途信道的时延扩展降低了多源分辨信号的时延分辨率，从而制约了利用多源分辨信号实现多基地协同探测的性能。本节以垂直阵为例，探讨利用信道差异性克服信道衰落，利用信道匹配思想克服扩展的多源分辨信号设计与处理的问题，以提高多途信道中多基地码域复用信道的性能。

6.2.1　多基地声呐空时码探测信号设计

1. 空时码探测信号设计

多基地声呐系统基于合作方式对目标进行探测，在异步体制下，要求探测信号携带发射时刻、发射地址等信息。此外，接收基地需要在多源目标回波混叠时分辨出各个目标回波来源并解读携带的信息，因此希望各发射基地具有与其他发射基地相互独立且正交的信号或信号集合。

针对上述需求，多基地声呐系统中选用空时码作为探测信号，并采用伪随机信号对其进行调制。空时码是一种多天线系统通信信号，能协调好垂直阵各个阵元，使不同阵元在不同时刻传送不同的信号，它在遭遇某一子信道严重衰落时，仍可以完成通信使命，能充分利用垂直阵的空间分集优势。采用伪随机信号作为调制信号，可调制探测信号带宽，同时降低探测信号间的互相关性，使各发射基地具有独立正交的信号集合。

2. 信道训练信号设计

多基地声呐接收信号是多个发射阵元发射信号在接收端的叠加，无法利用其进行子信道估计。设计信道训练信号如下。

为发射基地 1、2 分别分配相互正交的高斯白噪声信号 x_A、x_B，噪声信号 x_A、x_B 与前文所用的伪随机信号均互相正交，则发射基地 1 的信道训练信号为

$$\boldsymbol{X}_{A\_\text{loc}} = x_A\boldsymbol{E} = \begin{bmatrix} x_A & 0 & 0 & 0 \\ 0 & x_A & 0 & 0 \\ 0 & 0 & x_A & 0 \\ 0 & 0 & 0 & x_A \end{bmatrix} \tag{6-1}$$

其理想接收信号为 $\boldsymbol{Y}_{A\_\text{loc}} = [x_A, x_A, x_A, x_A]^\text{T}$。采用同样方法构造发射基地 2 的信道训练信号。

本章中各发射基地的信道训练信号相互独立且正交，除用于子信道估计外，还可以用于辨别信号发射基地地址，即传递发射信号的地址信息；同时，信道训练信号还用于信号同步，即获取信号的到达时刻。

图 6-1 为 $\boldsymbol{Y}_{A\_\text{loc}}$ 与 $\boldsymbol{Y}_A$ 的时域自相关结果，由于信号自身结构，其自相关结果是多峰的，$\boldsymbol{Y}_{A\_\text{loc}}$ 与 $\boldsymbol{Y}_A$ 的主峰 3dB 宽度均优于 0.4ms。

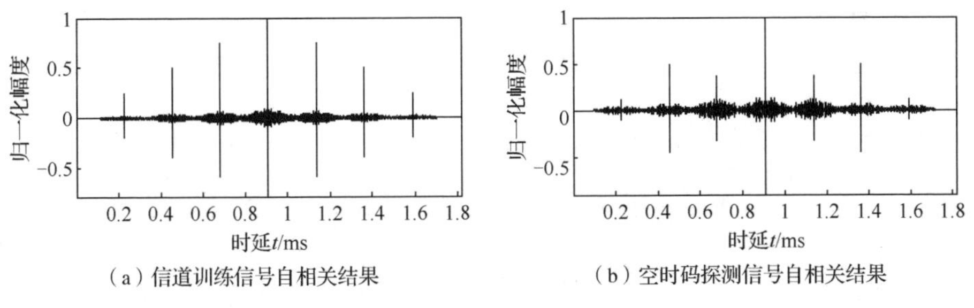

（a）信道训练信号自相关结果　（b）空时码探测信号自相关结果

图 6-1　信号自相关结果

6.2.2　多基地声呐空时码时反镜相关探测

1. 多途子信道结构差异对探测能力影响分析

垂直阵（包括发射端与接收端）布放于实际浅海环境中，受水流冲击影响，

往往呈倾斜状态。阵元间的垂直距离主要决定了子信道间的多途结构差异，水平距离则对信道主途径到达的时刻影响较大。

采用常规拷贝相关探测空时码探测信号，实际是系统对各子信道到达的主途径（实际接收到的最大途径）信号进行探测。垂直阵倾斜时，多途子信道差异对其的影响主要表现在：①接收阵元接收到不同子信道主途径信号的到达时刻不同，导致各子信道信号相关峰在时域上不能聚焦；②不同子信道多途结构不同，各子信道合成的总信道多途结构会更加复杂。

简化数值分析条件：假定垂直阵倾斜时呈直线状，阵元间距 5m，倾角 8°，并假定垂直阵倾斜方向与信号波达方向同向，即阵元间的水平距离等于子信道间的水平距离差（类比于水平阵的端向收到信号）。发射阵采用四元阵，布放深度为 3～18m，接收端有 1 个阵元，深度 10m。表 6-1 给出了浅海典型正声速梯度分布[1]，水深 200m。

表 6-1　浅海典型正声速梯度剖面

深度/m	声速/(m/s)	深度/m	声速/(m/s)
0	1492.5	80	1525.4
10	1510.0	120	1528.6
30	1517.2	160	1530.7
40	1518.7	200	1532.1

垂直阵倾斜时，四个发射阵元到接收端的水平距离分别为 8000.0000m、8000.6959m、8001.3917m、8002.0876m。图 6-2 为根据射线声学理论，垂直阵四个子信道的多途冲激响应函数，信道扩展长度小于 70ms。其中各多途幅度为相对幅度，参考值为 5×10^{-5}。

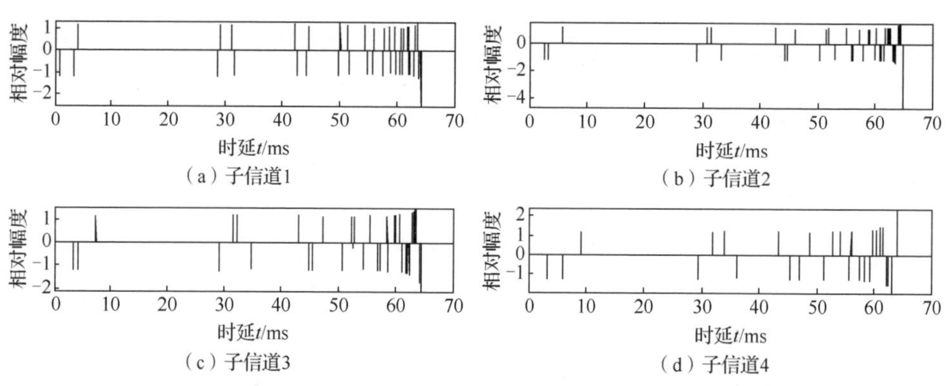

图 6-2　垂直阵四个子信道的多途冲激响应函数

令发射阵各阵元同时发射信号 x_A，图 6-3 中（a）～（d）为用 x_A 分别对沿四个子信道到达信号的相关探测结果，图 6-3（e）为实际接收信号（即四个子信道接收信号的和）的探测结果。图 6-3 中子信道 2 的信号严重衰落，已经无法辨别主峰。子信道 1、3、4 由于信道结构不同，导致相关峰位置不同。图 6-3（e）中，四个子信道的相关峰无法实现精确聚焦，其相关峰的时延分辨精度被展宽，测量的到达时延也将是合成到达时延。在极端条件下，当倾角为 15° 时，各子信道相关峰已经完全无法实现聚焦，如图 6-4 所示。图 6-4（e）中，出现了四个相关峰，时延估计能力进一步下降。从图 6-3、图 6-4 中可以看出，由于各子信道主途径不能实现聚焦，接收端无法充分获得聚焦增益。故本章只讨论了垂直阵常规发射方法下的探测问题。

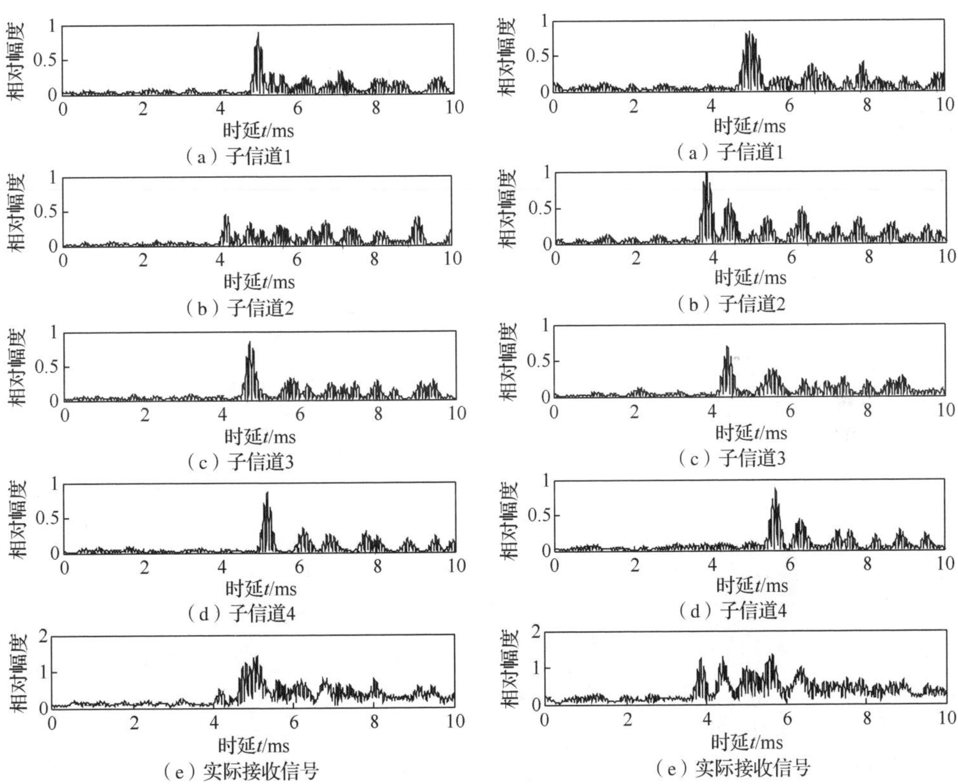

图 6-3　倾角 8° 时常规拷贝相关探测结果　　图 6-4　倾角 15° 时常规拷贝相关探测结果

本章力图通过时反镜相关探测技术，实现阵元级的各子信道主相关峰聚焦，而非获得某一多途子信道多个途径的时间聚焦增益，尽管时反镜相关探测也具有这样的能力。

2. 空时码时反镜相关探测技术

经典的声呐信号探测或时延差估计，是利用本地拷贝信号对接收信号做相关处理，其原理可以表示为

$$\begin{aligned} r(t) &= (x(t) * h(t) + n(t)) * x(-t) \\ &= (x(t) * x(-t)) * h(-t) + n(t) * x(-t) \end{aligned} \tag{6-2}$$

采用空时码作为探测信号的多阵元系统各阵元接收信号是不同信号经过不同子信道的线性叠加，接收端第 n 个阵元，在 t 时刻的接收信号为

$$y_{tn}(t) = \sum_{m=1}^{M}\left(x_{tm}(t) * h_{mn}(t)\right) + w_{tn}(t) \tag{6-3}$$

由于各子信道 $h_{mn}(t)$ 不同，接收端不能简单地采用 $\sum_{m=1}^{M} x_{tm}(t)$ 作为拷贝信号进行常规的相关探测处理，同时也无法分别对从各子信道到达的接收信号做时间反转镜处理。但是我们仍能利用估计的多阵元系统各子信道冲激响应函数和本地拷贝信号，通过虚拟时间反转镜估计出接收端的期望时反接收信号，该时反信号是真实接收信号的最佳匹配探测信号：

$$\boldsymbol{Y}'(-t) = \boldsymbol{X}(-t) \otimes \boldsymbol{H}'(-t) \tag{6-4}$$

根据式（6-4）可得到发射基地 1、2 的信道训练信号和空时码探测信号各自在接收端的期望时反接收信号：

$$\boldsymbol{Y}'_{A\_\mathrm{loc}}, \boldsymbol{Y}'_A = \left\{\boldsymbol{Y}'_{A1}, \boldsymbol{Y}'_{A2}, \cdots, \boldsymbol{Y}'_{Ak}\right\}; \boldsymbol{Y}'_{B\_\mathrm{loc}}, \boldsymbol{Y}'_B = \left\{\boldsymbol{Y}'_{B1}, \boldsymbol{Y}'_{B2}, \cdots, \boldsymbol{Y}'_{Bk}\right\}$$

利用 $\boldsymbol{Y}'_{A\_\mathrm{loc}}$、$\boldsymbol{Y}'_{B\_\mathrm{loc}}$ 探测多源目标回波信号中的信道训练信号，分辨回波信号的发射地址，并估计信号到达时延，进行时间同步；利用 $\boldsymbol{Y}'_A$、$\boldsymbol{Y}'_B$ 对多源回波信号中的空时码探测信号进行处理，获得其携带的发射时间等信息。一帧信号中，可能含有多个空时码探测信号，利用其估计时延，可以进一步提高信号时延测量精度。

定义接收信号矩阵相关运算：

$$S = \left\langle \boldsymbol{Y}(t) \middle| \ \boldsymbol{Y}'_A(t) \right\rangle \tag{6-5}$$

多基地声呐空时码时反镜相关探测处理流程如图 6-5 所示。

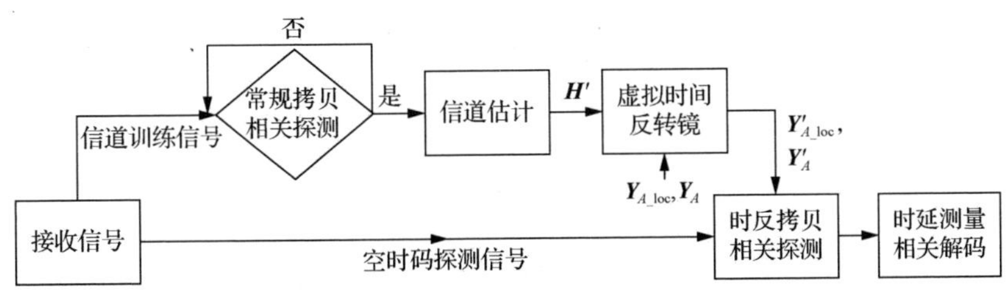

图 6-5　多基地声呐空时码时反镜相关探测处理流程图

6.2.3　算例分析

发射基地 1 由垂直阵各阵元发射探测信号，经单程信道到达目标处，经目标散射后沿单程信道到达接收阵元。多基地声呐探测模式下，对于具有大尺度空间结构的散射体，其目标散射特性除受入射角、分置角影响外，当存在多途效应时，其对经历不同子信道的多途信号响应也不会完全相同。接收信号可以表示为

$$\begin{aligned} s_r = & s_1 * h_{1,\mathrm{TL1}} * h_{1,\mathrm{TS}} * h_{1,\mathrm{TL2}} \\ & + s_2 * h_{2,\mathrm{TL1}} * h_{2,\mathrm{TS}} * h_{2,\mathrm{TL2}} \\ & + s_3 * h_{3,\mathrm{TL1}} * h_{3,\mathrm{TS}} * h_{3,\mathrm{TL2}} \\ & + s_4 * h_{4,\mathrm{TL1}} * h_{4,\mathrm{TS}} * h_{4,\mathrm{TL2}} \end{aligned} \tag{6-6}$$

式中，s_i 表示 i 号阵元的发射信号；$h_{i,\mathrm{TL1}}$ 表示 i 号阵元信号到达目标经历的信道；$h_{i,\mathrm{TS}}$ 表示目标对来自 i 号阵元多途信号的响应；$h_{i,\mathrm{TL2}}$ 表示 i 号阵元信号从目标至接收端经历的信道函数；$i=1,2,3,4$。$h_{i,\mathrm{TS}}$、$h_{i,\mathrm{TL2}}$ 会增加信道复杂程度，并加剧子信道差异，为简化数值分析条件，不考虑 $h_{i,\mathrm{TS}}$、$h_{i,\mathrm{TL2}}$ 的影响，并只用 $h_{i,\mathrm{TL1}}$ 作为数据仿真子信道。事实上，信噪比一定时，信道越复杂，子信道间差异越显著，时反镜相关探测的相对效果越好。

图 6-6 显示了信噪比 0dB、−5dB 下真实与估计信道对比图。对比可以看出，估计信道基本包含实际信道的各个主要途径，但是随着信噪比降低，信道估计能力下降，引入的干扰增加。

参考图 6-3，进行时反镜相关探测的对照分析试验。图 6-7（a）～（d）分别为用各子信道的期望时反接收信号对沿该子信道到达的多途信号进行探测的结果，图 6-7（e）为对实际接收信号采用总的期望时反接收信号的探测结果。对比图 6-3 可以看出，时反镜相关探测方法实现了子信道信号主峰的准确聚焦，没有损失阵列增益，同时，主相关峰没有被展宽。对于大倾角的极端情况，时反镜相关探测同样有很好的探测效果。

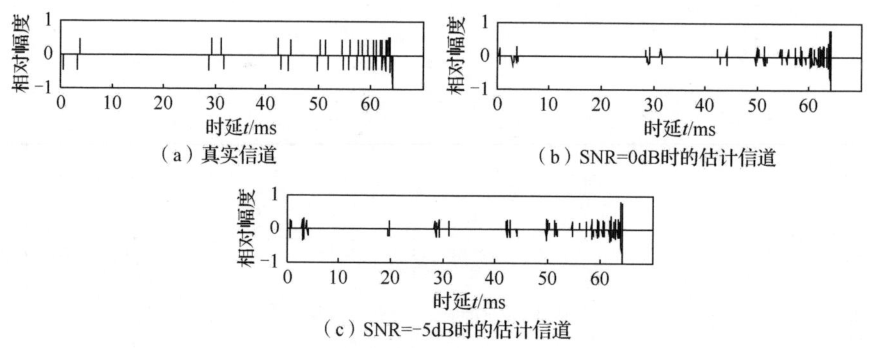

（a）真实信道　（b）SNR=0dB时的估计信道　（c）SNR=-5dB时的估计信道

图 6-6　真实信道与估计信道对比图

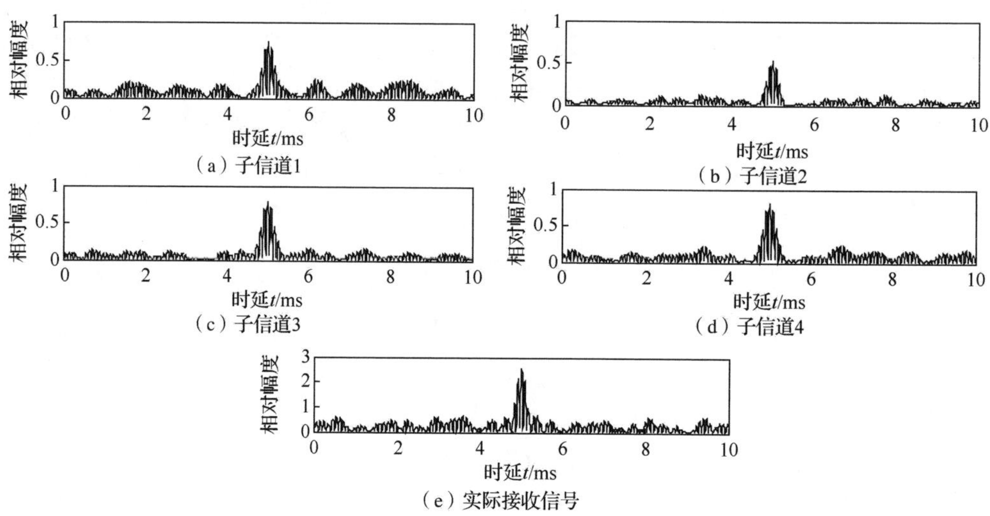

（a）子信道1　（b）子信道2　（c）子信道3　（d）子信道4　（e）实际接收信号

图 6-7　倾角 8°时，时反镜相关探测结果

图 6-8 为在 SNR=0dB［SNR 为信噪比（signal to noise ratio）］、SIR=0dB［SIR 为信干比（signal to interference）］下，信道训练信号直接采用本地信号的常规拷贝相关探测结果和采用期望时反接收信号的时反镜相关探测结果。与图 6-1 对比，常规拷贝相关探测结果含有多个幅度相近的相关峰，无法分辨出主峰位置（该图中幅度最大的相关峰并非真实的主峰），这时信号无法实现准确同步；时反镜相关探测结果主峰尖锐且唯一，易于辨认，同时降低了其他相关峰的相对高度，易于估计信号到达时延，实现信号同步。

图 6-9 为空时码探测信号采用两种方法的探测结果。前者由于四个主途径相关峰不能准确聚焦，其主峰对应时延是四个主途径相关峰对应时延的合成，主峰宽度被展宽，系统时延测量能力下降，同时多途其他途径信号也形成了强度不弱

于主峰的伪峰，容易发生主峰误判情况；后者将四个主途径相关峰准确聚焦，同时也聚焦了多途子信道其他途径信号能量，相较于前者，获得了阵列增益和多途信道时间聚焦增益，主峰尖锐，时延分辨力高。由于后者引入了估计信道，二者主峰位置会有所不同。

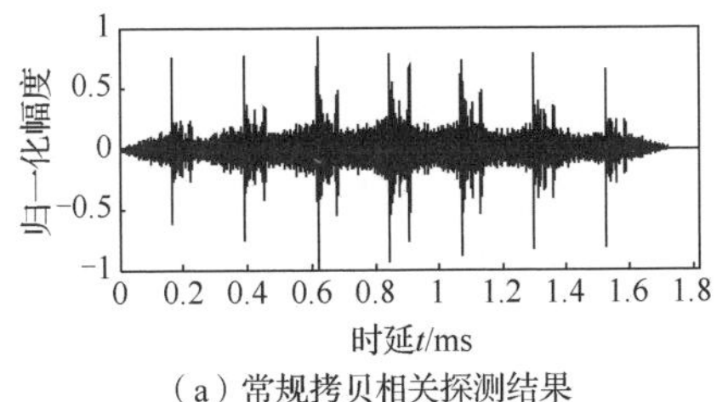

（a）常规拷贝相关探测结果

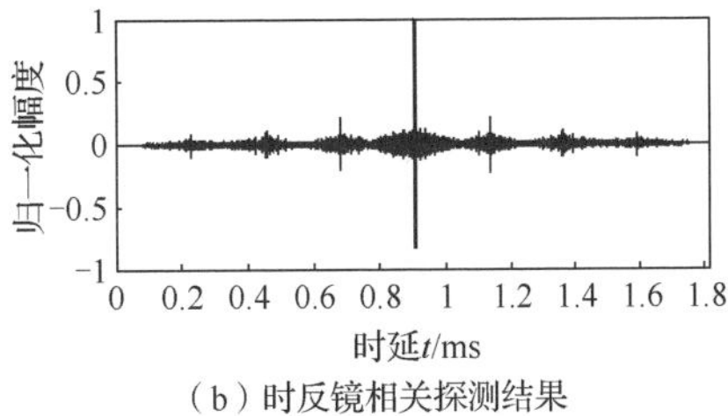

（b）时反镜相关探测结果

图 6-8　信道训练信号探测结果对比图

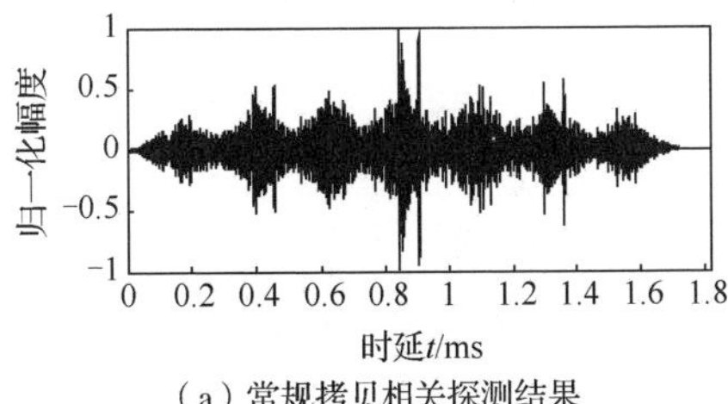

（a）常规拷贝相关探测结果

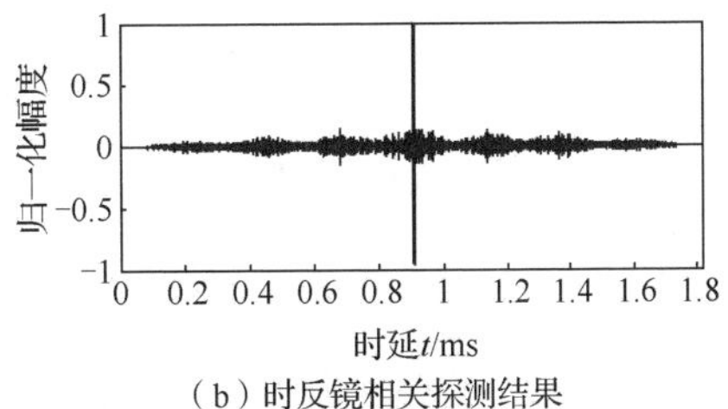

（b）时反镜相关探测结果

图 6-9　空时码探测信号探测结果对比图

比较回波 1 在不同干扰条件和不同探测方法下的信息判决错误率。表 6-2 是 SNR=0dB 时，信干比对空时码判决错误率的影响结果，它展示了不同信干比下的探测结果。常规探测在 SIR=0dB 时已有较高错误率，在 SIR=−10dB 时已完全失效。在训练信号被回波 2 干扰时，时反镜相关探测在 SIR=−10dB 时开始判决出错，而当训练信号不被干扰时，通过利用多途信道的时间聚焦增益，在 SIR=−18dB 以内均有很好的探测结果。表 6-3 展示了 SNR=−10dB 时，不同信干比下的探测结果。比较表 6-2、表 6-3，无论训练信号是否受回波 2 干扰，时反镜相关探测方法均优于常规拷贝相关探测方法，但随着信道训练信号受干扰程度增加，信道估计能力减弱，时反镜相关探测能力下降。时反镜相关探测方法对空时码探测信号的受干扰程度不敏感，但是对接收到的信道训练信号受干扰程度较为敏感，探测结果与训练信号估计信道的效果呈正相关。数值分析中，子信道 2 有较为严重的衰落，探测结果也证明了空时码探测信号的抗子信道衰落能力。

表 6-2　信干比对空时码判决错误率影响，SNR=0dB

方法与条件	判决错误率/%			
	SIR=0dB	SIR=−5dB	SIR=−10dB	SIR=−18dB
常规拷贝相关	8.40	51.53	82.57	83.33
时反镜相关 训练信号被干扰	0	0	0.12	83.00
时反镜相关 训练信号不被干扰	0	0	0	0.27

表 6-3　信干比对空时码判决错误率影响，SNR=−10dB

方法与条件	判决错误率/%			
	SIR=0dB	SIR=−5dB	SIR=−9dB	SIR=−13dB
常规拷贝相关	28.05	56.47	79.03	83.72
时反镜相关 训练信号被干扰	0	0	2.22	30.05
时反镜相关 训练信号不被干扰	0	0	0	0.50

根据数值分析结果，空时码探测信号在遭遇子信道衰落时仍能完成探测使命，具有一定的抗子信道衰落能力，适用于浅海复杂信道环境。时反镜相关探测方法实现了子信道主途径相关峰的聚焦，相较于常规拷贝相关探测，避免了倾斜垂直阵导致的多途子信道主相关峰时延分辨精度被扩展和阵列增益的损失，同时还聚焦多途能量，提高了处理增益。空时码探测信号判决结果表明，当信道能被较好地估计时，时反镜相关探测方法对强相干干扰具有良好的抑制能力，但该方法对信道估计质量较为敏感，探测效果与信道估计质量呈正相关。综上，空时码探测信号及时反镜相关探测方法能够满足多基地声呐在浅海复杂环境中存在强相干干扰时，对多源目标回波分辨能力的需求，同时可克服由于阵型失配引起的各种探测问题。

6.3　多基地低截获信号设计

虽然双/多基地声呐系统较单主动系统更具隐蔽性[2]，但多主动声呐联合工作本身就存在暴露风险。本节在探讨双/多基地声呐码分复用的前提下，设计具有低截获性能[3-4]的发射信号波形，使多基地声呐系统整体获得水声对抗优势。

6.3.1　Costas 编码信号

声呐低截获信号设计的目标是保持或提高接收机处理增益的同时，使主动信号在时间轴和频率轴上具有混沌性，增加截获机探测难度，手段上除采用低频频段外，主要遵循大时间带宽积、复合频（码）制、随机性体制、时频捷变等几个原则。常用的低截获信号包括 Frank（弗兰克）编码、Barker（巴克）编码、Costas（科斯塔斯）编码信号等相位调制或频率调制编码信号以及各种组合信号。Costas 编码信号除具备大时间带宽积、能量时频域分布均匀的低截获特性外，还兼顾了自相关性能好，距离分辨率、速度分辨率高等优点。

置换矩阵能够直观展示 Costas 编码信号，图 6-10 分别给出了两个四阶 Costas 编码信号，竖直方向为频率，水平方向为时间。

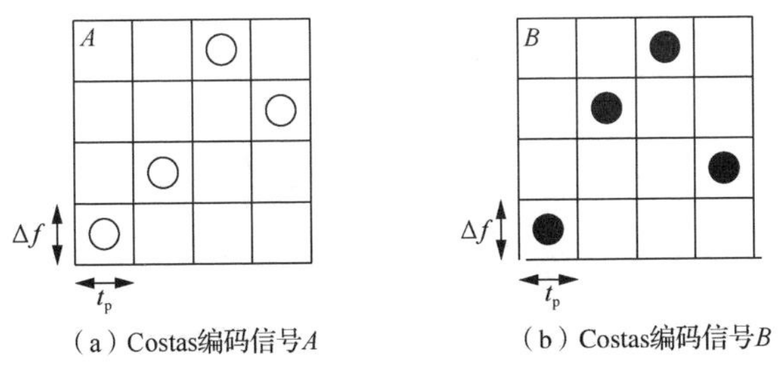

（a）Costas编码信号A　（b）Costas编码信号B

图 6-10　四阶 Costas 编码信号示意图

Costas 编码信号的互重合函数（cross-coincidence function）计算方法如图 6-11 所示。保持编码信号 A 不动，编码信号 B 沿水平方向和竖直方向滑动，滑动距离分别记为 m 和 n，此时编码信号 A 与 B 重合的圆点个数称为编码信号 A 与 B 的互重合函数，记为 $C_{AB}(m,n)$。图 6-12（a）与（b）为编码信号 A 的自重合函数及其与 B 的互重合函数。M 阶 Costas 编码信号的自重合函数最大值为 $C(0,0)=M$，旁瓣不超过 1。

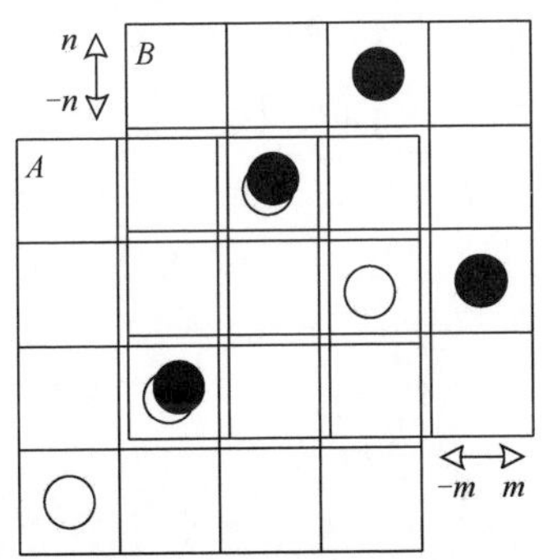

图 6-11　Costas 编码信号互重合函数计算方法示意图

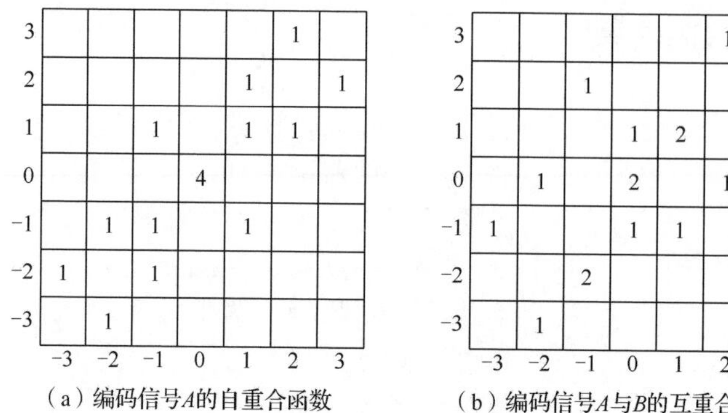

（a）编码信号A的自重合函数　　（b）编码信号A与B的互重合函数

图 6-12　Costas 编码信号互重合函数

本章通过穷举法给出了 27 阶的 Costas 编码信号，高阶 Costas 通常利用有限域方法获得。对任意给定 Costas 编码信号，$a=\{a_1,a_2,\cdots,a_M\}$，宽带为 f_{L}～f_{H} 的 Costas 编码信号波形可以表示为

$$s(t)=\sum_{m=0}^{M-1}\exp\left(\mathrm{j}2\pi f_m t\right)\cdot\operatorname{rect}\left(t-mt_{\text{p}}\right) \tag{6-7}$$

式中，$f_m=f_{\text{L}}+\left(a_m-1\right)\Delta f,\Delta f=\left(f_{\text{H}}-f_{\text{L}}\right)/(M-1)$；$\operatorname{rect}(t)=1,0\leqslant t\leqslant t_{\text{p}}$。

Costas 编码信号的自相关函数在$|\tau|<t_{\text{p}}$可以表示为

$$\left|R(\tau/t_{\text{p}})\right|=\left|R_{\text{r}}(\tau/t_{\text{p}})\right|\cdot\left|R_{\text{s}}(\tau/t_{\text{p}})\right|+\left|\varepsilon(\tau/t_{\text{p}})\right| \tag{6-8}$$

式中，$\left|\varepsilon(\tau/t_{\text{p}})\right|$是相邻调制子脉冲的互相关结果。$\left|R(\tau/t_{\text{p}})\right|$主要由等式右边第一项决定，即$\left|R(\tau/t_{\text{p}})\right|\approx\left|R_{\text{r}}(\tau/t_{\text{p}})\right|\cdot\left|R_{\text{s}}(\tau/t_{\text{p}})\right|$，后续讨论自相关函数时，如无特殊说明均为忽略$\left|\varepsilon(\tau/t_{\text{p}})\right|$的结果。$\left|R_{\text{r}}(\tau/t_{\text{p}})\right|$为矩形窗的自相关函数，具有三角形式，即$\left|R_{\text{r}}(\tau/t_{\text{p}})\right|=1-\left|\tau/t_{\text{p}}\right|$。$\left|R_{\text{s}}(\tau/t_{\text{p}})\right|$决定了栅瓣的分布，其表达式如下：

$$\left|R_{\text{s}}(\tau/t_{\text{p}})\right|=\frac{\sin(M\pi t_{\text{p}}\Delta f\cdot\tau/t_{\text{p}})}{M\sin(\pi t_{\text{p}}\Delta f\cdot\tau/t_{\text{p}})} \tag{6-9}$$

设$k=t_{\text{p}}\cdot\Delta f$，当满足条件$k=1$时，Costas 编码信号拥有极佳的自相关性能，并拥有图钉形模糊度图。而对于声呐发射信号，在发射带宽固定后，适当增大信号脉冲宽度t_{p}可以提高时间带宽增益，降低自相关函数的旁瓣级。然而$k>1$时，自相关函数$R(\tau)$在主瓣附近区域($|\tau|<t_{\text{p}}$)会出现栅瓣。图 6-13 为$k=5$时的 Costas 编码信号自相关函数，图中红色线为$\left|R_{\text{r}}(\tau/t_{\text{p}})\right|$，图 6-13（a）与图 6-13（b）中蓝、绿色线分别为 8 阶和 4 阶 Costas 编码信号的$\left|R_{\text{s}}(\tau/t_{\text{p}})\right|$与$\left|R(\tau/t_{\text{p}})\right|$，可见受矩形窗限制，$\left|R(\tau/t_{\text{p}})\right|$的栅瓣均匀减小。比较 8 阶和 4 阶的$\left|R_{\text{s}}(\tau/t_{\text{p}})\right|$，8 阶主瓣宽度仅为 4 阶主瓣宽度的一半，每两个 8 阶旁瓣对应一个 4 阶旁瓣，4 阶旁瓣的峰值点

成为相邻 8 阶旁瓣的零点，可见 Costas 阶数影响主瓣的下降速度与旁瓣高度。

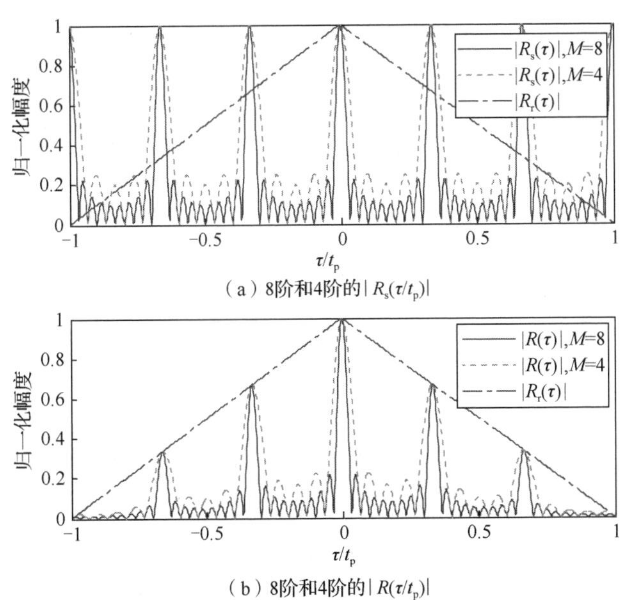

（a）8阶和4阶的 $|R_s(\tau/t_p)|$

（b）8阶和4阶的 $|R(\tau/t_p)|$

图 6-13　Costas 编码信号自相关函数（彩图附书后）

6.3.2　多基地声呐正交 Costas 编码信号

Costas 编码信号具有良好的自相关性能，然而在多基地声呐中，为实现多源目标回波分辨，分配给不同发射基地的 Costas 编码信号彼此还需要具有弱互相关性。随机选取 Costas 编码生成信号集合时，Costas 编码信号间的互相关性能很差，无法满足正交性的条件。将 Costas 编码信号应用到多基地声呐多源目标回波分辨，主要有两个途径：①为不同发射基地分配独立 Costas 编码信号集合，降低不同发射基地 Costas 编码信号的互相关系数；②在 Costas 跳频频点上引入相位编码，提升 Costas 编码信号的互相关性能。

根据声呐实际应用环境对考察的 Costas 编码信号互重合函数做多普勒约束。假设目标航速 15m/s（30kn），声速 1500m/s，多普勒系数 $2v/c=0.02$，宽带信号频段 9～11kHz，带宽为 2kHz，最大频偏占带宽比 $\Delta f/B=2v/c\cdot f_H/B=0.11$。Costas 阶数减一的倒数 $1/(M-1)$ 表示跳频频率间隔占带宽的比值，在上述参数条件下，$M\leqslant 10$ 时，$1/(M-1)>\Delta f/B$，目标运动引起的多普勒频偏不会使频率轴上相邻的跳频频率重合，对应地考察 Costas 编码信号互重合函数时，无须在频率轴方向滑动，多普勒约束在频率轴方向滑动距离为 0；$11\leqslant M\leqslant 19$ 时，

$2/(M-1)>\Delta f/B>1/(M-1)$，多普勒约束在频率轴方向滑动距离为 1；$20\leqslant M\leqslant 28$时，多普勒约束在频率轴方向滑动距离为 2。Costas 编码信号多普勒约束条件由阶数与最大频偏所占带宽比共同决定，当声呐探测系统截止频率较低，多普勒约束在频率轴方向滑动距离大幅度减小。

综合以上，提出多基地声呐 Costas 编码信号选取方法，具体步骤如下。

步骤 1：根据系统和目标参数，在多普勒约束条件下，计算互重合函数时频率轴最大距离l。

步骤 2：根据系统需求，设置不同发射基地间 Costas 编码信号的严格正交性要求，即模糊函数$|R_{\text{cross}}(\tau,\xi)|\leqslant r_{\text{L}}$；设置同一发射基地内部 Costas 编码信号的宽松正交性要求，即模糊函数$|R_{\text{cross}}(\tau,\xi)|\leqslant r_{\text{H}}$。

步骤 3：选取 Costas 编码信号的阶数M，计算全部M阶序列的最大互重合矩阵$\{\boldsymbol{C}_{\max}\}_{\text{num}\times\text{num}}$。num 为$M$阶 Costas 编码信号的数目，$\boldsymbol{C}_{\max}=\max\left(\boldsymbol{C}_{\text{cross}}(m,n)\right)$，式中$\boldsymbol{C}_{\text{cross}}(m,n)$为某两个 Costas 编码信号的互重合函数，$|m|<M-1$，$|n|\leqslant l$。

步骤4：以$\boldsymbol{C}_{\text{cross}}(m,n)$代替$|R_{\text{cross}}(\tau,\xi)|$，根据$r_{\text{H}}$、$r_{\text{L}}$、$M$求$\boldsymbol{C}_{\text{cross}}(m,n)$允许的最大互重合点数$C_{\text{H}}$、$C_{\text{L}}$，满足$C_{\text{L}}/M\leqslant r_{\text{L}}<(C_{\text{L}}+1)/M$和$C_{\text{H}}/M\leqslant r_{\text{H}}<(C_{\text{H}}+1)/M$。

步骤 5：根据多基地系统发射基地数目N，对$\{\boldsymbol{C}_{\max}\}_{\text{num}\times\text{num}}$进行搜索，为每个发射基地分配指定数目的 Costas 编码信号，满足同一发射基地的 Costas 编码信号间的最大互重合函数不超过C_{H}，不同发射基地的 Costas 编码信号间的最大互重合值不超过C_{L}。

步骤 6：将不同发射基地的 Costas 编码信号生成 Costas 编码信号集合，获得多基地系统的发射信号集合。

将上述正交 Costas（orthogonal Costas，OCS）编码信号，简记为 OCS 信号。

6.3.3 多基地声呐正交 Costas 编码调制信号

常规 Costas 跳频信号的互相关函数如式（6-9）所示，而采用编码调制后结果发生改变，这里考虑同一条 Costas 序列分别采用编码信号 c1 与 c2 调制，其互相关函数表达式为

$$|R_{\text{cross}}(\tau)|=|R_{\text{c1,c2}}(\tau)|\cdot|R_{\text{s}}(\tau)|+|\varepsilon(\tau)|,\quad |\tau|<t_{\text{p}} \tag{6-10}$$

式中，$|R_{\text{c1,c2}}(\tau)|$为子编码信号 c1 与 c2 的互相关函数。$k=t_{\text{p}}\cdot\Delta f=1$时，$|R_{\text{s}}(\tau)|$在$\tau=0$处出现主瓣且周围不存在栅瓣，降低 Costas 信号的互相关函数可通过选取合适的编码信号，使$|R_{\text{c1,c2}}(\tau)|$在$\tau=0$有极小值（甚至零点），从而消除$|R_{\text{s}}(\tau)|$的主瓣，同时还应保持$|R_{\text{c1,c2}}(\tau)|$在$\left(|\tau|<t_{\text{p}}\right)$内有稳定的极小值输出。

Walsh（沃尔什）码属于通信里较具代表性的正交码，对于 $N=2^r(r=1,2,\cdots)$ 位编码有 $\left|R_{\mathrm{c1,c2}}(0)\right|=0$，且归一化下最大互相关值为 $1/N$。图 6-14 为 Walsh 码调制的 Costas（8 阶）信号（简记为 Costas_W 信号）的互相关函数，可以看出 $\left|R_{\mathrm{cross}}(\tau)\right|$ 主瓣被 $\left|R_{\mathrm{c1,c2}}(0)\right|$ 显著削弱，旁瓣也得到有效抑制。Walsh 码也存在缺点，即其自相关函数性能不好。采用 Walsh 码（1 1 1 1 1 1 1 1）进行调制时，Costas_W 信号自相关结果如图 6-15（a）所示，相近于 Walsh 码的自相关结果呈三角形约等于矩形窗的自相关结果，对 Costas 信号的自相关性能没有改善；采用其他 Walsh 码调制时［如（1 −1 −1 1 1 −1 −1 1）］，$\left|R_{\mathrm{c1,c2}}(\tau)\right|$ 在 $\tau=0$ 以外位置出现零点，但仍有较高栅瓣，且其包络仍为三角形，如图 6-15（b）所示。

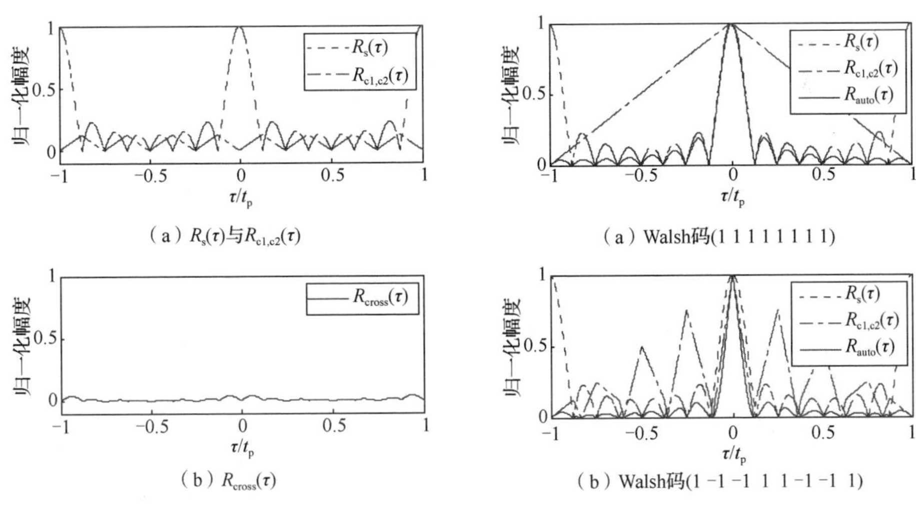

（a）$R_s(\tau)$与$R_{c1,c2}(\tau)$

（b）$R_{cross}(\tau)$

图 6-14　Costas_W 信号的互相关函数

（a）Walsh码(1 1 1 1 1 1 1 1)

（b）Walsh码(1 −1 −1 1 1 −1 −1 1)

图 6-15　Costas_W 信号的自相关函数

6.3.4　多基地声呐双正交编码信号

为了进一步提升多基地 Costas 探测信号的互相关性能，并获得更多的 Costas 正交编码信号，考虑采用正交码（orthogonal code, OC）对正交 Costas 编码信号集合进行调制，将获得的正交信号集合简记为 DOCS（double OC signal）集合，并将根据每一个 DOCS 所采用的 Costas 序列序数和编码序数记为 DOCS(C1,c1)，如图 6-16 所示。下面结合具体参数给出示例。

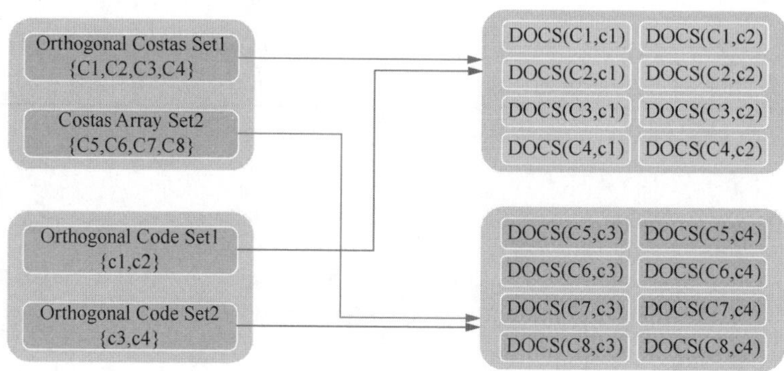

图 6-16　DOCS 集合

从 12 阶 Costas 编码信号中选取两组正交的 Costas 编码信号集合，如表 6-4 所示。多普勒约束下，Set1、Set2 内部的 Costas 编码信号最大互重合点数 $C_H \leqslant 3$，Set1、Set2 间的 Costas 编码信号最大互重合点数 $C_L \leqslant 2$。将 Set1 和 Set2 分别分配给发射基地 1 与发射基地 2，信号中心频率 6kHz，带宽 2kHz，每个跳频信号的时间带宽积 $k=1$。

表 6-4　正交 Costas 序列集合

	集合	不同的编码组合		集合	不同的编码组合
Set1	C1	1, 2, 4, 8, 3, 6, 12, 11, 9, 5, 10, 7	Set2	C5	1, 4, 6, 5, 12, 8, 2, 10, 11, 3, 9, 7
	C2	2, 3, 9, 6, 10, 12, 1, 8, 11, 7, 5, 4		C6	1, 4, 10, 8, 12, 5, 7, 6, 3, 11, 2, 9
	C3	8, 6, 7, 3, 9, 1, 12, 5, 2, 11, 10, 4		C7	6, 12, 4, 7, 1, 11, 2, 3, 10, 5, 9, 8
	C4	9, 5, 11, 8, 10, 3, 1, 4, 12, 2, 6, 7		C8	8, 7, 3, 10, 12, 6, 1, 4, 5, 9, 2, 11

考察采用正交 Walsh 码调制正交 Costas 集合的结果。Walsh 码的位数为 8 位，如表 6-5 所示。

表 6-5　正交 Walsh 编码集合

	集合	不同的编码组合		集合	不同的编码组合
Set1	c1	−1, −1, −1, −1, −1, −1, −1, −1	Set2	c5	−1, +1, −1, +1, −1, +1, −1, +1
	c2	−1, −1, +1, +1, −1, −1, +1, +1		c6	−1, +1, +1, −1, −1, +1, +1, −1
	c3	−1, −1, −1, −1, +1, +1, +1, +1		c7	−1, +1, −1, +1, +1, −1, +1, −1
	c4	−1, −1, +1, +1, +1, +1, −1, −1		c8	−1, +1, +1, −1, +1, −1, −1, +1

图 6-17 给出了 DOCS_W(C1,c1)的自相关结果，Walsh 码调制下的自相关性能很差，主瓣展宽非常大。

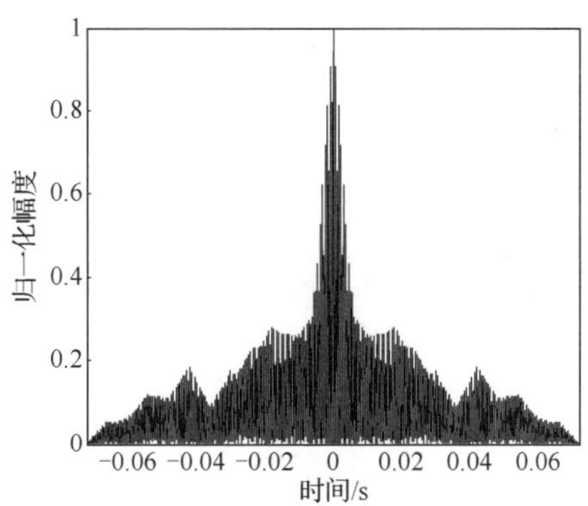

图 6-17　DOCS_W 的自相关函数

考察基地 1 内部 DOCS_W 互相关结果，当 DOCS_W 的 Costas 序列不相同、Walsh 码相同时，互相关性能极差，如图 6-18（a）所示，此现象可通过增大 t_p 或减小相位位数 N 得到改善，最终效果主要由 C1、C2 互相关性决定。当 DOCS_W 的 Costas 序列相同、Walsh 码不同时，互相关系数主要由 Walsh 码的互相关系数（Walsh 仅在 0 时延时，互相关为 0）决定，采用 c1 与 c2 调制时约为 0.25［图 6-18（b）］，采用 c1 与 c3 调制时约为 0.5［图 6-18（c）］，此时互相关性能极差，此现象无法改善，只能通过优选 Walsh 码加以避免，但会损失最终的编码数量。考察基地 1 与基地 2 间的 DOCS_W 互相关结果，图 6-18（d）为 DOCS_W(C1,c1)与 DOCS_W(C5,c5)的互相关结果，可见不同收发基地间的 DOCS_W 互相关性能明显优于基地内部的互相关性能。两个 DOCS_W 信号的互相关结果受(C1,C5)与(c1,c5)互相关值共同影响，不断增大 t_p，DOCS_W(C1,c1)与 DOCS_W(C5,c5)的互相关系数将约等于 2/12×1/8=0.02。增大编码位数可提高基地间 DOCS_W 互相性能，但自相关性能会恶化，图 6-19 和图 6-20 分别为相位数 $N=16$ 时的 DOCS_W 自相关结果与 Costas 编码方式均不同时的互相关结果。

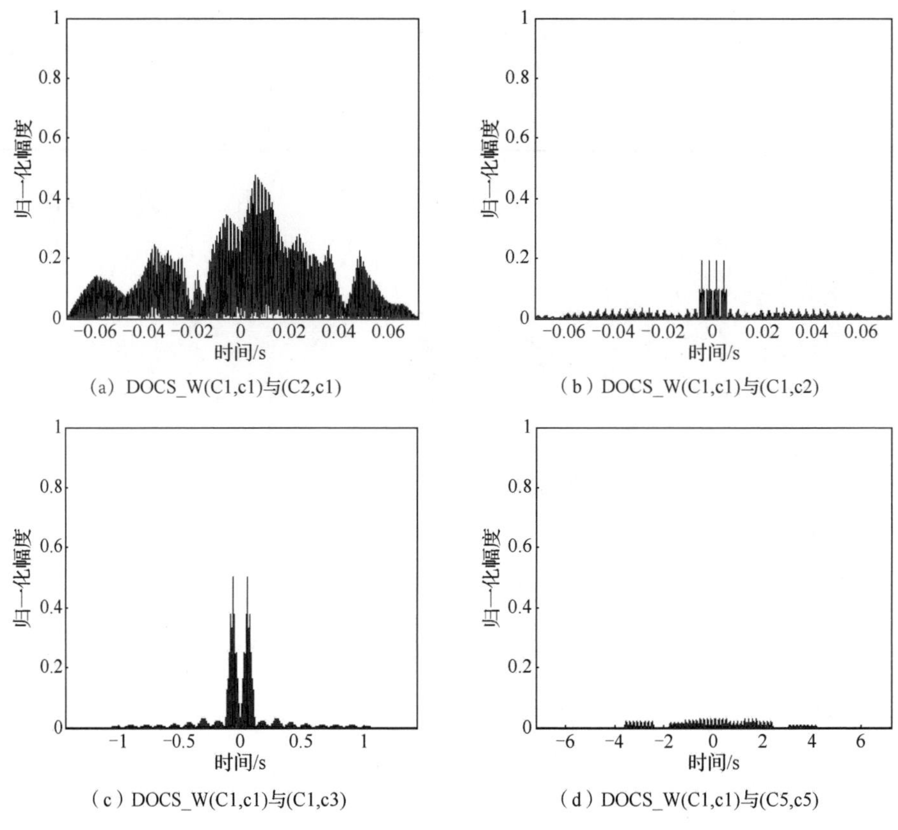

（a）DOCS_W(C1,c1)与(C2,c1)　（b）DOCS_W(C1,c1)与(C1,c2)

（c）DOCS_W(C1,c1)与(C1,c3)　（d）DOCS_W(C1,c1)与(C5,c5)

图 6-18　DOCS_W 的互相关函数

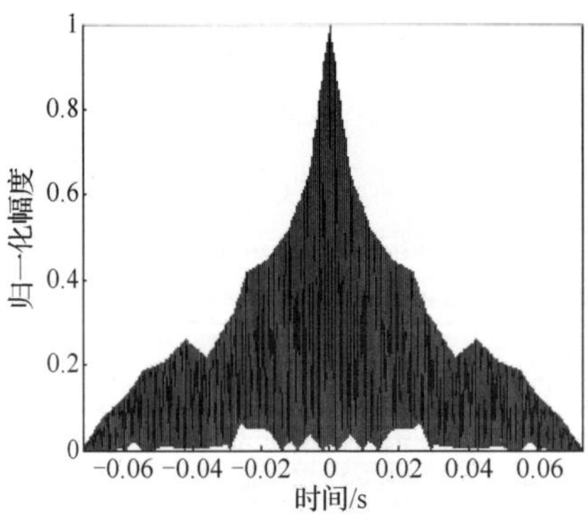

图 6-19　N=16 时的 DOCS_W 自相关函数

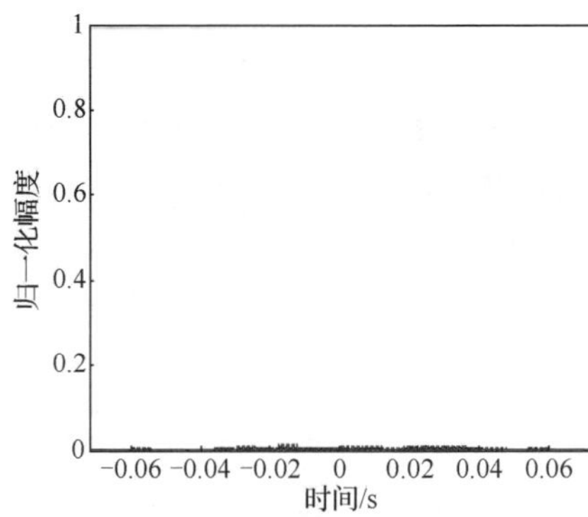

图 6-20　N=16 时的 DOCS_W 互相关函数

为了验证 DOCS_W 信号的多源分辨能力，本节参考了 2017 年 1 月在松花江进行的 DOCS 的试验结果。试验时所选取信号频段为 2～8kHz，发射机布放深度 3m，水听器深度 4.3m，收发间距 150m。本节后面所涉及的外场试验除所发信号外，其他条件与之相同。

图 6-21 为 DOCS_W 的发射信号和接收信号。

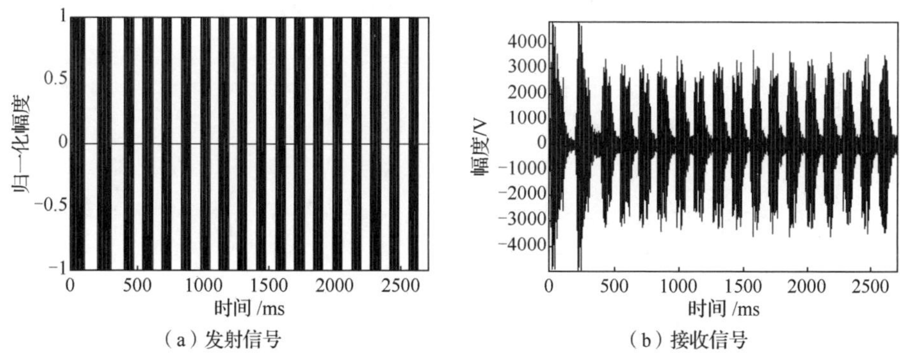

（a）发射信号　（b）接收信号

图 6-21　DOCS_W 的发射信号与接收信号

计算 DOCS_W 拷贝信号与接收信号的自相关函数及互相关函数。不同 DOCS_W 间差别较大，正交性较好的 DOCS_W 间互相关系数低，较差的互相关值较高，DOCS_W 信号并非所有 DOCS_W 全部正交，可扩展性较弱。

DOCS_W 的优点是基地之间的互相关性能好，Walsh 码获得容易；缺点是自相关性能差，内部互相关值不够稳定。

水池试验设计了两个 DOCS_NFM 信号集，每个集合相当于一部发射基地的信号集，共计 8 个 DOCS_NFM，Costas 阶数为 8，带宽为 10～14kHz，$k = 20$。图 6-22 为 1 号发射基地 DOCS_NFM 信号的发射信号与接收信号。

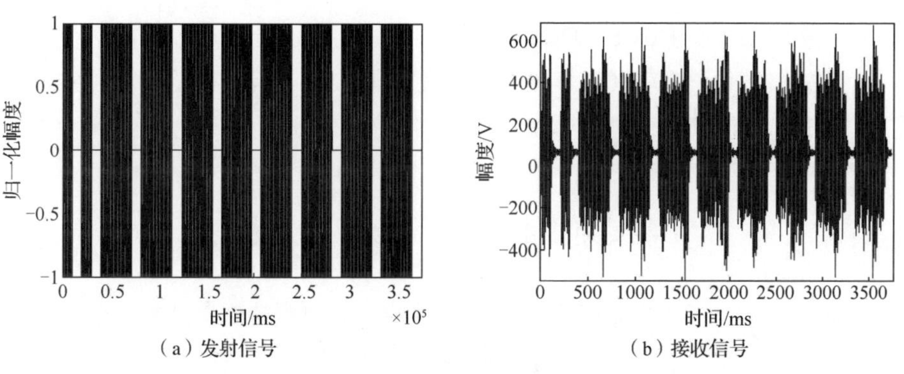

（a）发射信号　（b）接收信号

图 6-22　DOCS_NFM 的发射信号与接收信号

计算拷贝信号与接收信号的归一化自相关系数及归一化互相关系数，两个DOCS_NFM 集合互相关系数绝大部分小于 0.2，且具有很好的稳定性，同时DOCS_NFM 的自相关性能较为优秀。

外场试验中，DOCS_NFM 分为两个信号集合，每个集合由四个 Costas 序列和两个 NFM 信号生成。Costas 阶数为 8，频带为 4～6kHz 或 3～7kHz，k=20。图 6-23 为 DOCS_NFM 的发射信号与接收信号。

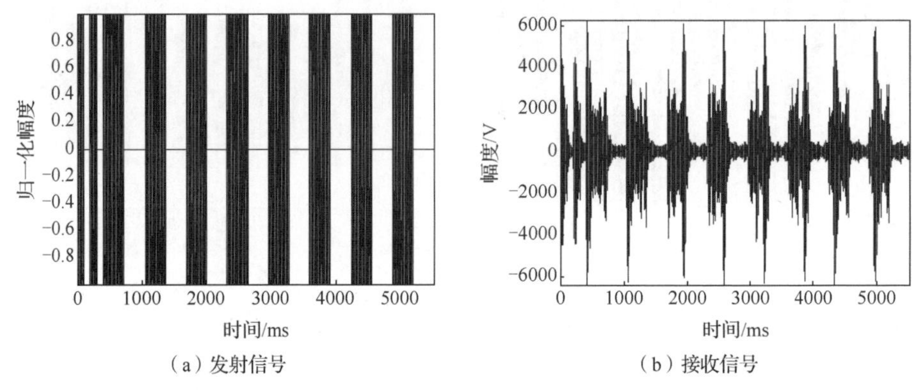

（a）发射信号　　（b）接收信号

图 6-23　DOCS_NFM 的发射信号与接收信号

DOCS_NFM（4kHz 带宽）信号的自相关与互相关结果图与 4kHz 和 6kHz 带宽下的互相关系数表明：在两个带宽条件下，互相关系数均值都小于 0.3，但当带宽较小时，个别 DOCS_NFM 信号间互相关性能较差，超过 0.4 的有两个，超过 0.3 的有 25 个；而当带宽较大时，DOCS_NFM 互相关性得到有效改善，超过 0.3 的降至 8 个，并有三个低于 0.2。DOCS_NFM 具有良好的自相关性能，且互相关性较为稳定，可扩展性好。

综合比较 OCS、OCCS、DOCS 三种 Costas 编码信号形式，OCS 信号形式最简单，但扩展性最差；OCCS 里正交码进行调制的 Costas 编码信号，可实现零互相关；DOCS 扩展性最强，具体性能由调制信号决定。

6.4　类生物多源分辨信号设计

如何在时延扩展、有限带宽的动态水声信道中，实现多主动声呐的高效、稳健声信道复用，是困扰多基地信道无扰复用的难题。

海豚、鲸鱼等海洋中的高等智能生物利用声音进行群体间信息传递，同时可进行辅助围猎、捕食、避障和抵御天敌等群体行为，在不断的进化中逐渐形成了互不干扰、高效配合的声音使用方式。受此启发，本节探索类生物的多基地水声信道码域复用技术。

6.4.1　海洋哺乳动物叫声信号特征分析

本节分析的海洋哺乳动物声音样本是中华白海豚叫声信号，对海豚叫声信号进行声学特征分析，包括信号的模糊度函数和时频谱特征。

信号的模糊度函数最初用来研究雷达的测量和分辨性能，随后被引入声呐领域，作为评价发射信号探测目标时速度分辨力和距离分辨力的基本工具，同时也可衡量声呐的探测能力。海豚叫声信号分为哨叫信号（whistle，用于海豚个体间的通信）和嘀嗒声信号（click，用于探测、定位和感知环境）。本节选取时长为 0.2s、采样率为 48kHz 的哨叫信号，信号的时域波形如图 6-24 所示。该哨叫信号的模糊度函数如图 6-25 所示。

当模糊度函数的多普勒频移为 0 时取其截面，获得哨叫信号的自相关函数。模糊函数图呈现理想的“图钉型”结构。哨叫信号具有较窄的主瓣和较低的自相关旁瓣，因此其时间分辨力较好；随着多普勒频率的增加，哨叫信号的主瓣迅速降低，故其对多普勒敏感，具有较好的速度分辨力。

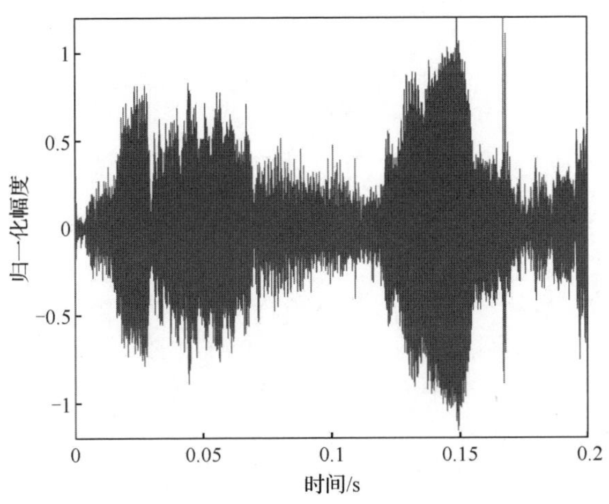

图 6-24　哨叫信号的时域波形图

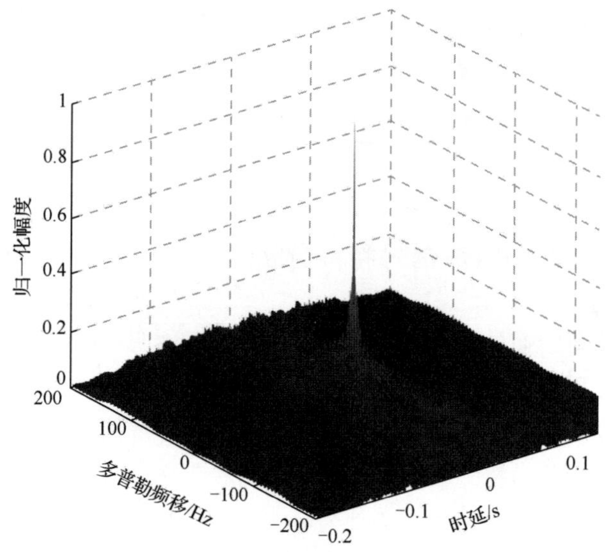

图 6-25　哨叫信号的模糊度函数图

图 6-26 是在中国南海三亚附近海域采集到中华白海豚叫声信号的时频结构图。由图中可见，每次发出的声信号都有一个固定的凸型时频结构，这一“签名哨叫”信号特征是同伴识别它的重要信息。

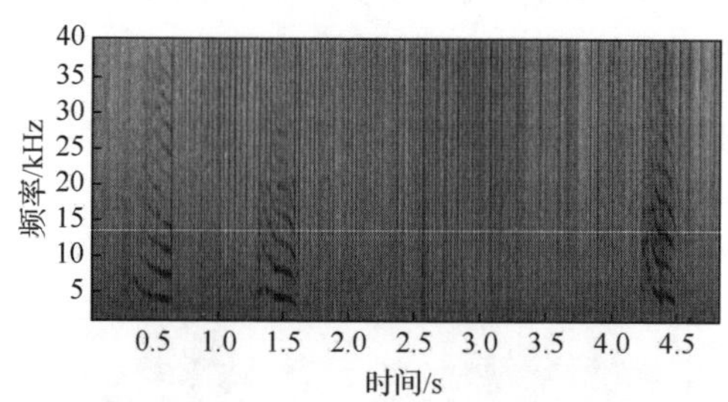

图 6-26　一只中华白海豚叫声信号的时频结构图

图 6-27 为两群海豚叫声信号的时频结构图。灰色区域为海豚发出的“签名哨叫”信号。以 1 区域为例，8 个哨叫声时频特征相似度很高。但对比 1 区域和 2 区域，可见不同的海豚签名哨叫信号的时频结构截然不同。“签名哨叫”可以同时/共频存在，实现海豚群体在时域、频域共享信道。同时，“签名哨叫”间相互差异的时频结构，为海豚个体间相互辨识提供了特征信息，从而实现了群体对海洋信道的同时/共频复用，可高效地进行捕食等活动。

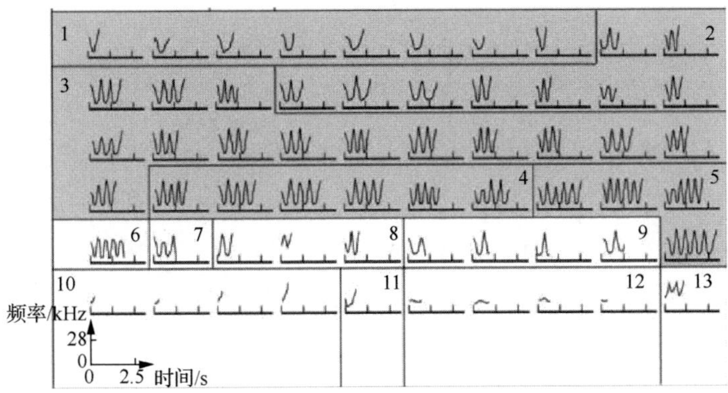

图 6-27　两群海豚叫声信号的时频结构图

图 6-28 是在广西北部湾海域采集的中华白海豚哨叫信号的短时傅里叶变换对结果。

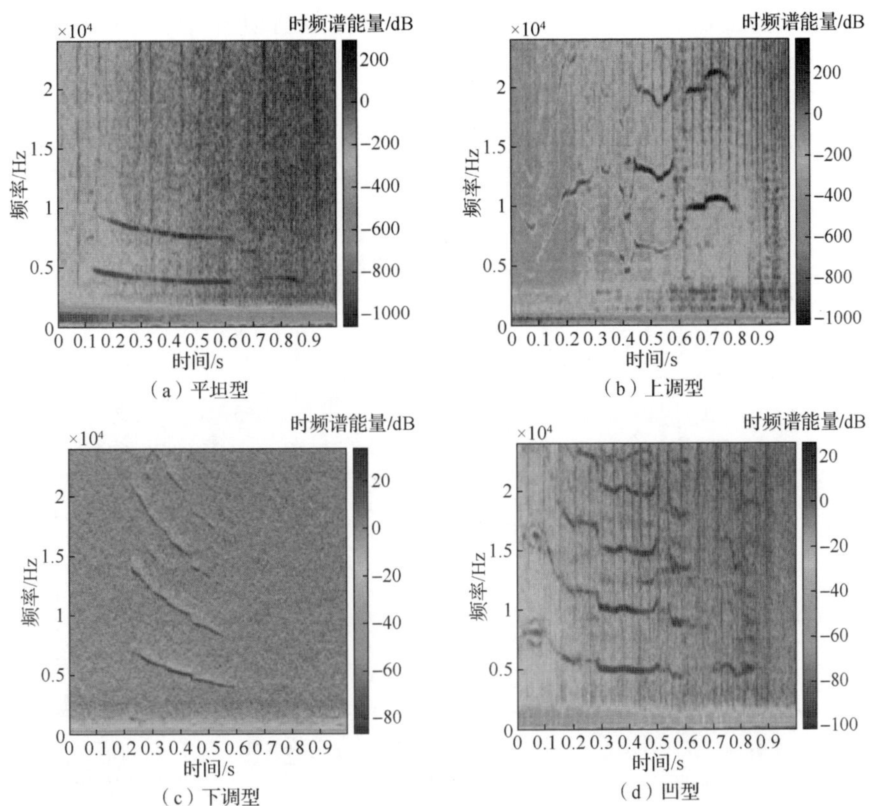

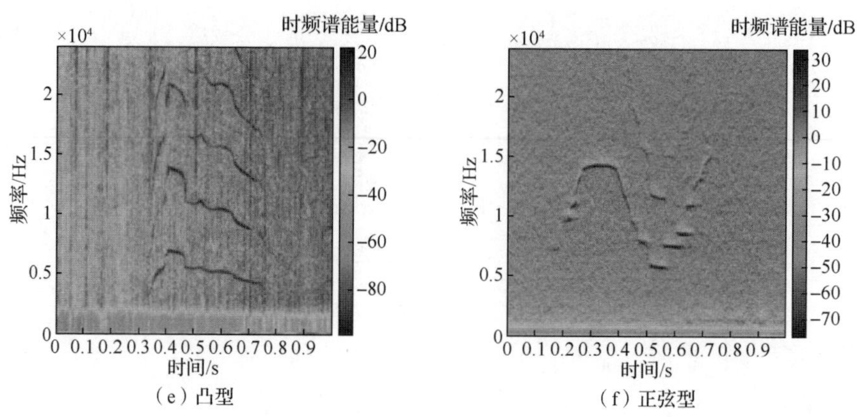

（e）凸型　　（f）正弦型

图 6-28　六种时频结构海豚哨叫信号的短时傅里叶变换对结果（彩图附书后）

根据图 6-28 可得出海豚哨叫信号的声学特征：基频的时频结构种类丰富，具有非线性调频特征；含有多次谐波；基频中心频率分布在中低频段，适合远距离传输。接着以正弦型哨叫信号为例，分析不同时频结构哨叫信号的相关性，如图 6-29 所示。

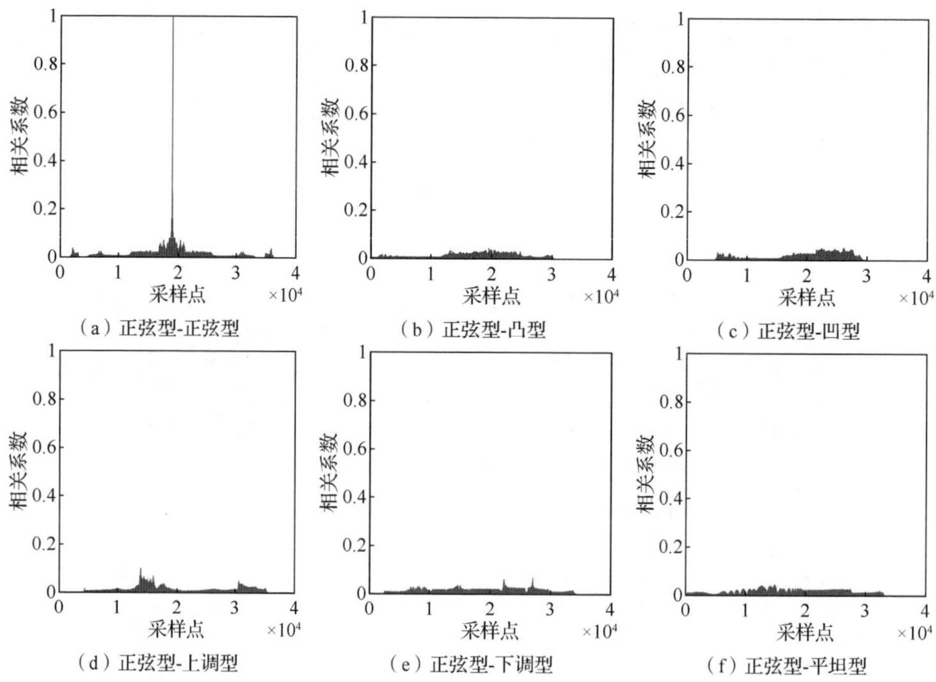

（a）正弦型-正弦型　（b）正弦型-凸型　（c）正弦型-凹型

（d）正弦型-上调型　（e）正弦型-下调型　（f）正弦型-平坦型

图 6-29　不同时频结构哨叫信号的相关结果

可以看出，六种时频结构哨叫信号的自相关性能良好，易于探测；互相关系数值较低，易于分辨，因此出现声互扰的概率很低。

下面将基于得到的海豚哨叫信号声学特征，构建数学模型。本节提出两种类生物信号建模方法。一种是基于时频特征提取的建模方法，原理简单，易于实现；另一种是基于稀疏表示的建模方法，对所提取的参数估计精度高，重构所得到的类生物信号与原海豚哨叫信号相似度高。

6.4.2　基于时频特征提取的类生物多源分辨信号建模

本节提出的建模方法是根据所采集的海豚“签名哨叫”信号的声学特征，利用如图 6-30 所示的四个步骤去实现类生物多源分辨信号的建模。

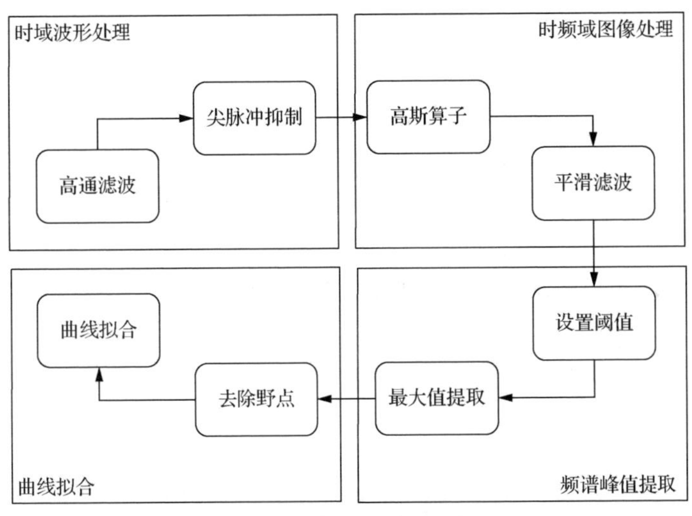

图 6-30　类生物多源分辨信号建模总体框图

1. 时域波形处理

在野外采集到的海豚哨叫信号掺杂着很强的船舶发动机噪声与尖脉冲信号。发动机噪声虽然在听觉上很响亮，但其主要能量分布在 2kHz 以下，因此我们考虑利用高通滤波器将低频噪声去掉。海豚哨叫声还掺杂着许多鱼虾以及自身 click 信号等尖脉冲，因此需要用抑制脉冲算子对高通滤波后的海豚哨叫信号进行处理，如图 6-31 所示。

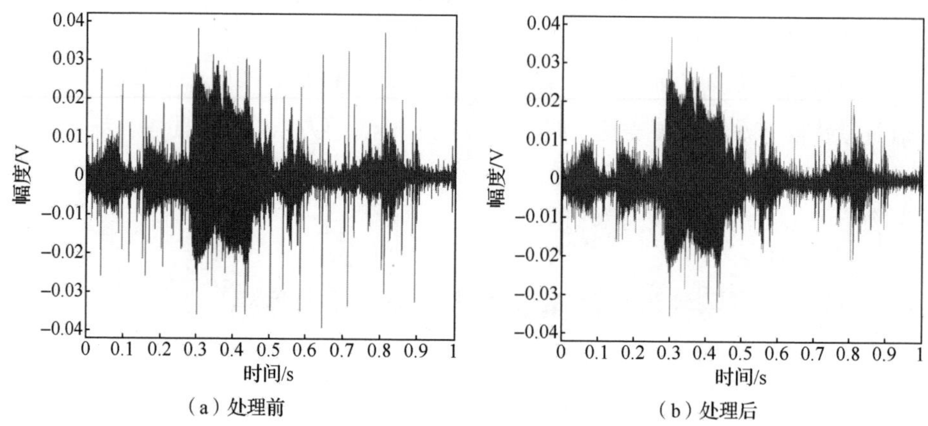

（a）处理前　　（b）处理后

图 6-31　抑制脉冲算子处理结果

2. 时频域图像处理

经过以上的时域处理以后，环境干扰已经降低很多。下面将针对哨叫时频谱图做高斯平滑滤波处理，可以削弱或消除图像中存在的高频分量，增强图像的低频分量，从而减少图像局部的灰度起伏。具体公式如下：

$$by' = by * G \tag{6-11}$$

式中，by'、by 分别是处理后和处理前每个像素点的幅值；G 是高斯平滑算子。

处理结果如图 6-32 所示。我们发现，经过平滑滤波处理，哨叫信号的时频谱图变得均匀，信号与背景的差别十分明显。

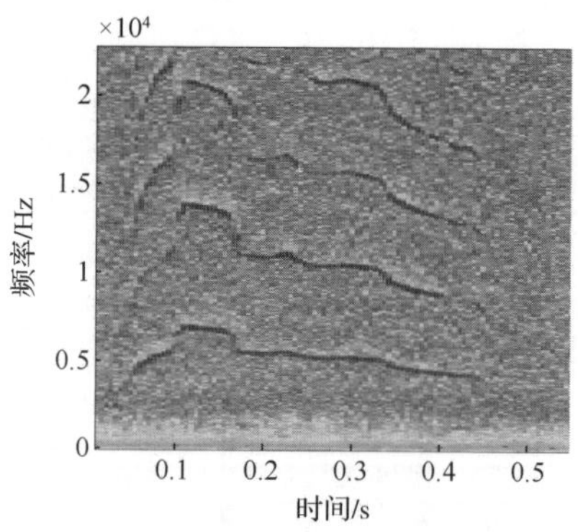

图 6-32　经过平滑滤波处理的哨叫时频谱图

3. 频谱峰值提取

综上所述，海豚哨叫信号最重要的特征便是其时频结构的轮廓。而拥有多次谐波的哨叫声的主要能量都集中在基频上，如图 6-33 所示，通过频谱的峰值探测，便可以提取出每一时刻基频的频率值，公式如下所示：

$$f_1[m] = \arg\max_k \left|X_m[k]\right| \tag{6-12}$$

式中，$X_m[k]$是时频谱能量值；k是时间采样点；m是时间窗的索引值。

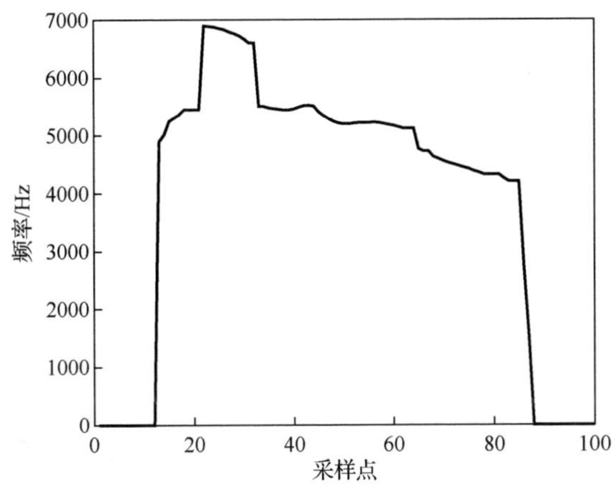

图 6-33　通过谱峰提取得到的基频时频曲线

4. 曲线拟合

在获得了基频的时频轮廓曲线以后，最终是要将其转化为相位信息，建立数学模型，而曲线拟合便可以利用连续的曲线近似地描绘平面上一组离散点所具有的坐标之间的函数关系，定量地得到频率曲线的数值，如图 6-34 所示。

利用以上得到的基频时频曲线数值，可以得到仿生多基地探测信号模型：

$$s(t) = \sum_{i=1}^{R} a_i(t)\,\mathrm{e}^{\mathrm{j}2\pi\phi_i(t)t} \tag{6-13}$$

式中，$a_i(t)$为信号第 i 次谐波的幅值；$\phi_i(t)$为信号不同时频结构的相位随时间变换的函数，一般有平坦型、上调型、下调型、凹型、凸型、正弦型等；R为谐波次数。经过建模以后的类生物多源分辨信号的时频谱图如图 6-35 所示。

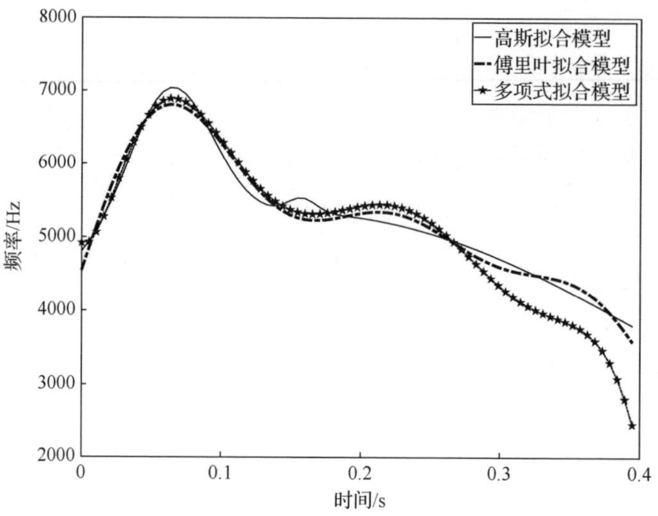

图 6-34　曲线拟合后的基频时频曲线值

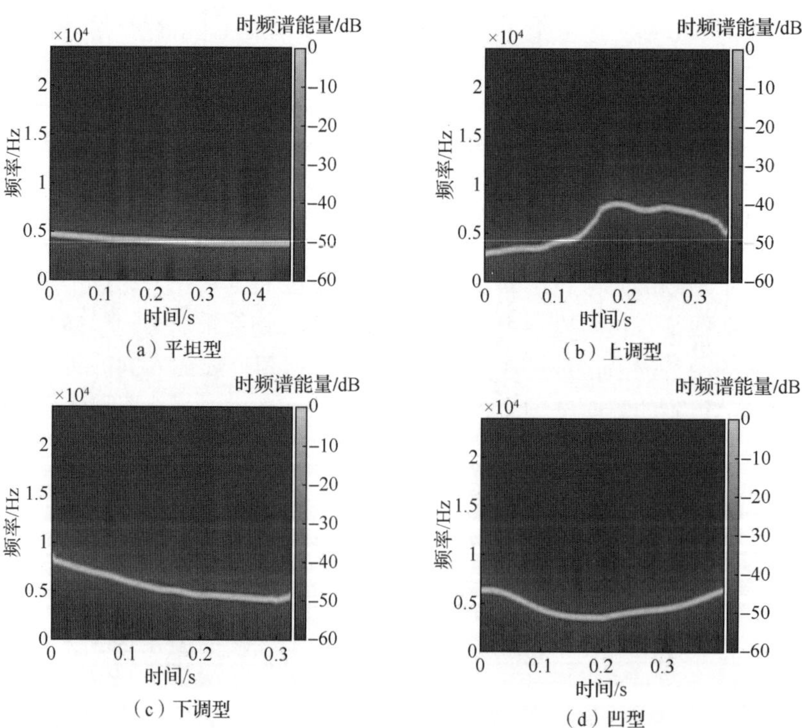

（a）平坦型　（b）上调型

（c）下调型　（d）凹型

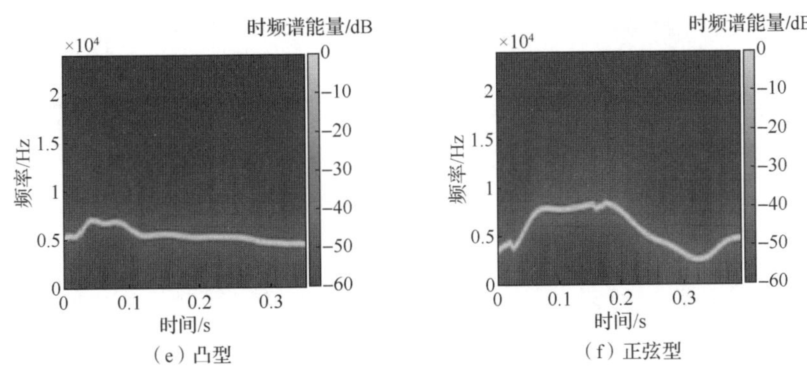

图 6-35　类生物多源分辨信号的时频谱图

5. 多种探测信号波形相关性分析

匹配滤波器是主动声呐系统中最为常用的时域处理器，它是在理想的白噪声背景下探测确知信号的最佳接收机。因此，多种探测信号波形相关性结果的好坏，将直接影响多节点的探测效能与工作模式。从表 6-6 中可以看出，六种探测信号波形的自相关峰主瓣尖锐，旁瓣很低，自相关性能良好，易于探测；互相关峰很低，波形传输过程中受到彼此的干扰很低。因此，本章中的仿生智能信号可以为 6～12 部主动声呐平台提供发射信号。

表 6-6　六种仿生多基地探测信号的相关系数值

	平坦型	上调型	下调型	凹型	凸型	正弦型
平坦型	1	0.0428	0.0574	0.0568	0.0689	0.0745
上调型	0.0428	1	0.054	0.099	0.066	0.0554
下调型	0.0574	0.054	1	0.078	0.06	0.0404
凹型	0.0568	0.099	0.078	1	0.048	0.0487
凸型	0.0689	0.066	0.06	0.048	1	0.1003
正弦型	0.0745	0.0554	0.0404	0.0487	0.1003	1

6.4.3　基于稀疏表示的类生物多源分辨信号建模

1. 建立块稀疏类生物信号模型

通过对海豚哨叫信号的时频结构进行分析，我们发现，哨叫信号在时频域内具有块稀疏特性。

在每个子时频块内，基频和谐波可以建模为如下的表达式：

$$x_{\text{block}} = \sum_{l=1}^{L} \alpha_l \mathrm{e}^{\mathrm{j}2\pi l \phi_l(t)} \tag{6-14}$$

式中，L 是谐波总次数；t 是连续采样时间；α_l 是第 l 个谐波的幅度；$\phi_l(t)$ 是第 l 个谐波的相位函数。

而将若干个“子时频块”拼接在一起，便构成了海豚声信号的模型，它具有如下表达式：

$$y=\sum_{k=1}^{K}\sum_{l=1}^{L_k}\alpha_{k,l}\mathrm{e}^{\mathrm{j}2\pi l\phi_{k,l}(t)} \tag{6-15}$$

式中，K 是子时频块的数量；L_k 是谐波总次数；$\alpha_{k,l}$ 和 $\phi_{k,l}(t)$ 分别是将各个子时频块拼接后的幅度和相位。

图 6-36 和图 6-37 所展示的是海豚签名哨叫信号的时频谱图和块稀疏信号重构的示意图。

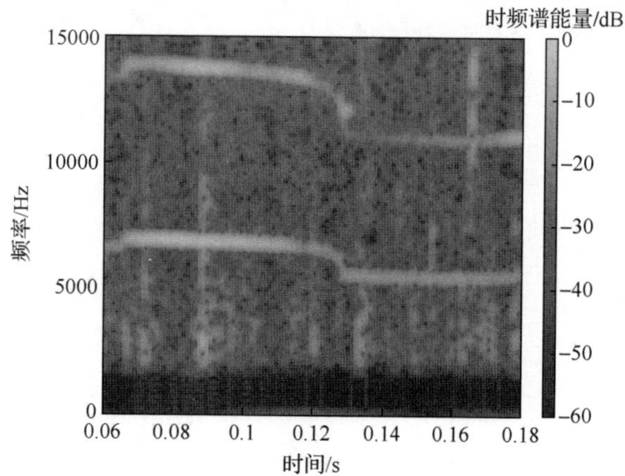

图 6-36　海豚签名哨叫信号的时频谱图

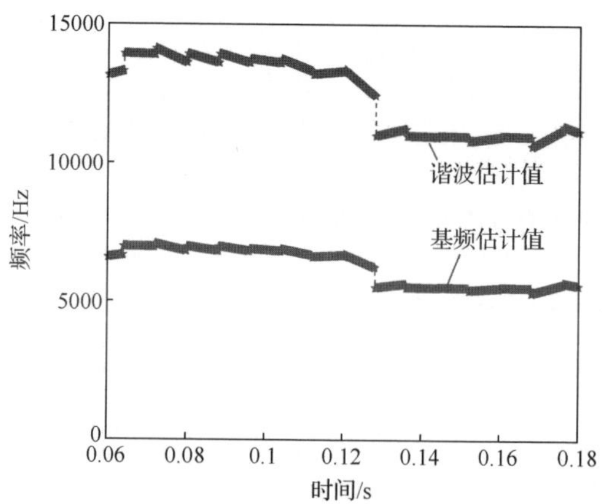

图 6-37　块稀疏信号重构示意图

2. 建立凸优化求解表达式

针对一组具有 N 个样本的离散观测信号 $\boldsymbol{y}$，将其表示为字典矩阵与参数向量的形式，可以将其改写为如下表达式：

$$\boldsymbol{y}=\boldsymbol{D}\boldsymbol{x}+\boldsymbol{e} \tag{6-16}$$

式中，$\boldsymbol{x}$ 是参数向量；$\boldsymbol{e}$ 是重构信号与原始信号的误差；$\boldsymbol{D}$ 是重构信号字典矩阵，里面包含了若干个可能的线性调频成分，字典矩阵的结构为

$$\boldsymbol{D}=[\boldsymbol{d}_{1,1} \ \cdots \ \boldsymbol{d}_{1,L_1} \ \cdots \ \boldsymbol{d}_{K,1} \ \cdots \ \boldsymbol{d}_{K,L_K}] \tag{6-17}$$

其中，L_1 是第一个线性调频基频成分的谐波次数，K 是字典中所有线性调频基频成分的数量，L_K 是第 K 个线性调频基频成分的谐波次数。字典中某一个线性调频成分定义为

$$\boldsymbol{d}_{k,l}=[\mathrm{e}^{2\mathrm{j}\pi l\phi_k(t_0)} \ \cdots \ \mathrm{e}^{2\mathrm{j}\pi l\phi_k(t_{N-1})}]^{\mathrm{T}}$$

其中，k 的范围是 $1\leqslant k\leqslant K$，l 代表谐波次数，从经验值总结，一般认为谐波次数小于 10，故 l 的范围是 $1\leqslant l\leqslant 10$。

对参数向量 $\boldsymbol{x}$ 的估计可表示为一个最小二乘问题：

$$\min_{\boldsymbol{x}} \ \frac{1}{2}\|\boldsymbol{y}-\boldsymbol{D}\boldsymbol{x}\|_2^2 \tag{6-18}$$

在此基础上我们对稀疏变量 $\boldsymbol{x}$ 引入了 L1 正则项，对 $\boldsymbol{x}$ 中的块稀疏成分引入 L2 正则项，通过合理设置正则化参数，大部分参数被压缩为 0。其表达式如下：

$$\min_{\boldsymbol{x}} \ \frac{1}{2}\|\boldsymbol{y}-\boldsymbol{D}\boldsymbol{x}\|_2^2+\lambda\|\boldsymbol{x}\|_1+\rho\sum_{k=1}^{K}\|\boldsymbol{x}[k]\|_2 \tag{6-19}$$

式中，λ 和 ρ 分别为正则化参数，它控制了所求解的参数向量的稀疏性；k 是块稀疏系数向量的块数。以上优化函数表达式就是具有代表性的最小绝对收缩与选择算子（least absolute shrinkage and selection operator, LASSO）模型。

3. 基于分布式迭代优化的快速求解算法

本章将引入交替方向乘子算法（alternating direction method of multipliers, ADMM），它通过分解协调过程，将大的全局问题分解为多个较小、较容易求解的局部子问题，从而实现了在较少量迭代次数的情况下求出较高的信号重构精度。

我们分析如下的代价函数，ADMM 求解的问题一般具有如下形式：

$$\begin{aligned} \min_{\boldsymbol{x},\boldsymbol{z}} \quad & f(\boldsymbol{x})+g(\boldsymbol{z}) \\ \text{s.t.} \quad & \boldsymbol{A}\boldsymbol{x}+\boldsymbol{B}\boldsymbol{z}=c \end{aligned} \tag{6-20}$$

我们令矩阵 $\boldsymbol{A}=\boldsymbol{I}$ ，矩阵 $\boldsymbol{B}=-\boldsymbol{I}$ ， $c=0$ ，则可以得到 $\boldsymbol{x}=\boldsymbol{z}$ 。那么 $f(\boldsymbol{x})$ 和 $g(\boldsymbol{z})$ 分别具有以下函数表达式：

$$f(\boldsymbol{x})=\|\boldsymbol{y}-\boldsymbol{D}\boldsymbol{x}\|_2^2 \tag{6-21}$$

$$g(\boldsymbol{z})=\lambda\|\boldsymbol{z}\|_1+\rho\sum_{k=1}^{K}\|\boldsymbol{z}[k]\|_2 \tag{6-22}$$

增广拉格朗日形式为

$$L(\boldsymbol{x},\boldsymbol{z},\boldsymbol{u})=f(\boldsymbol{x})+g(\boldsymbol{z})+\frac{\rho}{2}\|\boldsymbol{x}-\boldsymbol{z}+\boldsymbol{u}\|_2^2 \tag{6-23}$$

式中， $\boldsymbol{u}$ 是一个对偶变量； ρ 是惩罚系数；最后一项 $\frac{\rho}{2}\|\boldsymbol{x}-\boldsymbol{z}+\boldsymbol{u}\|_2^2$ 的意义是通过惩罚， $\boldsymbol{x}$ 与 $\boldsymbol{z}$ 之间的距离越来越小。ADMM 是分布式优化思想，对于目前代价函数中的三个变量 $\boldsymbol{x},\boldsymbol{z},\boldsymbol{u}$ ，通过优化以下三个子代价函数实现参数估计：

$$\begin{cases}\boldsymbol{x}^{k+1}=\arg\min\limits_{\boldsymbol{x}}\left(f(\boldsymbol{x})+\dfrac{\rho}{2}\left\|\boldsymbol{x}^k-\boldsymbol{z}^k+\boldsymbol{u}^k\right\|_2^2\right)\\ \boldsymbol{z}^{k+1}=\arg\min\limits_{\boldsymbol{z}}\left(g(\boldsymbol{z})+\dfrac{\rho}{2}\left\|\boldsymbol{x}^{k+1}-\boldsymbol{z}^k+\boldsymbol{u}^k\right\|_2^2\right)\\ \boldsymbol{u}^{k+1}=\boldsymbol{x}^{k+1}-\boldsymbol{z}^{k+1}+\boldsymbol{u}^k\end{cases} \tag{6-24}$$

对式（6-24）而言，令其对 $\boldsymbol{x}$ 求导，令倒数等于 0，则可以得到：

$$\boldsymbol{x}^{k+1}=(\boldsymbol{D}^{\mathrm{H}}\boldsymbol{D}+\rho\boldsymbol{I})^{-1}(\boldsymbol{D}^{\mathrm{H}}\boldsymbol{y}+\rho(\boldsymbol{z}^k-\boldsymbol{u}^k)) \tag{6-25}$$

由于其在 $\boldsymbol{z}=0$ 处不能求导，我们在这里引入软阈值算子进行近似计算，定义两类软阈值算子：

$$S(\boldsymbol{x},\kappa)=\frac{x_j}{|x_j|}\max(|x_j|-\kappa,0) \tag{6-26}$$

$$\mathfrak{R}(\boldsymbol{x},\kappa)=\frac{\boldsymbol{x}[q]}{\|\boldsymbol{x}[q]\|_2}\max(\|\boldsymbol{x}[q]\|_2-\kappa,0) \tag{6-27}$$

两类软阈值算子的应用，不但保证了所求元素的组间稀疏性，还保证了元素的组内稀疏性。那么，式（6-24）取得最小值的解为

$$\boldsymbol{z}^{k+1}=\mathfrak{R}\left(S\left(\boldsymbol{x}^{k+1}+\boldsymbol{u}^k,\frac{\lambda}{\rho}\right),\frac{\lambda}{\rho}\right) \tag{6-28}$$

4. 算例分析

算例 6-1：待分析的信号是一个双曲调频信号，它具有基频和一次谐波。采样频率为 16kHz，信号时长为 100ms，信噪比为 10dB。利用我们提出的块稀疏信号重构算法，重构具有谐波的双曲调频信号的时频曲线，结果如图 6-38 所示。

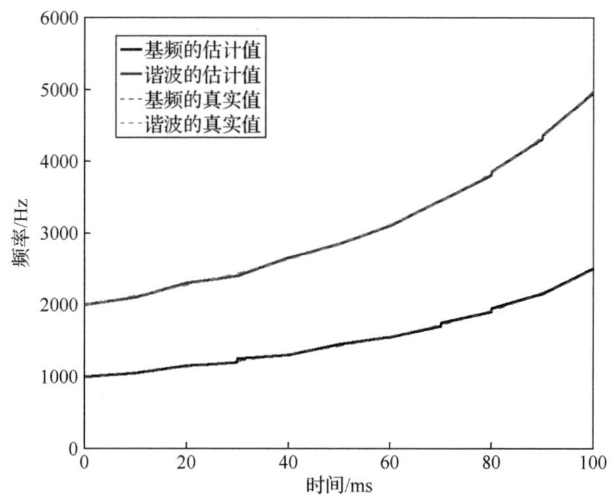

图 6-38　具有谐波的双曲调频信号重构时频曲线结果（彩图附书后）

从图 6-38 中可以发现，所提出的块稀疏信号重构算法对具有非线性调频形式的谐波信号重构性能良好，能够较好地实现多谐波信号的建模。

算例 6-2：待分析的信号为一个具有二次谐波和基频的线性调频信号，采样点的个数为 100，分别进行 1000 次蒙特卡罗仿真，分别计算起始频率和调频率的均方根误差（root mean square error, RMSE）。RMSE 的计算公式定义为

$$\mathrm{RMSE}(\hat{\boldsymbol{\theta}})=\sqrt{\frac{1}{ML}\sum_{m=1}^{M}\sum_{l=1}^{L}(\boldsymbol{\theta}_l-\hat{\boldsymbol{\theta}}_l)^2} \tag{6-29}$$

式中，M 和 L 分别为蒙特卡罗次数和谐波数；$\boldsymbol{\theta}_l$ 为待估计的矢量参数，在这里特指起始频率和调频率。我们将起始频率和调频率两个参数估计的均方误差分别与克拉默-拉奥下界（Cramer-Rao lower bound, CRLB）进行对比，结果如图 6-39 和图 6-40 所示。

从图 6-39 和图 6-40 中可以发现，所提出的块稀疏信号重构算法与相应参数的 CRLB 重合，实现了高精度的信号重构。

对三亚附近海域采集到的中华白海豚哨叫信号进行处理，结果如图 6-41 和图 6-42 所示。

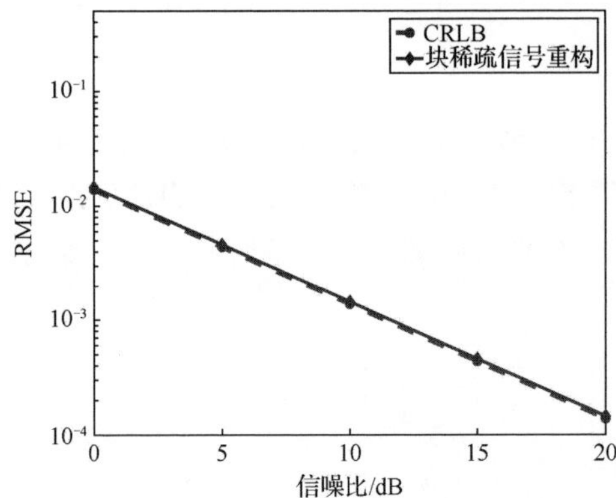

图 6-39　多谐波信号起始频率的均方误差随信噪比变化的曲线

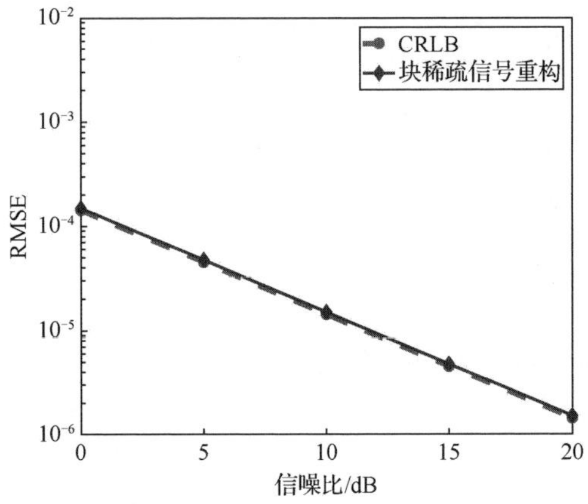

图 6-40　多谐波信号调频率的均方误差随信噪比变化的曲线

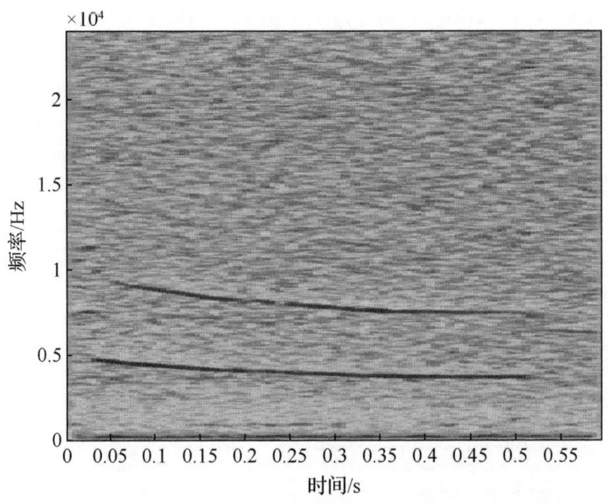

图 6-41　中华白海豚哨叫信号的时频谱图

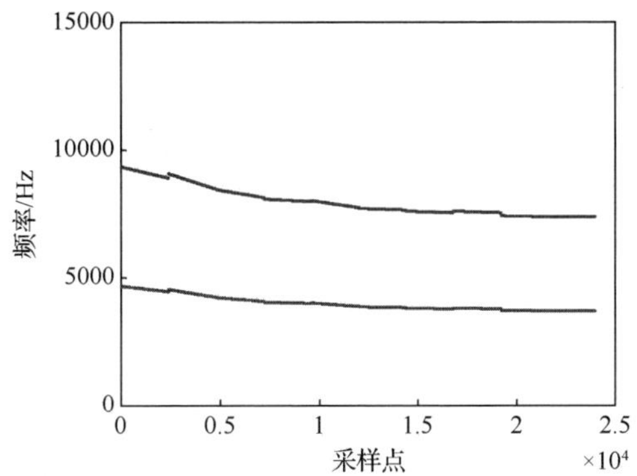

图 6-42　重构的生物叫声信号的时频曲线

所分析的试验数据含有一次谐波和基频。对试验数据的分析和处理，证实了我们提出的块稀疏信号重构算法可以高精度地重构海豚叫声信号的时频曲线，具有较高的建模精度。

6.5　多基地目标回波信号辨识技术

6.5.1　基于匹配滤波技术的多基地目标回波信号辨识技术

由于类生物多源分辨信号的互相关性极低，我们可以通过匹配滤波技术，在接收端对其进行拷贝相关探测，辨识来自多个平台的回波信号。

我们以两个平台的类生物多源分辨信号为例，令平台 1 的类生物多源分辨信号为$s_1(t)$，平台 2 的类生物多源分辨信号为$s_2(t)$。那么两个类生物多源分辨信号的回波信号可以表示为

$$r_1(t)=\sum_{i=1}^{M}s_1(t-\tau_i^1) \tag{6-30}$$

$$r_2(t)=\sum_{i=1}^{N}s_2(t-\tau_i^2) \tag{6-31}$$

式中，τ_i^1和τ_i^2表示两个类生物多源分辨信号的目标回波时延；M和N表示两个类生物多源分辨信号的目标回波时延数量。

匹配滤波是以信号的自相关函数为基础的信号探测技术。信号的自相关函数定义为

$$R_{s,s} = \int_{-\infty}^{+\infty} s(t)s(t-\tau)\,\mathrm{d}t \tag{6-32}$$

式中，t 代表采样时刻；τ 代表时延。如果信号自身的自相关性能良好，则其自相关函数的计算输出结果具有十分尖锐的相关峰。基于此性能，利用匹配滤波技术对回波信号与发射信号的互相关函数进行计算，定义为

$$R_{r,s} = \int_{-\infty}^{+\infty} r(t)s(t-\tau)\,\mathrm{d}t \tag{6-33}$$

式中，$r(t)$ 代表目标回波信号。目标回波信号可以看作发射信号被复制以后，时延叠加的信号，故其与发射信号做互相关，便可以得到较为尖锐的相关峰，相关峰所在采样点的时刻便是目标回波出现的时刻。若同一段接收信号中，出现不同平台的类生物多源分辨信号的目标回波，则可以通过上面描述的匹配滤波技术对目标回波进行有效辨识。

为了检验类生物多源分辨信号的信道复用能力，在哈尔滨工程大学信道水池开展了类生物多源分辨信号回波探测试验。信道水池长 25m，水深 15m，可以布放多个发射换能器和接收水听器。在本次试验中，为了使回波强度足够大，将发射换能器所发出的信号作为目标回波信号。在信道水池的两侧布放两个发射换能器，在信道水池的中间布放接收水听器，作为接收平台，试验态势图如图 6-43 所示。发射平台 1 发射凸型类生物多源分辨信号，发射平台 2 发射凹型类生物多源分辨信号。

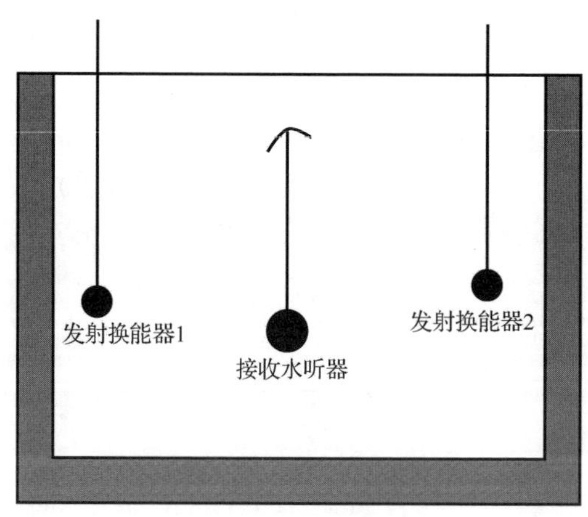

图 6-43　试验态势图

接收信号的时频谱图如图 6-44 所示，接收信号匹配滤波结果如图 6-45 所示。通过匹配滤波结果，我们可以发现，即使发射平台 2 的回波信号对平台 1 的信号

造成较为强烈的干扰，但是由于类生物多源分辨信号具有较为强烈的正交性，通过拷贝相关法依然可以探测出发射平台 1 的回波信号。如果将发射平台 2 的回波信号作为目标探测信号，把发射平台 1 的回波信号当作干扰，仍然可以实现高效探测。

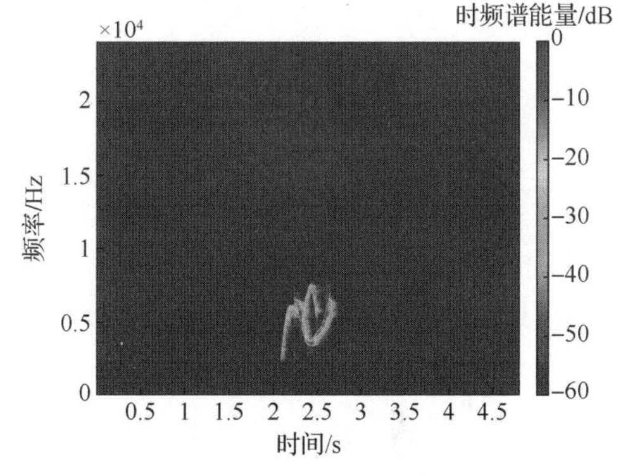

图 6-44　接收信号的时频谱图

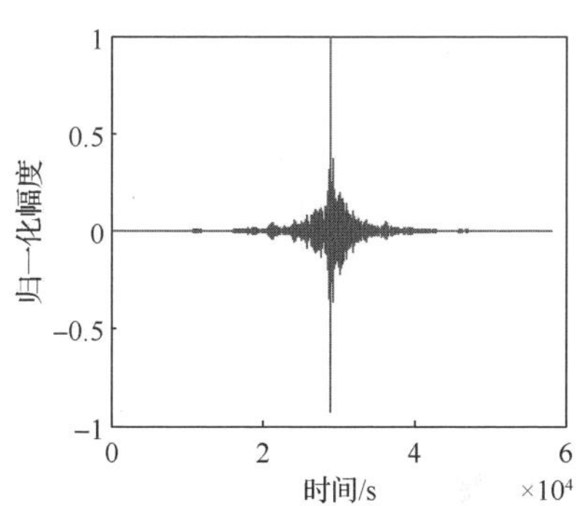

图 6-45　接收信号匹配滤波结果

6.5.2　基于解卷积模型的多基地目标回波信号辨识技术

由于匹配滤波技术是以信号之间的相关性为基础的能量探测方法，其受到信号本身的自相关性，不同信号之间的互相关性和环境噪声影响较大。在探测的过程中，容易产生伪峰，从而被判定为虚假目标。本节将基于稀疏表示和解卷积模型，提出一种具有高分辨性能和抗干扰能力强的回波信号辨识技术。

根据 6.5.1 节所述，回波信号的表达式为

$$r(t)=\sum_{i=1}^{L}s(t-\tau_i) \tag{6-34}$$

式中，τ_i 是目标回波的时延；L 是目标回波时延的数量。如果我们从信号受系统激励的角度思考，回波信号可以表示为发射信号受到双程信道冲激响应和目标信道冲激响应作用的输出。那么，回波信号可以理解为发射信号与多个冲激响应函数卷积的结果，表达式为

$$r(t)=s(t)*h_1(t)*h_T(t)*h_2(t) \tag{6-35}$$

式中，$*$表示卷积运算；$h_1(t)$ 和 $h_2(t)$ 分别表示去程信道冲激响应函数和回程信道冲激响应函数；$h_T(t)$ 表示目标信道冲激响应函数。为了便于分析，我们将三个冲激响应函数的卷积 $h_1(t)*h_T(t)*h_2(t)$ 看成是广义信道冲激响应函数 $H(t)$，则回波信号的表达式为

$$r(t)=s(t)*H(t) \tag{6-36}$$

式（6-36）的离散化形式为

$$\boldsymbol{r}=\boldsymbol{s}*\boldsymbol{H} \tag{6-37}$$

式中，

$$\begin{aligned}\boldsymbol{r}&=[r(1)\ \cdots\ r(\varGamma)]^{\mathrm{T}}\\ \boldsymbol{s}&=[s(1)\ \cdots\ s(\varXi)]^{\mathrm{T}}\\ \boldsymbol{H}&=[H(1)\ \cdots\ H(\varUpsilon)]^{\mathrm{T}}\end{aligned} \tag{6-38}$$

其中，$\varGamma$、$\varXi$ 和 $\varUpsilon$ 分别表示目标回波信号、类生物多源分辨信号和广义信道冲激响应函数的数据长度。它们之间的关系是 $\varGamma=\varXi+\varUpsilon-1$。

在这里，我们引入特普利茨算子 $\boldsymbol{T}$，将目标回波信号表示为类生物多源分辨信号 $\boldsymbol{s}$ 的特普利茨变换 $\boldsymbol{T}(\boldsymbol{s})$ 与广义信道冲激响应函数 $\boldsymbol{H}$ 的乘积，具体表达式如下：

$$r=\boldsymbol{T}(\boldsymbol{s})\boldsymbol{H} \tag{6-39}$$

式中，类生物多源分辨信号 $\boldsymbol{s}$ 的特普利茨变换的具体形式为

$$\boldsymbol{T}(\boldsymbol{s})=\begin{bmatrix}\boldsymbol{s}_1 & 0 & \cdots & 0\\ \boldsymbol{s}_2 & \boldsymbol{s}_1 & \ddots & \vdots\\ \vdots & \boldsymbol{s}_2 & \ddots & 0\\ \boldsymbol{s}_{\varXi-1} & \vdots & \ddots & \boldsymbol{s}_1\\ \boldsymbol{s}_{\varXi} & \boldsymbol{s}_{\varXi-1} & \ddots & \boldsymbol{s}_2\\ 0 & \boldsymbol{s}_{\varXi} & \ddots & \vdots\\ \vdots & \vdots & \ddots & \boldsymbol{s}_{\varXi-1}\\ 0 & 0 & \cdots & \boldsymbol{s}_{\varXi}\end{bmatrix} \tag{6-40}$$

基于以上分析，我们可以得到，目标回波出现的时刻被包含在广义信道冲激响应函数的估计值中。与卷积运算相反，求得广义信道冲激响应函数的操作便是解卷积运算，因此，我们构建如下基于稀疏表示的解卷积模型，函数表达式为

$$\hat{\boldsymbol{H}}=\arg\min_{\boldsymbol{H}}\ \frac{1}{2}\left\|\boldsymbol{r}-\boldsymbol{T}(\boldsymbol{s})\boldsymbol{H}\right\|_2^2+\lambda\left\|\boldsymbol{H}\right\|_1 \tag{6-41}$$

那么通过求得广义信道冲激响应函数的估计值，便可以确定目标回波出现的时刻。为了辨识多个发射平台的目标回波，我们只需将发射信号替换为不同的类生物多源分辨信号即可。以 $\boldsymbol{s}_1$ 和 $\boldsymbol{s}_2$ 为例，为了求得两个目标回波出现的不同时刻，所求的两个不同的广义信道冲激响应函数的估计值 $\hat{\boldsymbol{H}}_1$ 和 $\hat{\boldsymbol{H}}_2$ 的函数表达式为

$$\hat{\boldsymbol{H}}_1=\arg\min_{\boldsymbol{H}_1}\ \frac{1}{2}\left\|\boldsymbol{r}-\boldsymbol{T}(\boldsymbol{s}_1)\boldsymbol{H}_1\right\|_2^2+\lambda\left\|\boldsymbol{H}_1\right\|_1 \tag{6-42}$$

$$\hat{\boldsymbol{H}}_2 = \arg\min_{\boldsymbol{H}_2} \ \frac{1}{2}\left\|\boldsymbol{r} - \boldsymbol{T}(\boldsymbol{s}_2)\boldsymbol{H}_2\right\|_2^2 + \lambda\left\|\boldsymbol{H}_2\right\|_1 \tag{6-43}$$

式（6-42）、式（6-43）仍然是我们熟悉的 LASSO 模型，通过构建 ADMM 框架，便可以求得不同类生物多源分辨信号的目标回波出现时刻。具体 ADMM 展开式与 6.4.3 节的第三部分类似，在此不再赘述。

与 6.5.1 节类似，为了验证我们提出的基于解卷积模型的多基地回波辨识技术的目标回波分辨能力，我们在哈尔滨工程大学信道水池开展了类生物多源分辨信号回波探测和分辨探测试验。同样将发射换能器所发出的信号作为目标回波信号。在信道水池的两侧布放了两个发射换能器，在信道水池的中间布放了接收水听器作为接收平台。发射平台 1 发射凹型类生物多源分辨信号，发射平台 2 发射上调型类生物多源分辨信号。

图 6-46 是不同平台发射的两种类生物多源分辨信号目标回波的时频谱图。从图中可以发现，两个目标回波已经混叠在一起，不利于回波分离和求解回波到达时刻。利用本节所提出的基于解卷积模型的回波辨识技术，我们得到了类生物多源分辨信号目标回波出现时刻的估计结果，如图 6-47 所示。通过观察可以发现，基于稀疏表示和解卷积模型的多基地目标回波信号辨识技术，可以有效地辨识不同类生物多源分辨信号的目标回波，估计得到的目标回波到达时刻分辨率高，对于混叠在一起的不同类生物多源分辨信号的目标回波实现了有效的提取和拆分。

图 6-46　两种类生物多源分辨信号目标回波的时频谱图

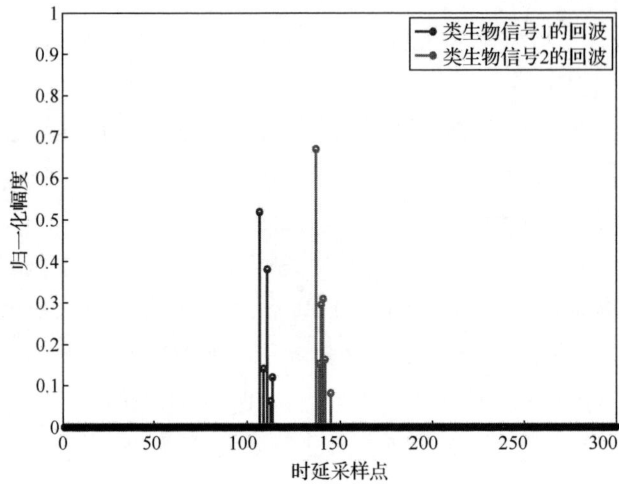

图 6-47　两种类生物多源分辨信号目标回波出现时刻的估计结果

参 考 文 献

[1] 曲晓慧, 曲鲁辉, 单志超. 典型声速剖面对吊声探测距离的影响研究[C]//中国声学学会水声学分会 2011 年全国水声学学术会议论文集. 上海: 《声学技术》编辑部, 2011: 64-66.

[2] Ling J, Xu L Z, Li J. Adaptive range-Doppler imaging and target parameter estimation in multistatic active sonar systems[J]. IEEE Journal of Oceanic Engineering, 2014, 39(2): 290-302.

[3] 冯奇, 王英民. 巴克码在复合声呐信号中的应用[J]. 太赫兹科学与电子信息学报, 2014 (4): 579-583.

[4] 冯西安, 张杨梅, 苏建军. 基于 Costas 编码脉冲串的低截获声呐波形设计方法[J]. 西北工业大学学报, 2014, 32(6): 882-887.

第 7 章　双/多基地水声信道空域复用技术

空域复用指接收基地在空间上能同时接收来自多个发射基地各自发射信号的回波而互不干扰，而直达波由于其在空间上的能量明显强于回波的能量，对空域复用的实现造成极大干扰。因此，空域复用技术主要解决的是直达波干扰抑制问题。友邻平台干扰、非期望回波的抑制和分离，因其空间来向特征与直达波类似，但强度较直达波弱，可视为直达波干扰抑制的特例。

7.1　直达波干扰模型

从空域分离角度来看，阵列信号处理是多基地声呐直达波抑制最重要的研究方向。

典型的双基地声呐由分布在不同位置的发射基地和接收基地组成，并基于合作方式对目标进行探测。双基地声呐具有独特的探测优势，然而却难以探测到基线区内的目标，使其覆盖范围内存在探测盲区。图 7-1 为双基地声呐盲区示意图，虚线围成的区域为基线盲区。图中所示为双基地声呐发射基地、接收基地与目标 1、目标 2 在水平面的投影位置。目标 1 远离虚线区域，回波 1 经历的总传播距离明显大于直达波传播距离，回波 1 沿不同入射方向，落后于直达波到达接收基地。目标 2 位于虚线区域内，回波 2 与直达波传播距离几乎相同，并与直达波入射方向几乎相同，同时、同向达到接收基地。当目标位于虚线区域中时，目标回波在强直达波干扰下难以被双基地声呐探测与分辨。

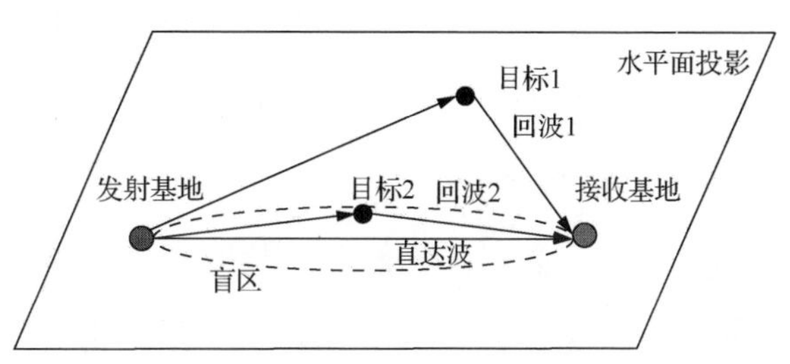

图 7-1　双基地声呐盲区示意图

根据直达波与回波的角度关系，可以将直达波干扰分为旁瓣干扰（直达波从回波旁瓣进入，或二者角度分隔较大）、主瓣干扰（直达波在回波主瓣进入，或二者角度分隔很小）、同向干扰（直达波与回波波达方向完全相同，或二者角度分隔极小），其中同向干扰是主瓣干扰的特例，也是子集。为便于区分概念，本章中主瓣干扰特指除掉同向干扰以外的主瓣干扰。三种直达波干扰类型如图 7-2 所示。

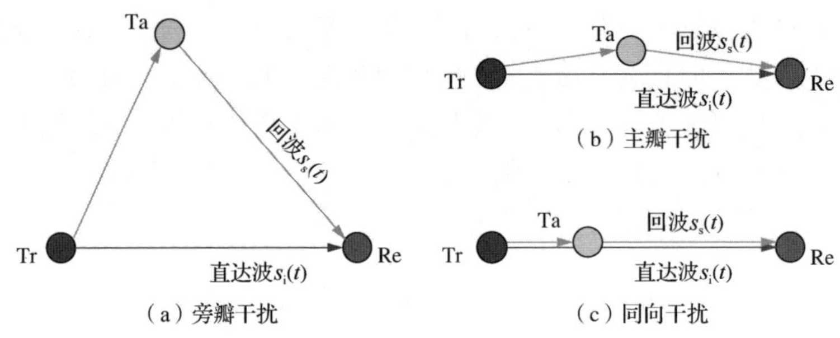

图 7-2　多基地声呐直达波干扰类型示意图

Tr 代表发射基地，Ta 代表目标，Re 代表接收基地

下面将分别讨论多基地声呐在三种直达波干扰下的空域信道复用问题。假设多基地声呐系统接收基地采用 N 元均匀线列阵，间距为 d，声源与目标均位于远场，回波信号与直达波符合平面波传播规律，回波信号与直达波的波达角分别为 θ_s、θ_i。在 t 时刻，观察到的接收信号矩阵可以表示为

$$\boldsymbol{x}(t)=\boldsymbol{a}(\theta_s)s_s(t)+\boldsymbol{a}(\theta_i)s_i(t)+\boldsymbol{n}(t) \tag{7-1}$$

式中，$\boldsymbol{a}(\theta)=\left[1,\mathrm{e}^{-\mathrm{j}\phi},\cdots,\mathrm{e}^{-\mathrm{j}(N-1)\phi}\right]^{\mathrm{T}}$ 为入射矢量，相位差 $\phi=2\pi d\sin\theta/\lambda$；$s_s(t)$、$s_i(t)$ 分别为目标回波与直达波时域波形信号，不考虑信道扩展与目标散射作用有 $s_s(t)=s_i(t)$；$\boldsymbol{n}(t)=\left[n_0(t),\cdots,n_{N-1}(t)\right]^{\mathrm{T}}$ 为接收阵的本地加性噪声；$\boldsymbol{x}(t)=\left[\boldsymbol{x}_0(t),\cdots,\boldsymbol{x}_{N-1}(t)\right]^{\mathrm{T}}$ 为观测到的信号矩阵。

若发射声源与接收阵存在相对运动，则直达波的波达角将变为一个区间，在较短观测时间 T 内，波达角可近似视为线性变化，描述如下：

$$\theta_i(t)=\theta_{i,0}+\frac{\Delta\theta}{T}(t-T/2),\quad 0\leqslant t\leqslant T \tag{7-2}$$

式中，$\theta_{i,0}$、$\Delta\theta$ 分别为观测时间内直达波波达角的中心位置和变化量，波达角的变化区间为 $\left(\theta_{i,0}-\Delta\theta/2,\theta_{i,0}+\Delta\theta/2\right)$。此时直达波的入射矢量随时间改变，接收信号变为

$$\boldsymbol{x}(t)=\boldsymbol{a}(\theta_s)s_s(t)+\boldsymbol{a}(\theta_i(t))s_i(t)+\boldsymbol{n}(t) \tag{7-3}$$

对于宽带信号，信号入射矢量变为关于多个频率成分的矩阵，在频域表示更为方便，也适合处理。将宽带信号等分为J个窄带，并将接收基地的频域输出记为

$$\boldsymbol{X}=\left[\boldsymbol{X}_1,\boldsymbol{X}_2,\cdots,\boldsymbol{X}_J\right] \tag{7-4}$$

其中第j个子带频域输出可表示为

$$\boldsymbol{X}_j=\boldsymbol{a}_j\left(\theta_{\mathrm{s}}\right)S_{\mathrm{s}j}+\boldsymbol{a}_j\left(\theta_{\mathrm{i}}\right)S_{\mathrm{i}j}+\boldsymbol{N} \tag{7-5}$$

式中，$\boldsymbol{a}_j\left(\theta_{\mathrm{s}}\right)$代表第$j$个子带的目标回波的入射矢量；$S_{\mathrm{s}j}$代表第$j$个子带的目标回波的频域信号；$\boldsymbol{a}_j\left(\theta_{\mathrm{i}}\right)$代表第$j$个子带的直达波的入射矢量；$S_{\mathrm{i}j}$代表第$j$个子带的直达波的频域信号。

实际处理中，会用滑动窗截取接收信号，假设共获得K次快拍数据，记第j个子带的第k次频域快拍数据为$\boldsymbol{X}_{j,k}$，并有$\boldsymbol{X}_k=\left[\boldsymbol{X}_{1,k},\boldsymbol{X}_{2,k},\cdots,\boldsymbol{X}_{J,k}\right]$。第$j$个子带的协方差矩阵可表示为

$$\boldsymbol{R}_j=\frac{1}{K}\sum_{k=1}^{K}\boldsymbol{X}_{j,k}\boldsymbol{X}_{j,k}^{\mathrm{H}} \tag{7-6}$$

式中，上标 H 表示共轭转置。

一个直达波和一个目标回波是最基本的多基地直达波干扰情况，当接收信号中存在多个直达波和目标回波时，以上公式可推广，不再赘述。

7.2　旁瓣直达波干扰抑制方法

旁瓣直达波干扰在空间上表现为直达波和回波二者角度分隔较大，此时直达波位于回波的旁瓣（或主瓣外），针对这种干扰的空域抑制，使用常规方法即有较好的抑制效果。在此我们以零点约束方法为例，来探讨旁瓣直达波干扰抑制问题。

当直达波位于主瓣外时，零点约束波束形成是一种有效的干扰抑制方法。当直达波来源于宽带发射源时，以往需要先在频域划分若干子带，在子带做零点约束波束形成，再将子带的结果合成为宽带波束图。为简化多次子带处理的烦琐步骤，可以将多个子带数据聚焦到一个频点上，再进行零点约束。下面给出一种基于信号子空间聚焦的宽带零点约束波束形成方法。

记$\boldsymbol{X}_0$为聚焦频点处的频域数据，同时以下角标“0”表示聚焦频率。文献[1]结果表明聚焦频率在中心频率附近时，取中心频率作为聚焦频率是一种简便可行的方法。

对第j个频点的数据协方差矩阵做特征分解：

$$\boldsymbol{R}_j=\boldsymbol{U}_j\boldsymbol{\Lambda}_j\boldsymbol{U}_j+\sigma_{\mathrm{n}}^2\boldsymbol{I} \tag{7-7}$$

式中，$\boldsymbol{U}_j$ 是信号子空间；$\boldsymbol{\Lambda}_j$ 是特征值；σ_{n} 是噪声功率。宽带聚焦的核心是将各频率信号成分搬移到相同频率上，进行统一处理。将信号子空间聚焦到相同频点也可达到此目的。

设计聚焦矩阵如下：

$$\boldsymbol{T}_j = \boldsymbol{U}_0 \boldsymbol{U}_j^{\mathrm{H}} \tag{7-8}$$

式中，$\boldsymbol{U}_0$ 是聚焦频点处的信号子空间。

对第 j 个频点的数据进行聚焦变换：

$$\begin{aligned}\boldsymbol{T}_j \boldsymbol{R}_j \boldsymbol{T}_j^{\mathrm{H}} &= \left(\boldsymbol{U}_0 \boldsymbol{U}_j^{\mathrm{H}}\right)\left(\boldsymbol{U}_j \boldsymbol{\Lambda}_j \boldsymbol{U}_j^{\mathrm{H}} + \sigma_{\mathrm{n}}^2 \boldsymbol{I}\right)\left(\boldsymbol{U}_0 \boldsymbol{U}_j^{\mathrm{H}}\right)^{\mathrm{H}} \\ &= \boldsymbol{U}_0 \left(\boldsymbol{U}_j^{\mathrm{H}} \boldsymbol{U}_j\right) \boldsymbol{\Lambda}_j \left(\boldsymbol{U}_j^{\mathrm{H}} \boldsymbol{U}_j\right) \boldsymbol{U}_0^{\mathrm{H}} + \sigma_{\mathrm{n}}^2 \left(\boldsymbol{U}_0 \boldsymbol{U}_j^{\mathrm{H}}\right)\left(\boldsymbol{U}_0 \boldsymbol{U}_j^{\mathrm{H}}\right)^{\mathrm{H}} \\ &= \boldsymbol{U}_0 \boldsymbol{\Lambda}_j \boldsymbol{U}_0^{\mathrm{H}} + \sigma_{\mathrm{n}}^2 \boldsymbol{I}\end{aligned} \tag{7-9}$$

对比式（7-9）与式（7-7），聚焦变换将各个频点的信号子空间统一在聚焦频点上。考察聚焦矩阵的性质，因满足

$$\boldsymbol{T}_j \boldsymbol{T}_j^{\mathrm{H}} = \boldsymbol{U}_0 \left(\boldsymbol{U}_j \boldsymbol{U}_j^{\mathrm{H}}\right)^{\mathrm{H}} \boldsymbol{U}_0^{\mathrm{H}} = \boldsymbol{I} \tag{7-10}$$

聚焦矩阵 $\boldsymbol{T}_j$ 是酉矩阵，则变换不改变输出信噪比，也不破坏噪声的统计特性，如式（7-9）。

将经过式（7-9）变换后的数据协方差矩阵记为 $\boldsymbol{R}_{\boldsymbol{T}_j} = \boldsymbol{T}_j \boldsymbol{R}_j \boldsymbol{T}_j^{\mathrm{H}}$，取均值作为宽带聚焦下的协方差矩阵：

$$\boldsymbol{R}_{\boldsymbol{T}} = \frac{1}{J} \sum_{j=1}^{J} \boldsymbol{R}_{\boldsymbol{T}_j} \tag{7-11}$$

记常规波束形成的权向量和零点约束的约束矩阵分别为 $\boldsymbol{C}$ 和 $\boldsymbol{w}_d$，则零点约束的权向量为

$$\boldsymbol{w} = \boldsymbol{w}_d \left(\boldsymbol{I} - \boldsymbol{C}\left(\boldsymbol{C}^{\mathrm{H}} \boldsymbol{C}\right)^{-1} \boldsymbol{C}^{\mathrm{H}}\right) \boldsymbol{w} \tag{7-12}$$

则波束形成结果为

$$\boldsymbol{P} = \boldsymbol{w}^{\mathrm{H}} \boldsymbol{R}_{\boldsymbol{T}} \boldsymbol{w} \tag{7-13}$$

下面针对宽带聚焦零点约束性能进行分析。算例中采用宽带噪声信号，中心频率 8kHz，带宽 2kHz，脉冲宽度 100ms。忽略信号扩展与目标散射特性，认为目标回波与直达波干扰保持相同的信号形式，仅有幅度区别。采用 16 元均匀线阵，半波长间距（对应中心频率），在信号带内以 100Hz 宽度划分子带。频域快拍数为 36 次。

图 7-3 为常规宽带与子空间聚焦零点约束波束形成方法下的直达波抑制效果。

目标位于 0° 方向，直达波干扰由 20° 方向入射，SNR=0dB，INR=－40dB［INR 为干噪比（interference to noise ratio）］。可以看出，子空间聚焦方法与常规宽带方法在目标方向形成的波束及干扰方向形成的零陷基本重合，因此子空间聚焦方法没有损坏宽带零点约束性能，但是由于聚焦方法不需在每个频点都做扫描，因而基于子空间聚焦方法的零点约束计算速度要大幅优于普通划分子带的方法。在算例分析中，二者在 MATLAB 中的运算速度分别为 0.0190s 与 0.3463s，计算速度相差 18 倍。随着带宽增加或子带划分数目增加，二者计算速度差距将进一步增大。

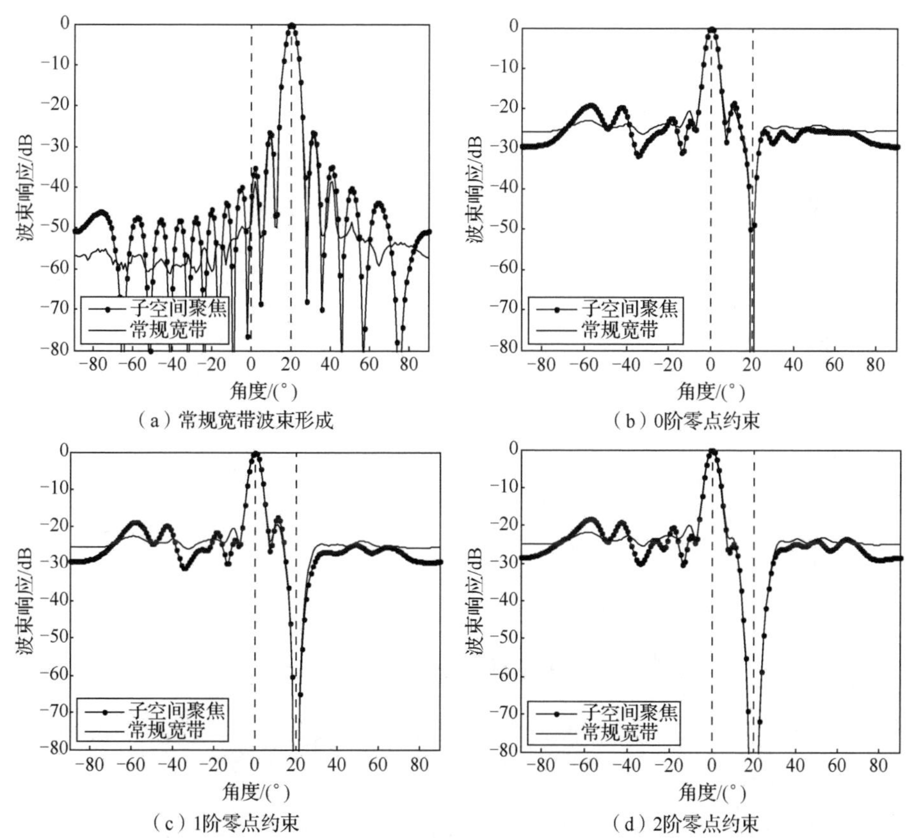

图 7-3　常规宽带与子空间聚焦零点约束波束形成方法下的直达波抑制效果

当直达波干扰位于目标回波主瓣外时，宽带零点约束方法实现简单、性能稳定。然而当二者角度差距较小时，宽带零点约束性能较差。目标位于 0° 方向，直达波干扰由 2° 方向入射，SNR=20dB、INR=－40dB 时的零点约束结果如图 7-4 所示。由图可见，随着零陷深度加深、宽度加宽，目标回波所在波束被严重影响，且始终无法成功测出正确的目标方向。同时由图 7-4 还可以看出，常规宽带方法下，旁瓣的波束形状不明显，这是因为结果是由各个频点叠加平均而来，所以旁瓣显得较为平缓；而子空间方法，由于先将数据聚焦到同一频点，其输出结果在信噪比较高时类似于单频信号波束结果。

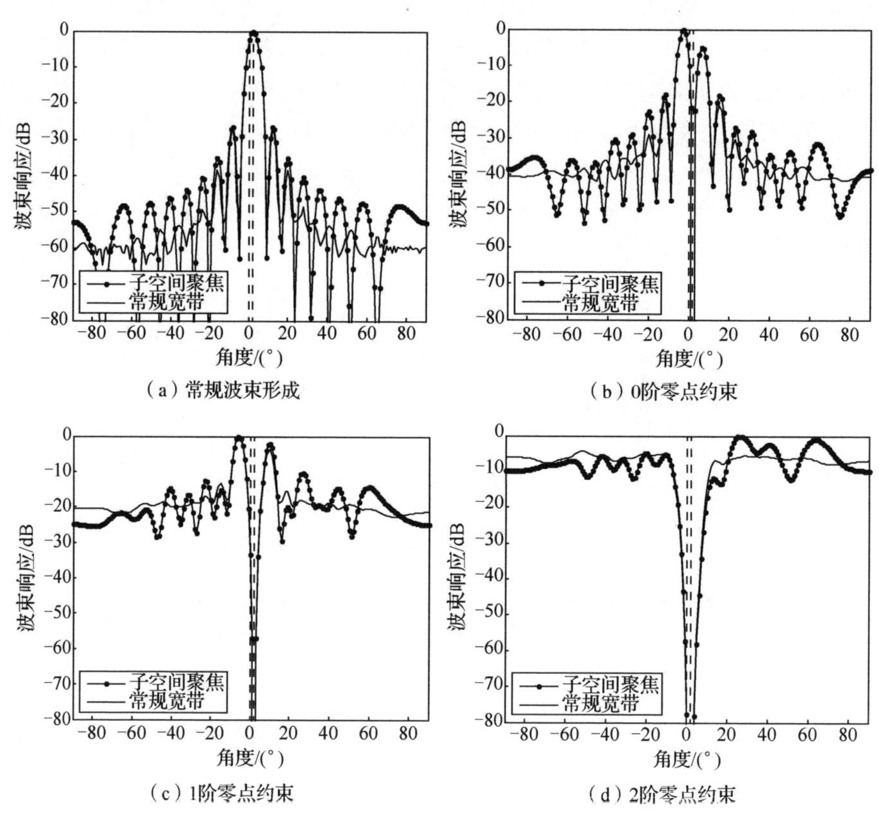

图 7-4　直达波位于主瓣时的零点约束图

7.3　主瓣直达波干扰抑制方法

主瓣直达波干扰在空间上表现为直达波和回波二者角度间隔较小，此时直达波在回波的主瓣位置。针对这种干扰的空域抑制，使用常规干扰抑制技术容易引起主波束畸变、旁瓣升高、信干噪比下降等问题。针对主瓣内干扰，近年来国内外学者提出了多种解决方法，在此我们以基于信号子空间的宽带聚焦阻塞矩阵方法为例，来探讨主瓣直达波干扰抑制问题。

首先开展基于主瓣干扰预处理的直达波抑制方法。阻塞矩阵因清晰的设计思路和良好的应用效果备受关注。下面讨论阻塞矩阵在多基地声呐直达波抑制方面的应用，对于单频或窄带信号，$(N-1)\times N$ 维阻塞矩阵为

$$
\boldsymbol{B}=\begin{bmatrix} 1 & -\mathrm{e}^{-\mathrm{j}\phi_i} & 0 & \cdots & 0 & 0 \\ 0 & 1 & -\mathrm{e}^{-\mathrm{j}\phi_i} & \cdots & 0 & 0 \\ \vdots & \vdots & \vdots & & \vdots & \vdots \\ 0 & 0 & \cdots & 1 & -\mathrm{e}^{-\mathrm{j}\phi_i} & 0 \\ 0 & 0 & \cdots & 0 & 1 & -\mathrm{e}^{-\mathrm{j}\phi_i} \end{bmatrix} \tag{7-14}
$$

式中，$\phi_{\mathrm{i}}=2\pi d\sin\theta_{\mathrm{i}}/\lambda$ 为直达波干扰的相位差，而直达波由于只受单程传播损失，具有较高的信噪比，其波达角 θ_{i} 可以得到较好的估计。信号通过阻塞矩阵预处理有

$$
\boldsymbol{X}_B=\boldsymbol{B}\boldsymbol{X} \tag{7-15}
$$

$\boldsymbol{X}_B(t)=\left[x_{B,0}(t),\cdots,x_{B,N-2}(t)\right]$ 为 $(N-1)\times 1$ 维。原始观测矩阵中：

$$
x_m=s_{\mathrm{s}}(t)\mathrm{e}^{\mathrm{j}m\varphi_{\mathrm{s}}}+s_{\mathrm{i}}(t)\mathrm{e}^{\mathrm{j}m\phi_{\mathrm{i}}}+n_m(t) \tag{7-16}
$$

经过预处理的观测矩阵中：

$$
\begin{aligned}
x_{B,n}&=x_n-\mathrm{e}^{-\mathrm{j}\phi_{\mathrm{i}}}\cdot x_{n+1}\\
&=\left(1-\mathrm{e}^{\mathrm{j}(\varphi_{\mathrm{s}}-\phi_{\mathrm{i}})}\right)s_{\mathrm{s}}(t)\mathrm{e}^{\mathrm{j}n\varphi_{\mathrm{s}}}+\left(1-\mathrm{e}^{\mathrm{j}(\varphi_{\mathrm{s}}-\phi_{\mathrm{i}})}\right)s_{\mathrm{i}}(t)\mathrm{e}^{\mathrm{j}n\phi_{\mathrm{i}}}+n_n(t)-n_{n+1}(t)\mathrm{e}^{-\mathrm{j}\phi_{\mathrm{i}}}\\
&=\left(1-\mathrm{e}^{\mathrm{j}(\varphi_{\mathrm{s}}-\phi_{\mathrm{i}})}\right)s_{\mathrm{s}}(t)\mathrm{e}^{\mathrm{j}n\varphi_{\mathrm{s}}}+0+n_n'(t)
\end{aligned} \tag{7-17}
$$

比较 $x_{B,n}$ 与 x_n，阻塞矩阵利用相邻阵元对直达波进行相干相消，直达波的幅度被限零，而目标回波虽然被改变了复包络，但波达角并未被改变。经阻塞矩阵预处理过的观测矩阵变为 $N-1$ 维，损失的 1 个维度是阻塞矩阵抑制直达波付出的代价。窄带信号阻塞矩阵结果如图 7-5 所示。图中回波在 0° 方向，直达波干扰在 2° 方向，INR=－20dB 。经阻塞后，直达波被有效抑制。

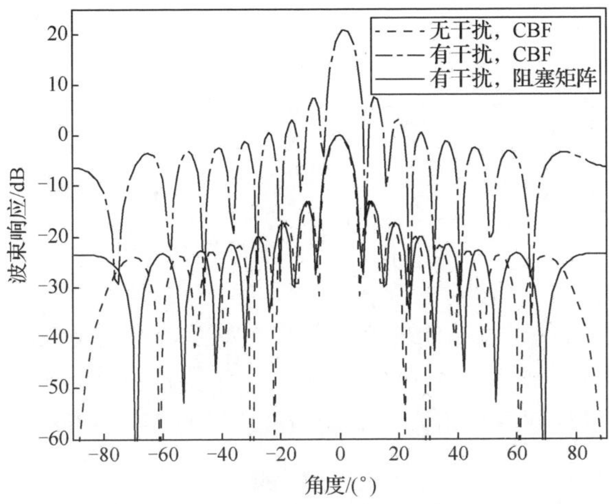

图 7-5　窄带信号的阻塞矩阵波束图

CBF 表示常规波束形式（conventional beam forming）

对于宽带信号，常规宽带处理方法仍能抑制干扰，但是在信噪比不佳的条件下，性能受影响较大。算例仿真条件，信号参数、阵元参数、子带划分与 7.2 节相同。图 7-6 中，目标为 0° 方向，直达波干扰分别来自 2°、5°、10°、30° 方向，SNR=10dB， INR=－40dB 。可以看出，在直达波角度大于 5° 时，常规宽带阻塞矩阵能够有效抑制直达波，并在目标方向形成正确的波束输出，但当直达波角度为 2° 时，尽管实现了直达波抑制，但零陷使得目标方向的波束主瓣低于旁瓣，性能受影响较大。

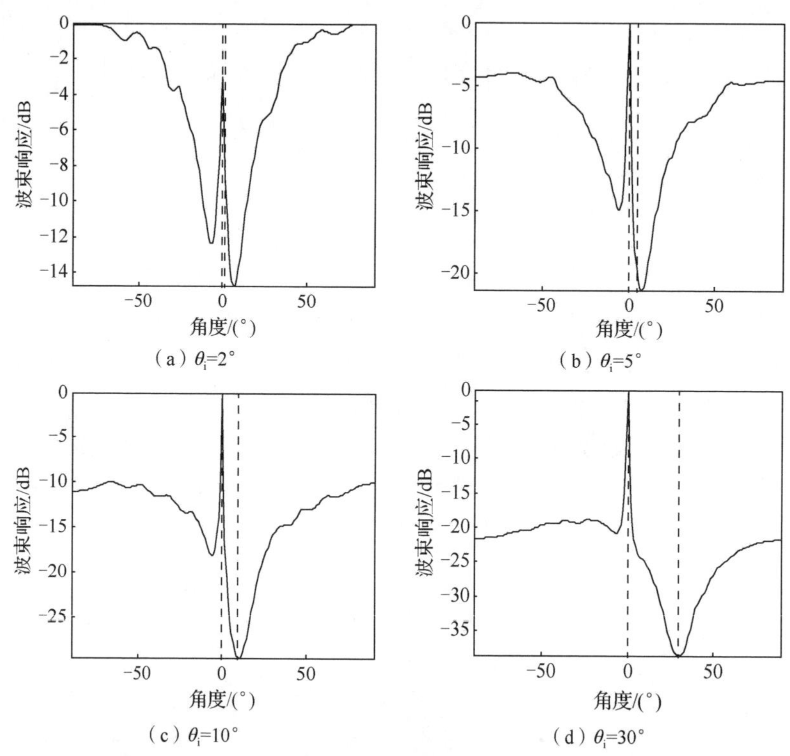

（a）θ_i=2°　（b）θ_i=5°　（c）θ_i=10°　（d）θ_i=30°

图 7-6　常规宽带阻塞矩阵波束图

采用子空间聚焦算法预先处理能改善常规宽带阻塞矩阵性能。如图 7-7 所示，对比常规阻塞矩阵，在直达波角度为 2° 时，主瓣位置正确且高于旁瓣，在直达波角度大于 5° 时，子空间聚焦阻塞矩阵测向准确，且整个区间都有较低的旁瓣。

子空间聚焦阻塞矩阵需要对接收数据进行特征分解，在阵元数目较少时，特征分解受信号特征、噪声影响程度变大，结果稳定性下降。

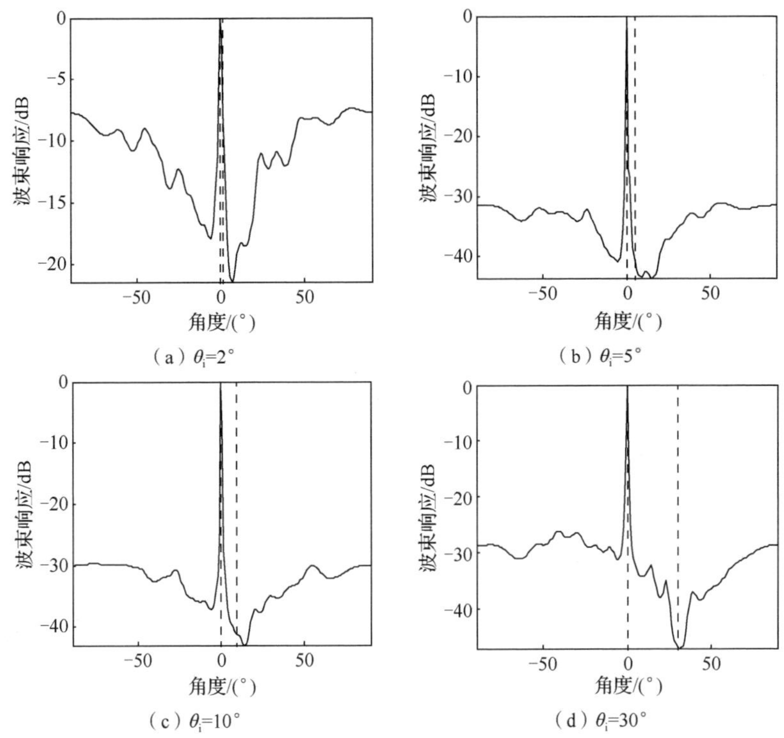

图 7-7　子空间聚焦阻塞矩阵波束图

7.4　同向直达波干扰抑制方法

前面章节讨论了直达波位于旁瓣或主瓣时的抑制方法，本节将讨论同向直达波抑制方法。当目标位于基线盲区时，同向直达波干扰在空间上表现为直达波与回波波达方向完全相同或二者角度分隔极小，目标回波在强直达波干扰下难以被双基地声呐探测与分辨。目标回波尽管与直达波波达方向一致，但二者历经了不同的传播路径（信道冲激响应），相异的多途信道结构为在直达波干扰下探测、分辨目标回波提供了可能。在此我们以发射声屏蔽方法为例，探讨同向直达波干扰抑制问题。

7.4.1　发射声屏蔽

发射声屏蔽是一种借鉴生物群中个体发声声场的空间分布特性的干扰抑制方法。图 7-8 是以海豚头部顶端为坐标原点，建立的海豚发声三维态势图。图 7-9 为海豚水平发射波束图。分析图 7-8 和图 7-9 可知，海豚群中的某个个体为避免其他海豚受到自身发射的直达波干扰，将“凹陷”对准其他海豚所在方位，从而实现了发射声对空域特定方向的屏蔽。

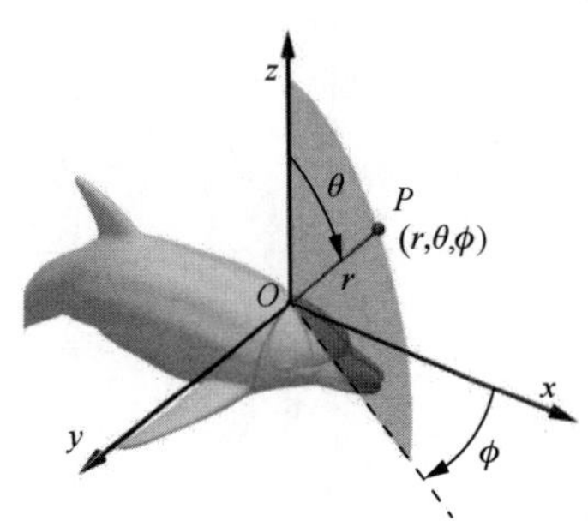

图 7-8　海豚发声三维态势图

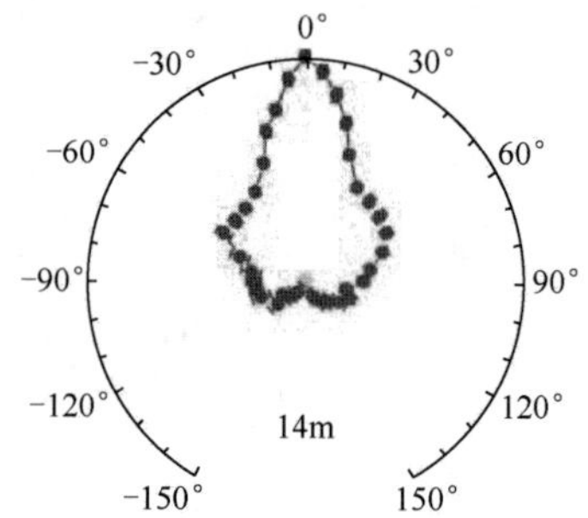

图 7-9　海豚水平发射波束图

图 7-10（a）是常规发射示意图。生物群空域特定方向屏蔽发射的行为，可以避免群体间直达波干扰，但是在收发站连线区域形成了探测盲区［图 7-10（b）]。如图 7-10（c）所示，基于发射基地和接收基地之间的声信道特性，针对接收基地空间位置，构造发射信号的屏蔽权，经屏蔽权因子调节后信号发射到海洋空间，接收基地空间位置处对发射信号的响应为零，其他空间位置正常响应发射信号，我们称这样的空间位置声屏蔽，为靶向屏蔽。通过类生物空域靶向屏蔽发射，能够抑制经历特定传播路径到达接收基地的信号成分，即能够屏蔽发射基地到接收基地空间位置处的直达波。

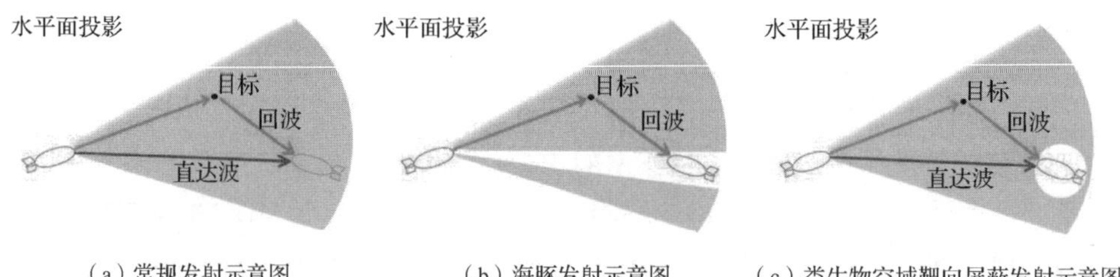

（a）常规发射示意图　（b）海豚发射示意图　（c）类生物空域靶向屏蔽发射示意图

图 7-10　类生物空域靶向屏蔽发射机理示意图

具体地，本节所提出的发射声屏蔽技术是使用已知的信道信息预先处理原始信号，能够抑制经历特定传播路径到达接收基地的信号成分，即能够屏蔽发射基地到特定空间位置处的信号传播。相比于接收声屏蔽，发射声屏蔽的另一大优点在于避免了接收端屏蔽权对噪声的放大作用并且不会影响噪声的统计特性。

发射声屏蔽流程图如图 7-11 所示。

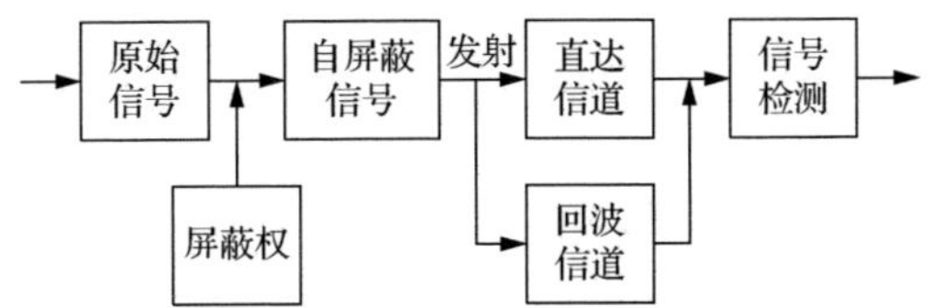

图 7-11　发射声屏蔽流程图

设双基地声呐采用 M 元发射和单阵元接收。从各发射阵元到接收基地的直达波干扰所经历的时域信道可以表示为 $\boldsymbol{h}_{\mathrm{i}}=\left[h_{\mathrm{i},1},h_{\mathrm{i},2},\cdots,h_{\mathrm{i},M}\right]$，从各发射阵元经目标反射到接收基地的目标回波所经历的时域信道可以表示为 $\boldsymbol{h}_{\mathrm{s}}=\left[h_{\mathrm{s},1},h_{\mathrm{s},2},\cdots,h_{\mathrm{s},M}\right]$。对应的，信道在频域可以表示为 $\boldsymbol{H}_{\mathrm{i}}=\left[H_{\mathrm{i},1},H_{\mathrm{i},2},\cdots,H_{\mathrm{i},M}\right]$，$\boldsymbol{H}_{\mathrm{s}}=\left[H_{\mathrm{s},1},H_{\mathrm{s},2},\cdots,H_{\mathrm{s},M}\right]$，其中，$H=\mathrm{FFT}(h)$。

当未发现目标或回波信道信息未知时，发射声屏蔽只用来屏蔽直达波信号，此时屏蔽权为

$$\boldsymbol{W}=\left[\boldsymbol{I}-\boldsymbol{H}_{\mathrm{i}}\left(\boldsymbol{H}_{\mathrm{i}}^{\mathrm{H}}\boldsymbol{H}_{\mathrm{i}}\right)^{-1}\boldsymbol{H}_{\mathrm{i}}^{\mathrm{H}}\right] \tag{7-18}$$

式中，$\boldsymbol{I}$ 为 $M\times M$ 维单位阵。

利用屏蔽权对原始信号预处理后，得到自屏蔽发射信号：

$$\boldsymbol{Z}=S\boldsymbol{W}=S\left[\boldsymbol{I}-\boldsymbol{H}_{\mathrm{i}}\left(\boldsymbol{H}_{\mathrm{i}}^{\mathrm{H}}\boldsymbol{H}_{\mathrm{i}}\right)^{-1}\boldsymbol{H}_{\mathrm{i}}^{\mathrm{H}}\right] \tag{7-19}$$

式中，S 为发射阵原始发射信号。

接收信号为

$$\begin{aligned}\boldsymbol{Y}&=\boldsymbol{Z}\boldsymbol{H}_{\mathrm{i}}+\boldsymbol{N}\\&=S\left[\boldsymbol{I}-\boldsymbol{H}_{\mathrm{i}}\left(\boldsymbol{H}_{\mathrm{i}}^{\mathrm{H}}\boldsymbol{H}_{\mathrm{i}}\right)^{-1}\boldsymbol{H}_{\mathrm{i}}^{\mathrm{H}}\right]\boldsymbol{H}_{\mathrm{i}}+\boldsymbol{N}\\&=S\left[\boldsymbol{H}_{\mathrm{i}}-\boldsymbol{H}_{\mathrm{i}}\left(\boldsymbol{H}_{\mathrm{i}}^{\mathrm{H}}\boldsymbol{H}_{\mathrm{i}}\right)^{-1}\boldsymbol{H}_{\mathrm{i}}^{\mathrm{H}}\boldsymbol{H}_{\mathrm{i}}\right]+\boldsymbol{N}\\&=S\left[\boldsymbol{H}_{\mathrm{i}}-\boldsymbol{H}_{\mathrm{i}}\right]+\boldsymbol{N}\\&=\boldsymbol{0}+\boldsymbol{N}\end{aligned} \tag{7-20}$$

如式（7-20）所示，自屏蔽信号经直达信道在接收基地处响应为零，接收基地只接收到自噪声。

当探测到目标并已获得回波信道信息时，发射声屏蔽在屏蔽直达波信号时，可实现对回波信号的聚焦，此时聚焦屏蔽权为

$$\boldsymbol{W}=\boldsymbol{H}_{\mathrm{s}}^{\mathrm{H}}\left[\boldsymbol{I}-\boldsymbol{H}_{\mathrm{i}}\left(\boldsymbol{H}_{\mathrm{i}}^{\mathrm{H}}\boldsymbol{H}_{\mathrm{i}}\right)^{-1}\boldsymbol{H}_{\mathrm{i}}^{\mathrm{H}}\right] \tag{7-21}$$

获得发射声屏蔽的屏蔽权需要预先对信道进行估计，信道估计的质量将严重影响对直达波信号的抑制效果。可采用正交匹配追踪（orthogonal matching pursuit, OMP）算法准确估计多途信道途径数目来得到屏蔽权[2]。

采用聚焦屏蔽权预处理原始信号后，得到聚焦自屏蔽发射信号：

$$\boldsymbol{Z}=\boldsymbol{SW}=\boldsymbol{SH}_{\mathrm{s}}^{\mathrm{H}}\left[\boldsymbol{I}-\boldsymbol{H}_{\mathrm{i}}\left(\boldsymbol{H}_{\mathrm{i}}^{\mathrm{H}}\boldsymbol{H}_{\mathrm{i}}\right)^{-1}\boldsymbol{H}_{\mathrm{i}}^{\mathrm{H}}\right] \tag{7-22}$$

接收信号为

$$\begin{aligned}\boldsymbol{Y}&=\boldsymbol{ZH}_{\mathrm{i}}+\boldsymbol{ZH}_{\mathrm{s}}+\boldsymbol{N}\\&=\boldsymbol{0}+\boldsymbol{SH}_{\mathrm{s}}^{\mathrm{H}}\left[\boldsymbol{I}-\boldsymbol{H}_{\mathrm{i}}\left(\boldsymbol{H}_{\mathrm{i}}^{\mathrm{H}}\boldsymbol{H}_{\mathrm{i}}\right)^{-1}\boldsymbol{H}_{\mathrm{i}}^{\mathrm{H}}\right]\boldsymbol{H}_{\mathrm{s}}+\boldsymbol{N}\\&=\boldsymbol{0}+\boldsymbol{SH}_{\mathrm{s}}^{\mathrm{H}}\left[\boldsymbol{H}_{\mathrm{s}}-\boldsymbol{H}_{\mathrm{i}}\left(\boldsymbol{H}_{\mathrm{i}}^{\mathrm{H}}\boldsymbol{H}_{\mathrm{i}}\right)^{-1}\boldsymbol{H}_{\mathrm{i}}^{\mathrm{H}}\boldsymbol{H}_{\mathrm{s}}\right]+\boldsymbol{N}\\&=\boldsymbol{0}+\boldsymbol{SH}_{\mathrm{s}}^{\mathrm{H}}\boldsymbol{H}_{\mathrm{s}}-\boldsymbol{S}\left[\boldsymbol{H}_{\mathrm{s}}^{\mathrm{H}}\boldsymbol{H}_{\mathrm{i}}\left(\boldsymbol{H}_{\mathrm{i}}^{\mathrm{H}}\boldsymbol{H}_{\mathrm{i}}\right)^{-1}\boldsymbol{H}_{\mathrm{i}}^{\mathrm{H}}\boldsymbol{H}_{\mathrm{s}}\right]+\boldsymbol{N}\end{aligned} \tag{7-23}$$

式中，$\boldsymbol{SH}_{\mathrm{s}}^{\mathrm{H}}\boldsymbol{H}_{\mathrm{s}}$ 为聚焦输出，当 $\boldsymbol{H}_{\mathrm{s}}$ 与 $\boldsymbol{H}_{\mathrm{i}}$ 不相关时，$\boldsymbol{S}\left[\boldsymbol{H}_{\mathrm{s}}^{\mathrm{H}}\boldsymbol{H}_{\mathrm{i}}\left(\boldsymbol{H}_{\mathrm{i}}^{\mathrm{H}}\boldsymbol{H}_{\mathrm{i}}\right)^{-1}\boldsymbol{H}_{\mathrm{i}}^{\mathrm{H}}\boldsymbol{H}_{\mathrm{s}}\right]$相对于 $\boldsymbol{SH}_{\mathrm{s}}^{\mathrm{H}}\boldsymbol{H}_{\mathrm{s}}$ 为小量。

根据式（7-20），在理想条件下（完全准确估计出信道信息），发射声屏蔽技术能够在接收基地空间位置处自动形成对直达信号的屏蔽，完全抑制接收基地处对直达波的响应，无须接收基地再进行任何屏蔽算法的处理。发射声屏蔽节省了接收基地屏蔽算法处理的开销，因而能够大幅度减小接收端的算法处理复杂度和运算量，节省系统资源。相较于接收声屏蔽，发射声屏蔽适用于各种单阵元接收，或受限于载体尺寸接收阵元较少的水声信号处理平台。此外，接收阵中水平阵相对较多，在发射端采用垂直阵进行发射，有助于提高屏蔽效果。根据式（7-23），发射聚焦声屏蔽算法在抑制直达波的同时，能够实现对目标回波的聚焦增强。

通过水池试验数据验证发射声屏蔽技术的可行性，试验发射信号由 12 个不同频段的 LFM 信号组成。利用原始发射信号的接收信号，计算屏蔽权，并获得自屏蔽发射信号。图 7-12 为两个发射阵元各自的自屏蔽发射信号。选择一个接收阵元作为被屏蔽的阵元，本试验选择 2 号阵元（专指 2 号接收阵元）为被屏蔽阵元。利用接收到的原始发射信号计算屏蔽权，水池试验信噪比良好，采用频域法计算屏蔽权。利用屏蔽权将原始发射信号转换为自屏蔽信号，在发射端发射自屏蔽信号。最后通过比较采用发射声屏蔽前后 2 号阵元处的信号响应，与采用发射声屏蔽技术时屏蔽阵元与非屏蔽阵元处的信号响应分析发射声屏蔽效果。

图 7-13 是 2 号阵元采用发射声屏蔽前后的接收信号时域波形，对比易知，采

用发射声屏蔽后，12 个 LFM 信号在 2 号阵元处均得到显著抑制，每个 LFM 信号的首尾两端抑制稍弱，中间部分抑制更强。

图 7-14（a）、（b）为图 7-13（a）、（b）接收信号对应频谱，图（c）为发射声屏蔽前后，接收信号频谱的比值。容易看出每个 LFM 信号中间频段的抑制效果优于首尾两端频段。

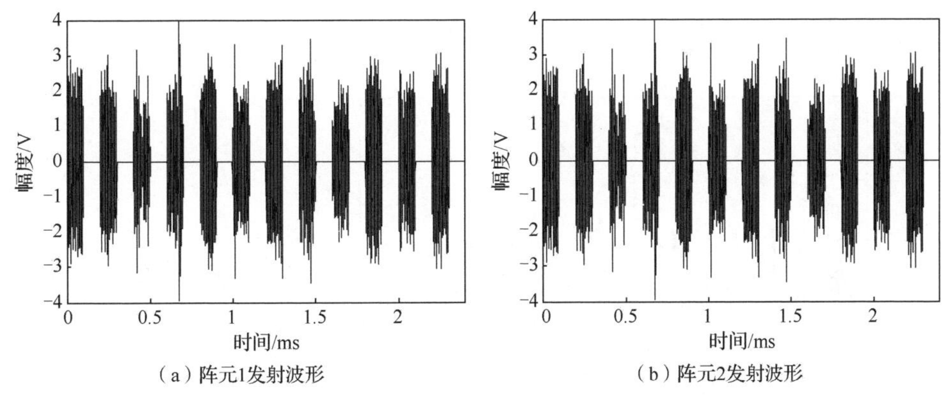

（a）阵元1发射波形　（b）阵元2发射波形

图 7-12　自屏蔽发射信号

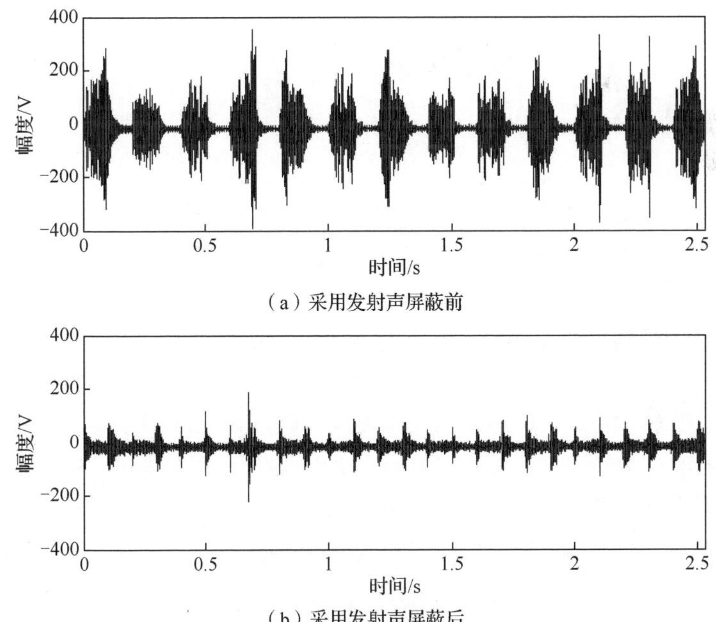

（a）采用发射声屏蔽前

（b）采用发射声屏蔽后

图 7-13　采用发射声屏蔽前后的接收信号时域波形

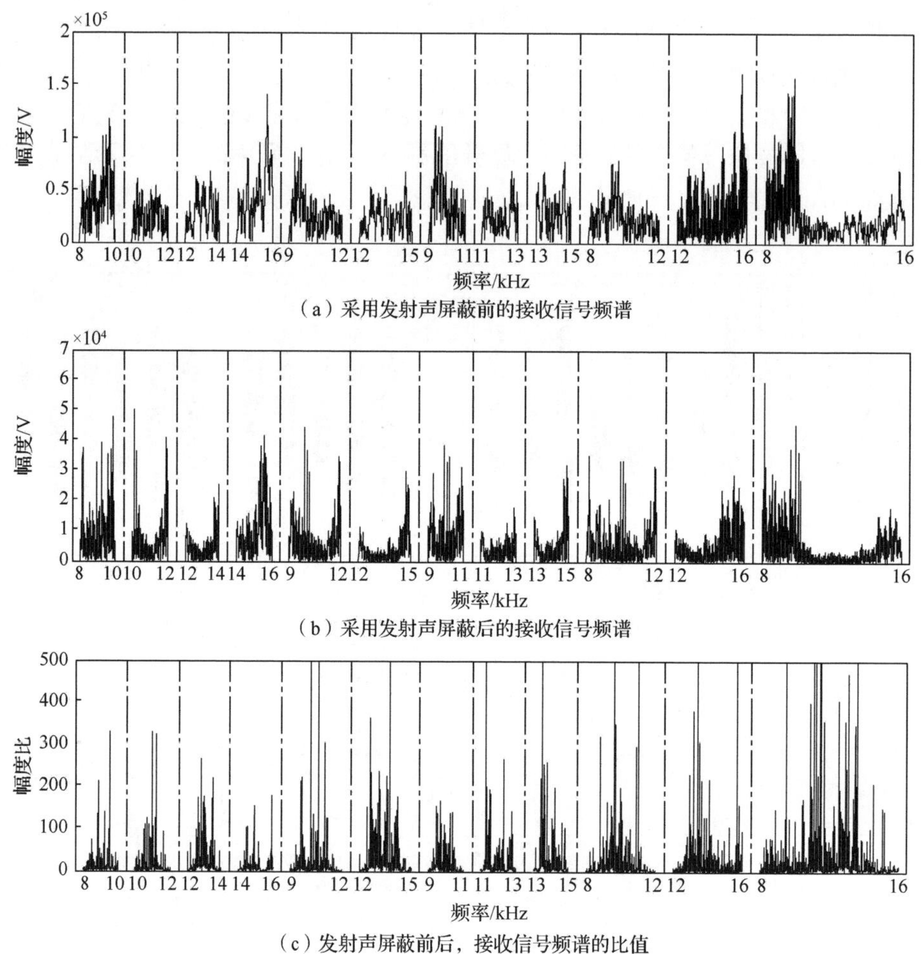

（a）采用发射声屏蔽前的接收信号频谱

（b）采用发射声屏蔽后的接收信号频谱

（c）发射声屏蔽前后，接收信号频谱的比值

图 7-14　采用发射声屏蔽前后的接收信号频谱

7.4.2　发射声屏蔽抑制同向直达波性能分析

为了定量衡量发射声屏蔽对直达波的抑制效果，引入屏蔽级的概念。屏蔽级为发射声屏蔽处理前接收信号中干扰信号的能量指标与发射声屏蔽处理后该指标的比值。屏蔽级越高，直达波抑制能力越强。

定义最大幅度屏蔽级与平均幅度屏蔽级分别为

$$\vartheta_{\max} = \max\{P_{\mathrm{o}}\} / \max\{P_{\mathrm{s}}\} \tag{7-24}$$

$$\vartheta_{\mathrm{E}} = E\{P_{\mathrm{o}}\} / E\{P_{\mathrm{s}}\} \tag{7-25}$$

式中，P_{o} 为发射原始信号时的接收信号带内频谱；P_{s} 为发射自屏蔽信号时的接收信号带内频谱。

图 7-15 为采用三种信道估计方法时，发射声屏蔽对直达波的屏蔽级随干噪比变化关系。可以看出，相关法受算法自身局限性，其对应的屏蔽能力受干噪比影响较小，在干噪比上升到一定程度后（约 10dB），发射声屏蔽对直达波的屏蔽级不再提高。而采用频域法时，发射声屏蔽对直达波的抑制能力与干噪比呈正相关。采用 OMP 算法估计信道时，发射声屏蔽对直达波的抑制能力随干噪比增加而显著增强。尽管在干噪比到达一定程度后（约 20dB），屏蔽能力趋于稳定，但是在常规的干噪比变化范围内，OMP 算法对应的屏蔽级均优于其他两种方法。

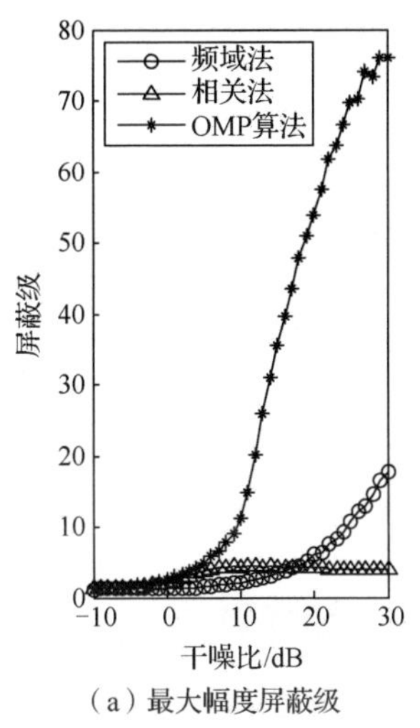

（a）最大幅度屏蔽级

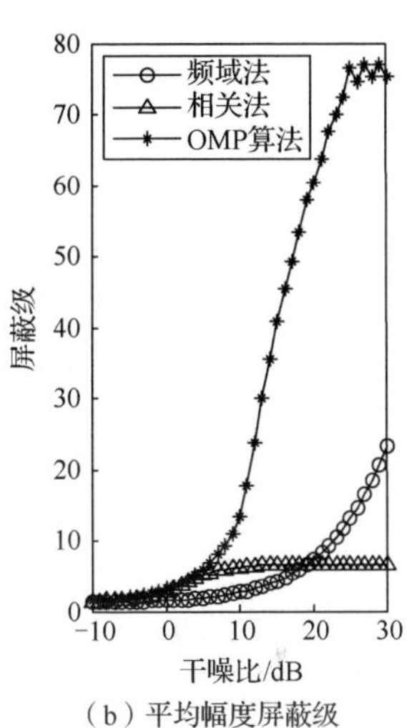

（b）平均幅度屏蔽级

图 7-15　不同信道估计法下的屏蔽级

声速剖面 1 已由图 7-16 给出，声速剖面 2 为三亚附近海域的实测数据，如表 7-1 所示。声速剖面 1 对应的发射阵元深度依次为 10m、13m、16m、19m；声速剖面 2 对应的发射阵元深度为 10m、15m、20m、25m。表 7-2～表 7-4 给出了不同信道条件下，发射声屏蔽的平均幅度屏蔽级。表 7-2 为信道随距离变化时的平均幅度屏蔽级，此时声速剖面 1、2 对应接收深度均为 40m。表 7-3、表 7-4 为信道随接收深度变化时的平均幅度屏蔽级，此时声速剖面 1、2 对应传播距离同为 4km。

根据表 7-2～表 7-4，最小屏蔽级发生在声速剖面 2，35m 接收深度。此时发射声屏蔽仍能将直达波压制到背景噪声以下，接收端不会发生虚警情况。综合分析，发射声屏蔽在不同信道条件下，均对直达波干扰有良好的屏蔽效果。

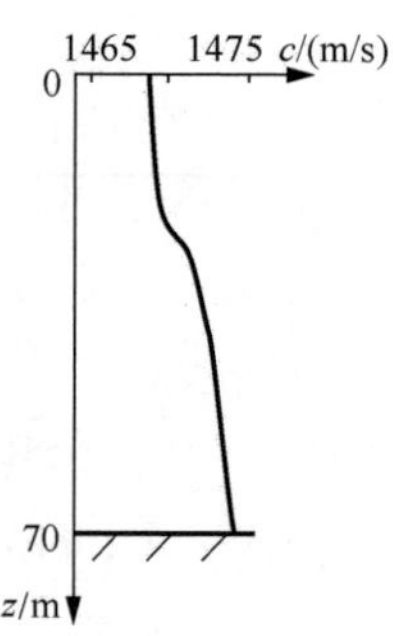

图 7-16　声速剖面 1

表 7-1　声速剖面 2（三亚附近海域的实测数据）

深度/m	声速/(m/s)	深度/m	声速/(m/s)
0	1527.7	55.3	1524.4
15	1528.0	60.7	1525.1
42.4	1525.0		

表 7-2　信道随距离变化时的平均幅度屏蔽级

距离/km	声速剖面 1	声速剖面 2	距离/km	声速剖面 1	声速剖面 2
2	89.87	98.68	4	88.33	92.66
3	87.16	88.91	5	74.98	81.13

表 7-3　不同接收深度下的平均幅度屏蔽级（剖面 1）

深度/m	声速剖面 1	深度/m	声速剖面 1
25	59.53	45	90.64
35	83.75	55	81.48

表 7-4　不同接收深度下的平均幅度屏蔽级（剖面 2）

深度/m	声速剖面 2	深度/m	声速剖面 2
15	79.86	35	96.73
25	56.34	45	90.73

为进一步验证发射声屏蔽是定点屏蔽而非定向（扇面）屏蔽，考察对位置(4000m, 30m)屏蔽时，等深度其他不同水平距离位置处的信号屏蔽级，INR=20dB。表 7-5 给出 30m 深度时，3.6km 等八个位置处的屏蔽级，结果均接近于 1，即没有明显屏蔽作用。对比图 7-15，可知发射声屏蔽在对特定位置屏蔽时，不会对该方向其他位置产生屏蔽作用。

表 7-5　非屏蔽位置处的平均幅度屏蔽级

距离/km	声速剖面 1	距离/km	声速剖面 1
3.6	0.9226	4.1	0.8406
3.7	0.8285	4.2	1.0355
3.8	0.8558	4.3	1.0108
3.9	0.8571	4.4	0.9941

发射声屏蔽技术可推广至多基地声呐，即一个发射基地同时屏蔽多个接收基地位置，但需要发射端阵元数目大于所有被屏蔽接收基地的总接收阵元数目。

下面考察双基地对基线区域内目标的探测能力。如图 7-17 所示，双基地声呐的发射基地，接收基地与目标在同一垂直平面，目标位于双基地声呐基线上，即目标回波与直达波波达方向一致。

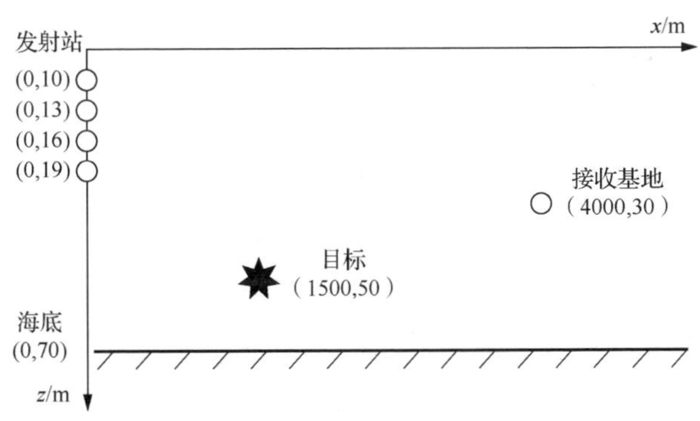

图 7-17　探测基线目标示意图

图 7-18 为 SIR=−20dB 时，分别发射原始信号与自屏蔽信号时的回波探测结果。图 7-18（a）、（c）分别为发射原始信号时，不包含和包含回波两种情形下的接收信号，在未对直达信号进行抑制时，接收基地难以从中探测出回波信号分量，即无法实现对基线区域内目标的探测。

从图 7-18（b）、（d）可以看出，当发射自屏蔽信号时，直达信号已经被压制到背景噪声级以下，而且当出现目标时，已可以从接收信号探测出目标回波。比较图 7-18（e）、（f），发射声屏蔽技术只抑制了直达波而并未削弱目标回波信号。

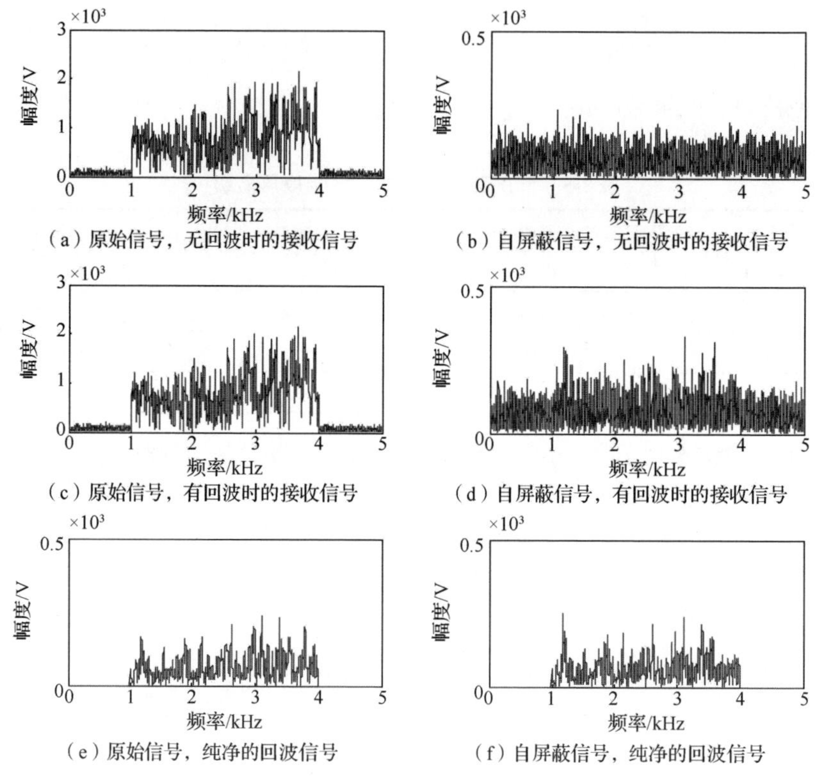

图 7-18　发射原始信号、声屏蔽信号时的回波探测结果

双基地声呐在以上实现对基线区域目标探测的过程中，只是利用了直达波信道结构特性对直达信号进行抑制，没有对回波采用任何增强措施，属于纯屏蔽抑制。下面考虑在抑制直达波的同时，增强回波能量，以提高双基地声呐探测基线区域目标的能力。假设接收基地已获知回波信道结构特性，可以采用发射聚焦声屏蔽技术。

采用发射聚焦声屏蔽技术，图 7-19（a）是不存在目标时的接收信号，图 7-19（b）是存在目标时的接收信号。比较图 7-18 和图 7-19，发射聚焦声屏蔽能够增强目标回波能量，双基地声呐利用发射聚焦声屏蔽能进一步提高对基线区域内目标的探测能力。

相对于单纯的发射声屏蔽，发射聚焦声屏蔽还应注意：采用的直达信道为估计信道，无法达到理想情况下的完全屏蔽，存在屏蔽残量，而发射聚焦声屏蔽增加了回波信道成分，会影响屏蔽残量，甚至会放大屏蔽残量。

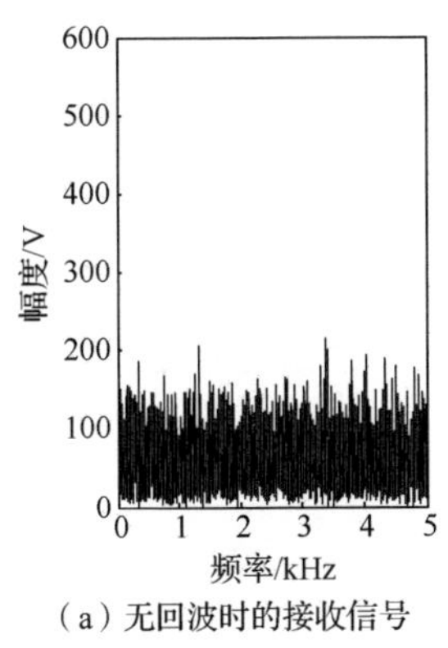

（a）无回波时的接收信号

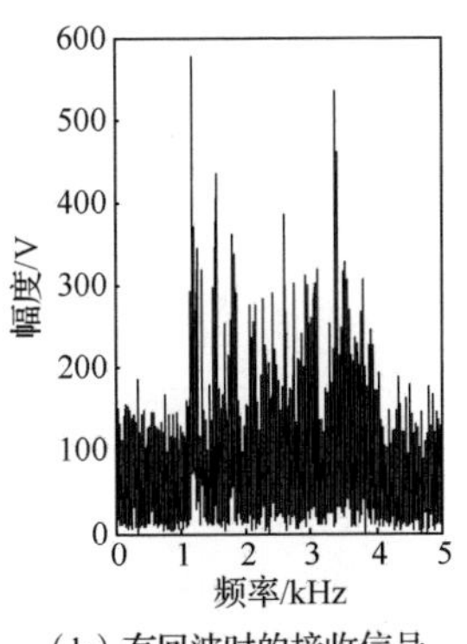

（b）有回波时的接收信号

图7-19　发射聚焦声屏蔽信号时的回波探测结果

目标位于双基地基线上，与发射基地、接收基地处于同一垂直面内。由射线声学模型计算出发射阵到达目标的本征声线及相应的入射角、时延、衰减等信息。将每一根入射到目标的声线，视为在垂直面内，以一定俯仰角入射到目标的独立平面波束，其在垂直面内的散射分布服从目标的散射函数。同样根据射线声学模型，计算该散射波到达接收基地的本征声线，最终模拟得到回波信道。算例分析中，散射函数为硬球指向性函数，即 $T = a^2(ka)^4[1/3-(1/2)\cos\theta]^2$，其中 ka=4，a 为小球半径，k 为介质中的声波波数，$k = 2\pi/\lambda$，λ 为波长。

图7-20为本章算例分析下，四个子阵元的回波信道结构。本章的研究重点为对直达波的抑制，对回波模型、回波信道的仿真精确度要求较低，根据前面结果，当回波信道与直达波信道不具有高相关性时，发射声屏蔽均适用于双基地声呐的基线区域目标探测。

发射声屏蔽在抑制直达波的同时，还有益于提升被动接收基地散射信号的低截获性能。为称呼简便，将直达波经接收基地散射到目标处的信号称为暴露信号，暴露信号被目标截获则增大了接收基地的暴露风险。下面通过算例分析探讨发射声屏蔽技术对暴露信号与目标回波的相对影响。

算例分析中发射基地、接收基地及目标位置如图7-21所示，其中垂直发射阵四个阵元布放深度为10m、13m、16m、19m。接收基地与目标的位置信息如表7-6中条件1所示：收发间距 R_1=4000m，深度 D_1=30m，目标至发射基地距离 R_2=2000m，深度 D_2=40m，目标与接收基地距离 R_3=3000m。

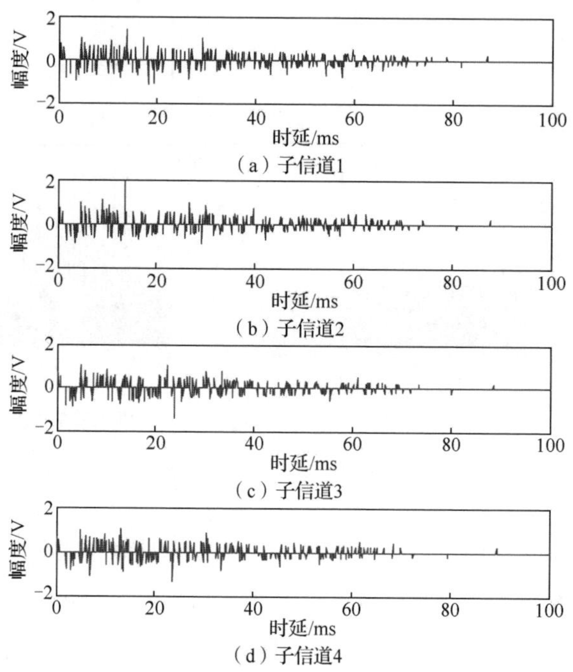

图 7-20　双基地声呐四个子阵元的回波信道结构

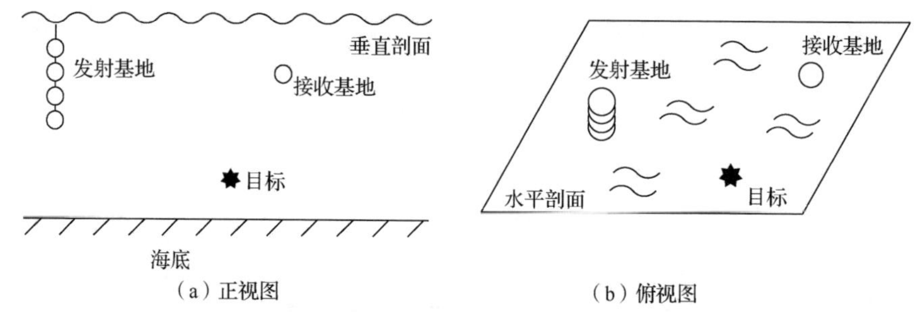

图 7-21　双基地声呐探测目标示意图

表 7-6　接收基地和目标位置参数　　单位：m

	条件 1	条件 2	条件 3	条件 4	条件 5	条件 6
R_1	4000	3000	2000	3000	2000	4000
D_1	30	40	40	30	40	30
R_2	2000	5000	4000	2000	4000	3000
D_2	40	40	30	30	30	30
R_3	3000	3000	4000	3000	4000	4000

算例分析中采用两种具有不同时频特性的常用宽带主动声呐信号：NFM 信号和 LFM 信号。NFM 信号代表频率在信号脉冲宽度内不随时间呈单调变化的宽带信号，LFM 代表频率在信号脉冲宽度内随时间呈单调变化的宽带信号，带宽为 1～4kHz，脉冲宽度为 0.5s。在算例分析中比较采用双基地声呐发射声屏蔽技术前后，暴露信号与目标回波各自传播损失（TL_1 和 TL_2）的相对变化（而非二者之间的直接比较）。

图 7-22 为采用发射声屏蔽前后，传播至目标处的暴露信号。比较图（a）、（c）与图（b）、（d），采用双基地声呐低截获技术后，到达目标处的接收基地散射信号（暴露信号）被显著削弱。由图 7-22（c）、（d）易见，暴露信号时域波形中段被抑制得较为干净，而首尾两端残留的信号成分则较多。

图 7-23 为图 7-22 结果的频谱形式，NFM、LFM 两种具有不同时频特性的信号对应的暴露信号频谱特性也不尽相同［图 7-23（c）、（d）］。NFM 信号在脉冲宽度内频率不随时间单调变化，对应的暴露信号带宽内各频率成分被抑制得较为均匀；LFM 信号在脉冲宽度内频率随时间单调变化，对应的暴露信号带宽内中间段频率成分被抑制的效果优于 NFM，而起始和结尾部分频率成分的抑制效果弱于 NFM。以上结果与图 7-22（c）、（d）可以相互印证。

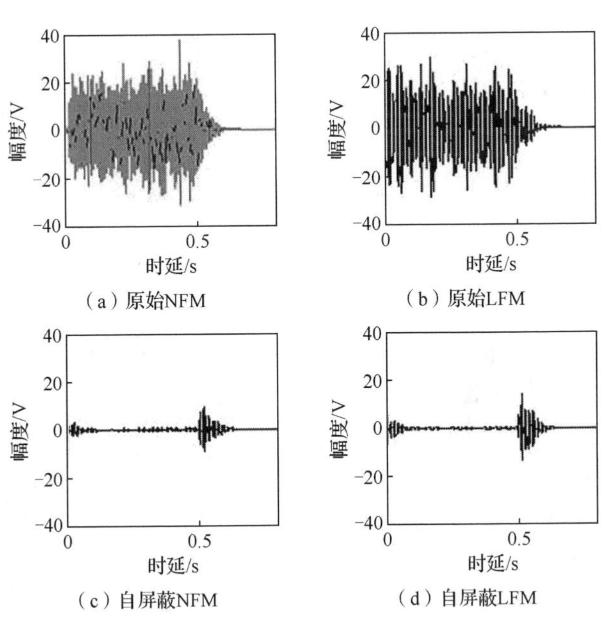

图 7-22　声屏蔽处理前后暴露信号波形

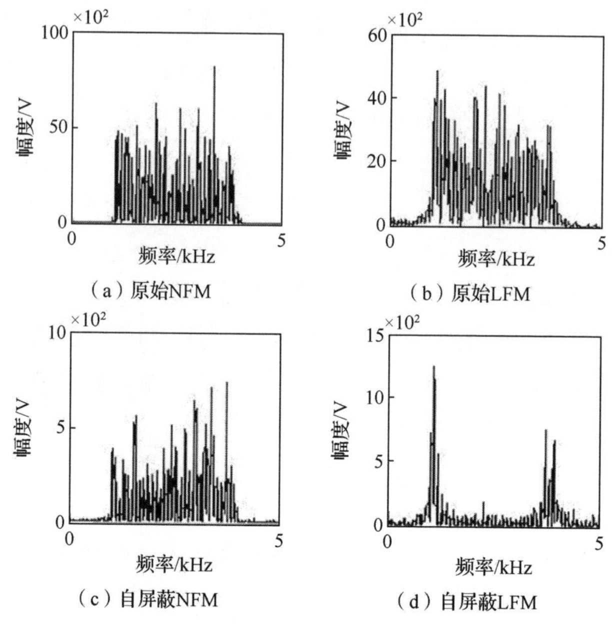

图 7-23　声屏蔽处理前后暴露信号频谱

定义衰减级 ΔTL_I 为采用发射声屏蔽处理前暴露信号（目标回波）到目标（接收基地）处的传播损失与采用发射声屏蔽后暴露信号（目标信号）到目标（接收基地）处的传播损失的差值。暴露信号衰减级 ΔTL_I 越高，表明低截获处理效果越显著。定义衰减增益 $\Delta TL_I - \Delta TL_T$ 为暴露信号衰减级与目标信号衰减级的差值。衰减增益越高，表明利用发射声屏蔽技术对提高双基地声呐水声对抗的优势越多。

$$\Delta TL_I = TL_{I\_no} - TL_{I\_yes} \tag{7-26}$$

$$\Delta TL_T = TL_{T\_no} - TL_{T\_yes} \tag{7-27}$$

统计暴露信号与目标回波在声屏蔽前后的能量衰减情况。保持发射基地布放条件不变，六组双基地接收基地与目标的分布情况见表 7-6，其中条件 1～3 使用声速剖面 1，条件 4～6 使用声速剖面 2，即共给出了六组不同信道条件。

表 7-7 和表 7-8 为表 7-6 信道条件下声速剖面 1 和声速剖面 2 的信号衰减级与衰减增益。对于暴露信号，除采用 LFM 在条件 2 下衰减级低于15dB，其余条件下衰减级均高于15dB，部分结果高于 20dB，发射声屏蔽技术显著增大了暴露信号的传播衰减；而对于目标信号，衰减级在 ±1dB 内，发射声屏蔽技术对目标信号的传播衰减无明显作用。结合不同信道条件下的衰减增益结果，可知发射声屏蔽技术有利于提升双基地声呐的水声对抗能力。

表 7-7　声速剖面 1 下的衰减级和衰减增益　单位：dB

	条件 1		条件 2		条件 3	
	NFM	LFM	NFM	LFM	NFM	LFM
ΔTL_I	17.46	17.97	16.80	14.43	16.89	16.31
ΔTL_T	−0.43	−0.42	0.17	0.19	−0.72	−0.66
$\Delta TL_I - \Delta TL_T$	17.89	18.39	16.68	14.25	17.61	16.97

表 7-8　声速剖面 2 下的衰减级和衰减增益　单位：dB

	条件 4		条件 5		条件 6	
	NFM	LFM	NFM	LFM	NFM	LFM
ΔTL_I	20.31	19.49	17.03	17.95	24.64	22.40
ΔTL_T	−0.58	−0.45	0.67	0.66	−0.10	0.66
$\Delta TL_I - \Delta TL_T$	20.88	19.94	16.36	17.28	24.74	21.74

可见，发射声屏蔽技术对 NFM、LFM 两类信号的抑制效果总体上并无明显区别，但从低截获角度考虑，为避免信号能量在时频轴分布过于集中，发射声屏蔽技术更适用于 NFM 类时频特性的信号。

参 考 文 献

[1] Valaee S, Kabal P. The optimal focusing subspace for coherent signal subspace processing[J]. IEEE Transactions on Signal Processing, 1996, 44(3): 752-756.

[2] Xu X K, Zhou S L, Morozov A K, et al. Per-survivor processing for underwater acoustic communications with direct-sequence spread spectrum[J]. The Journal of the Acoustical Society of America, 2013, 133 (5): 2746-2754.

索　引

M

P

Q

R

S

T

W

X

Y

Z

彩　　图

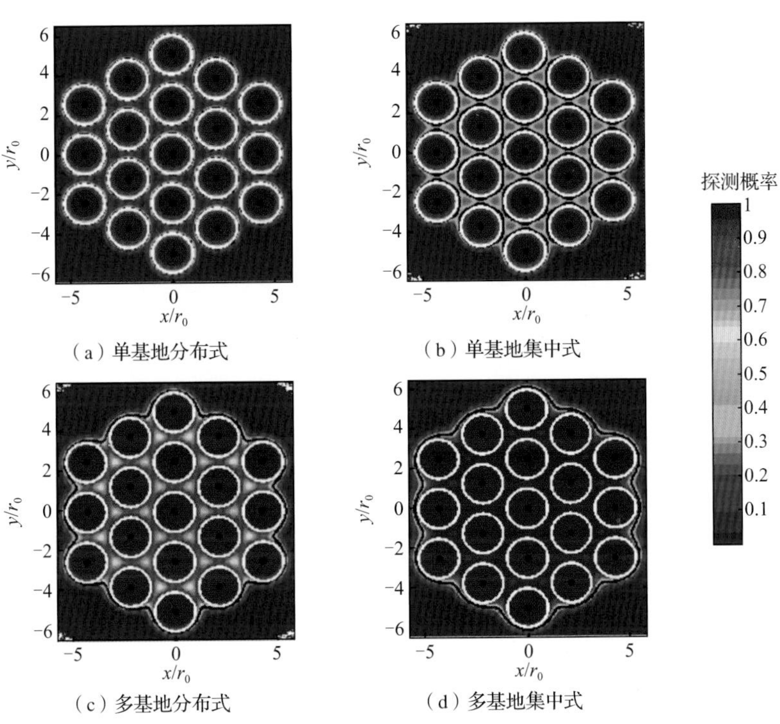

（a）单基地分布式　（b）单基地集中式

（c）多基地分布式　（d）多基地集中式

图 4-3　Fermi 模型下四种组网结构声呐覆盖范围

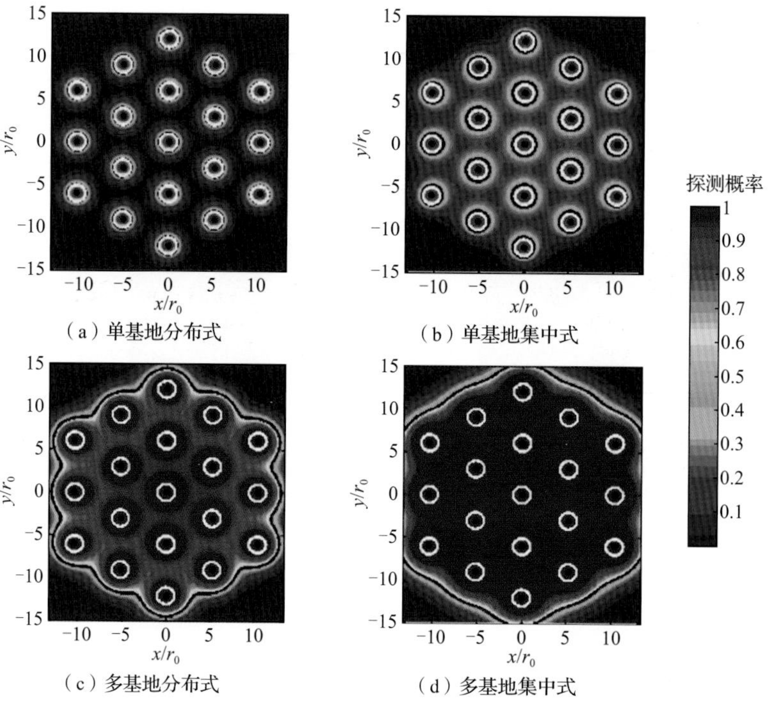

图 4-4　指数模型下四种结构组网声呐覆盖范围

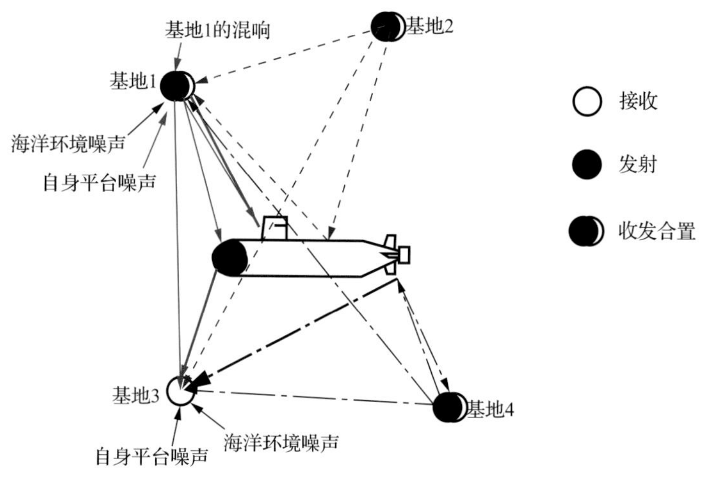

图 4-5　多基地声呐协同探测示意图

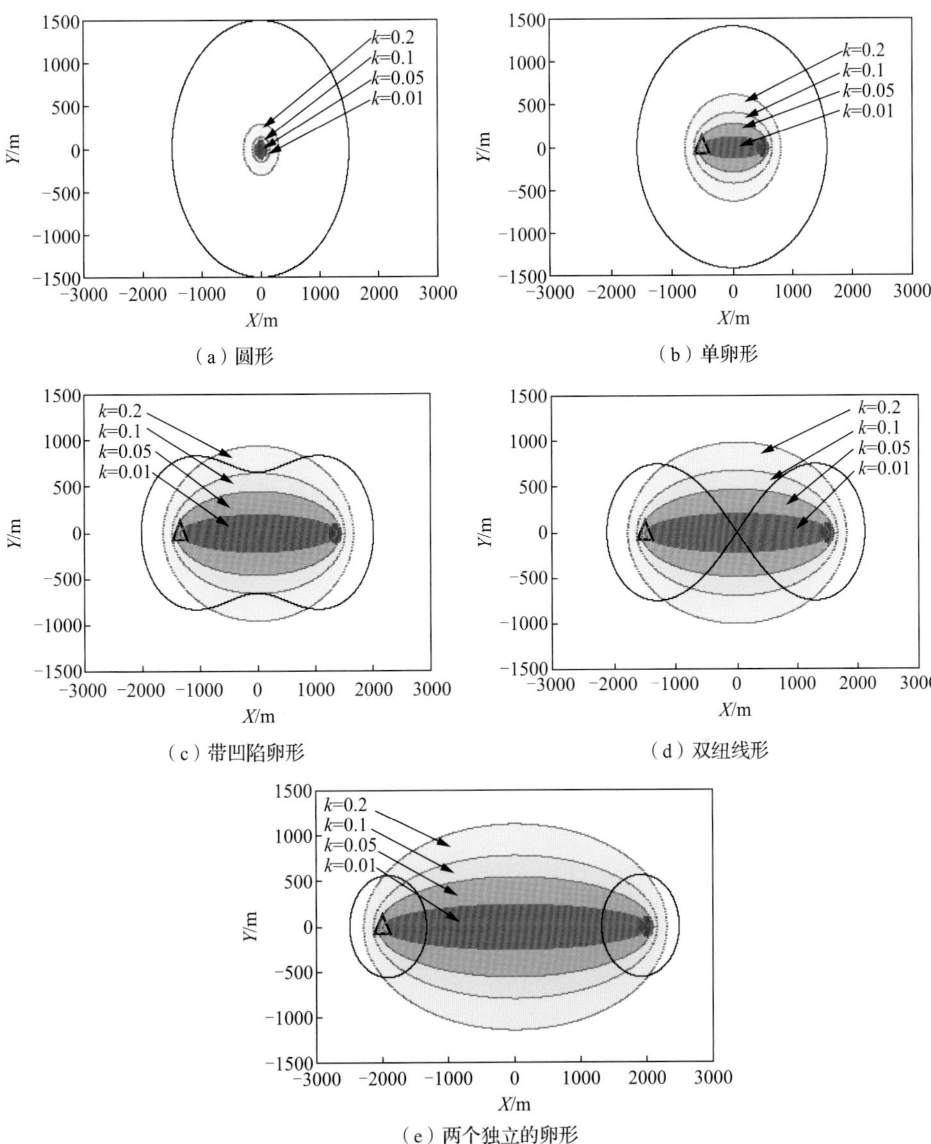

（a）圆形

（b）单卵形

（c）带凹陷卵形

（d）双组线形

（e）两个独立的卵形

图 4-9　直达波盲区与基线长度、*k* 值关系

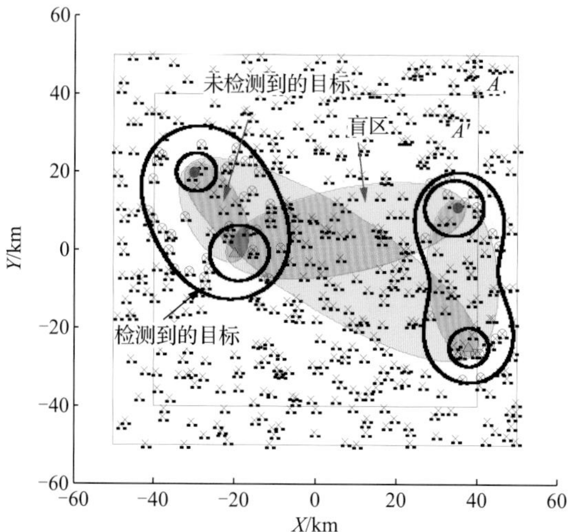

图 4-11　考虑盲区情况下的多基地声呐系统有效覆盖范围示意图

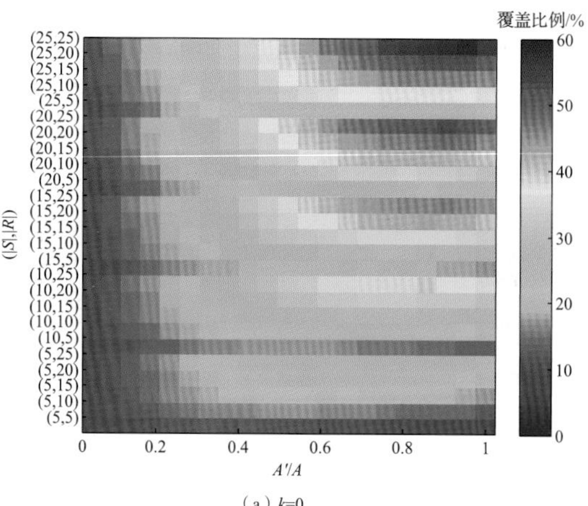

（a）k=0

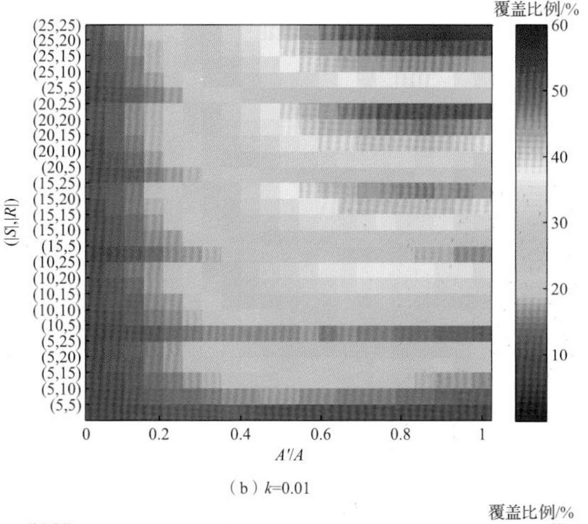

（b）k=0.01

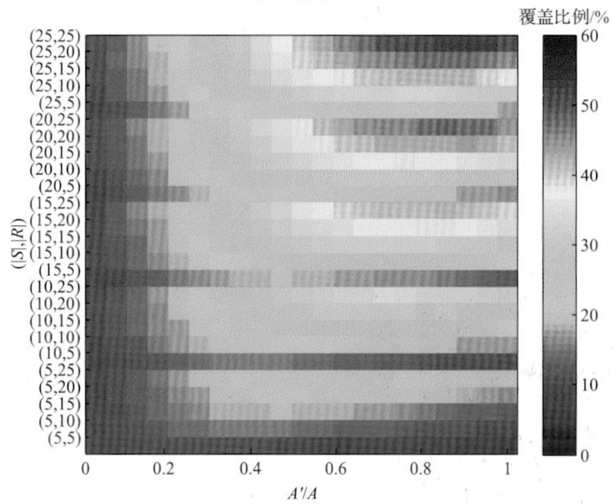

（c）k=0.1

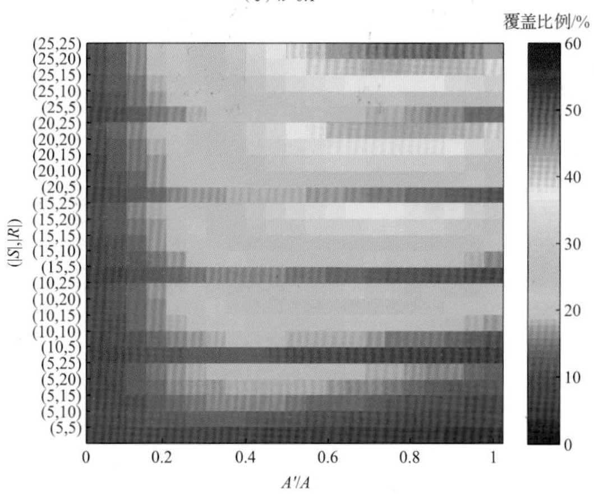

（d）k=0.2

图 4-13　覆盖范围随 A'/A 和基地个数的变化

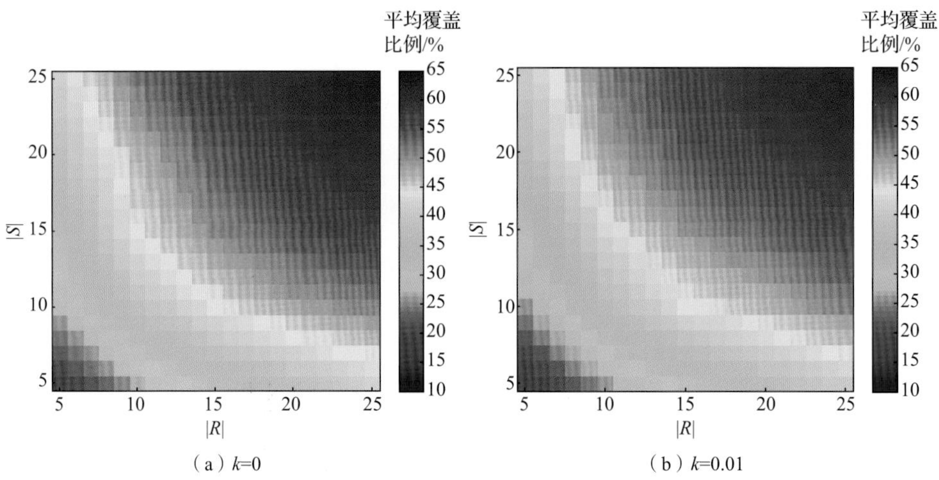

（a）k=0　　（b）k=0.01

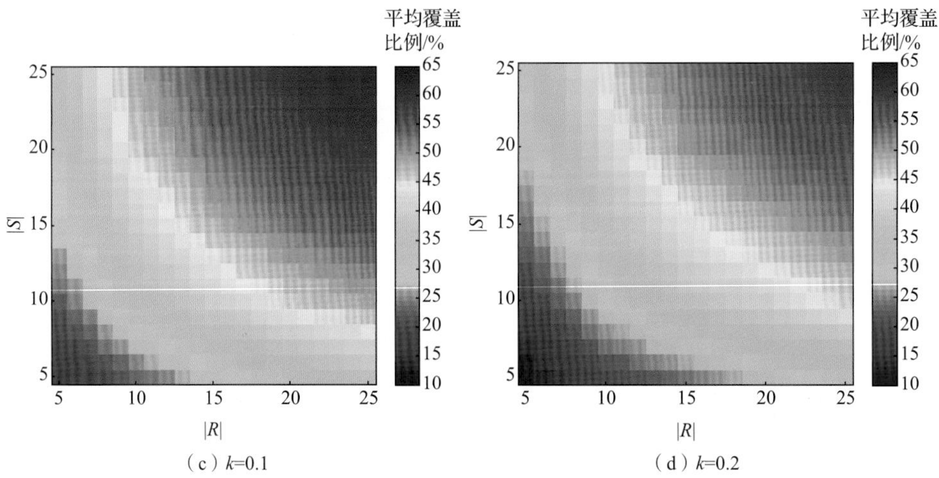

（c）k=0.1　　（d）k=0.2

图 4-14　不同收发基地组合下平均覆盖比例

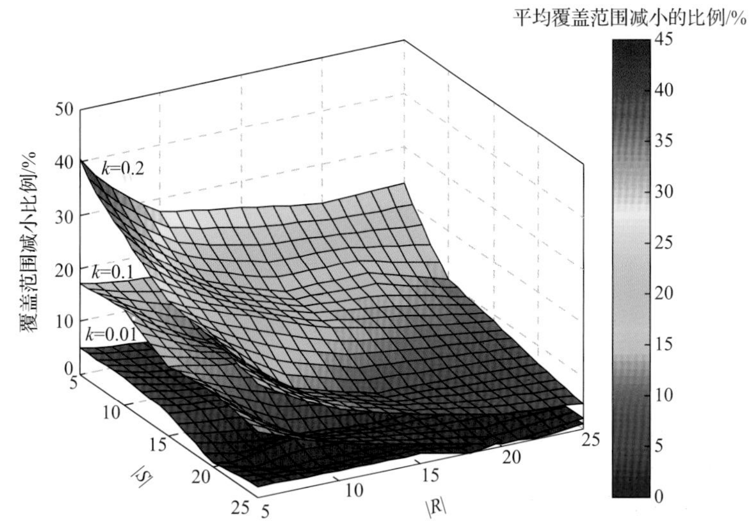

图 4-15　不同收发基地组合下平均覆盖范围减小比例

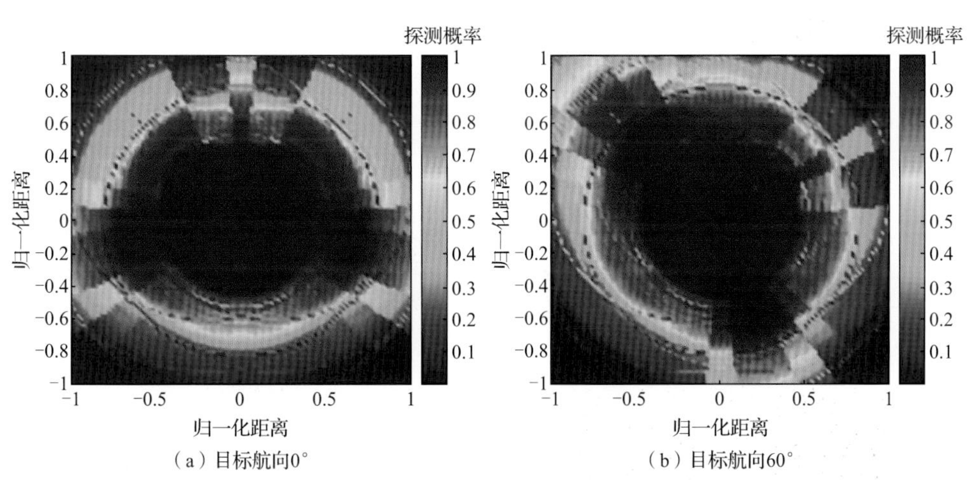

图 4-18　多基地目标信道对探测概率的影响

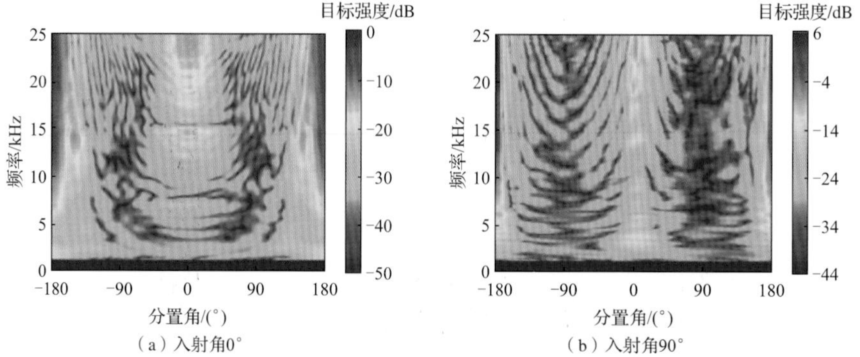

（a）入射角0°

（b）入射角90°

图 4-19　不同频率下 155mm 壳体在入射角分别为 0°与 90°时不同分置角下的目标强度[7]

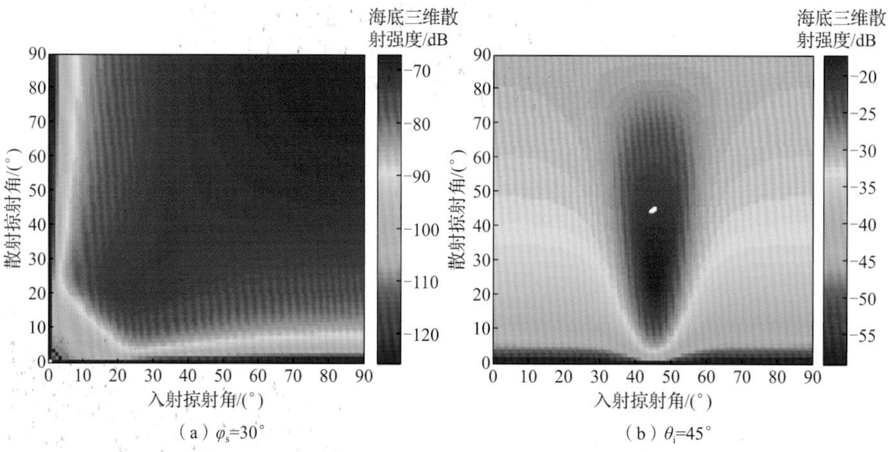

（a）φ_s=30°

（b）θ_i=45°

图 4-21　海底声线的入射掠射角、散射掠射角和散射方位角关系

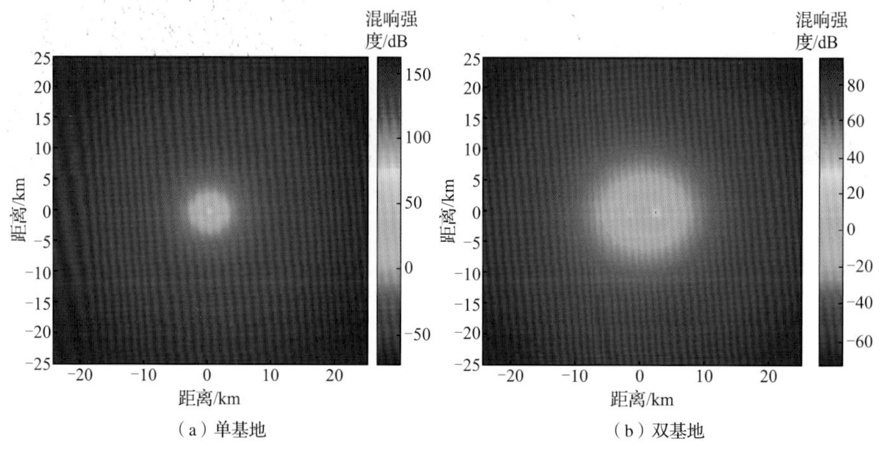

（a）单基地

（b）双基地

图 4-29　单/双基地声呐浅海海底混响强度对比图

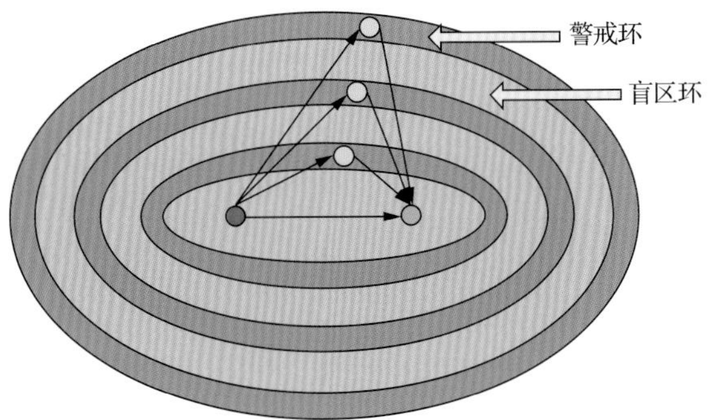

图 5-2　双基地声呐警戒环

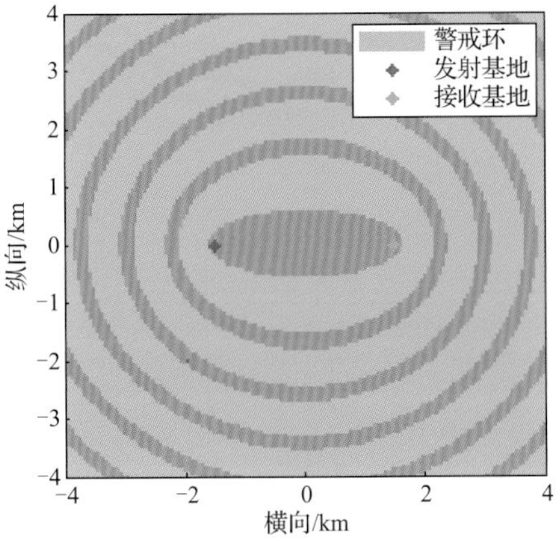

（a）T=1s, τ=0.15s

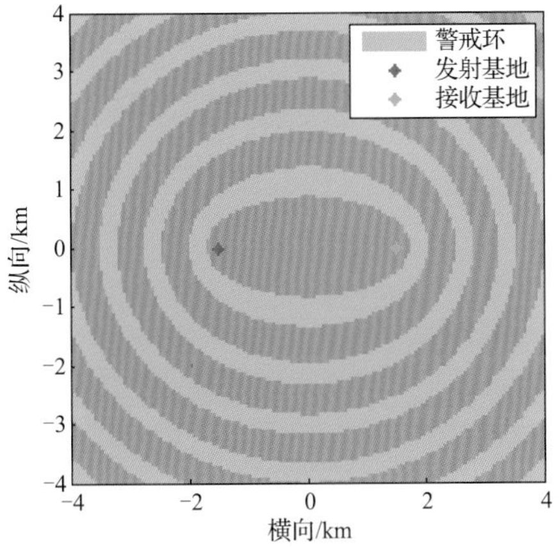

（b）T=1s, τ=0.3s

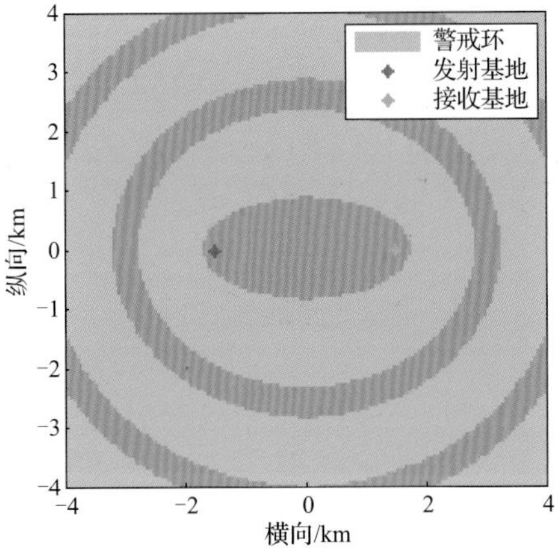

（c）T=2s, τ=0.3s

图 5-3　不同发射周期、脉冲宽度下的双基地声呐警戒环

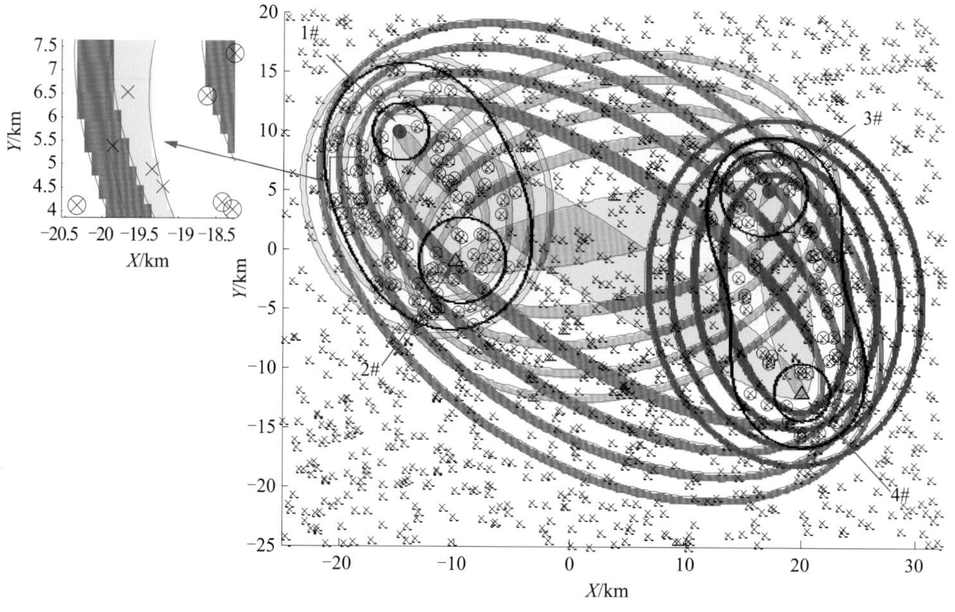

图 5-4　考虑盲区环情况下的多基地声呐系统有效覆盖范围示意图

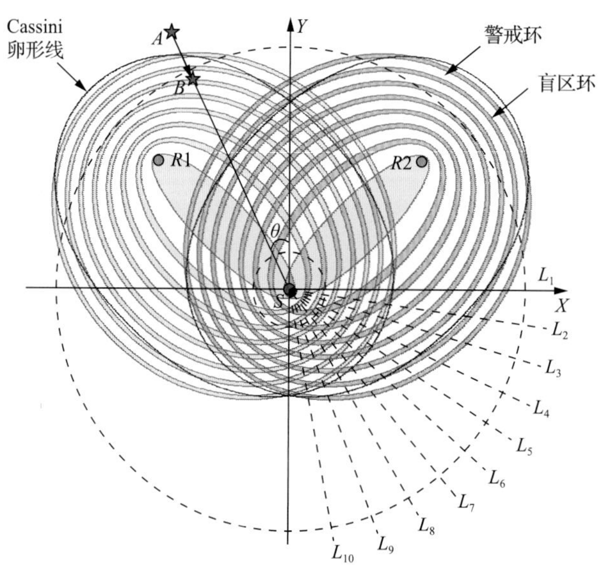

图 5-7　多基地累计有效探测次数计算示意图

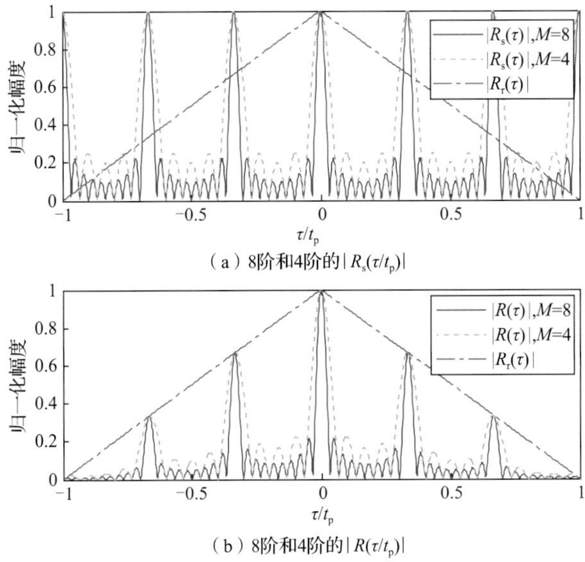

（a）8阶和4阶的$|R_s(\tau/t_p)|$

（b）8阶和4阶的$|R(\tau/t_p)|$

图 6-13　Costas 编码信号自相关函数

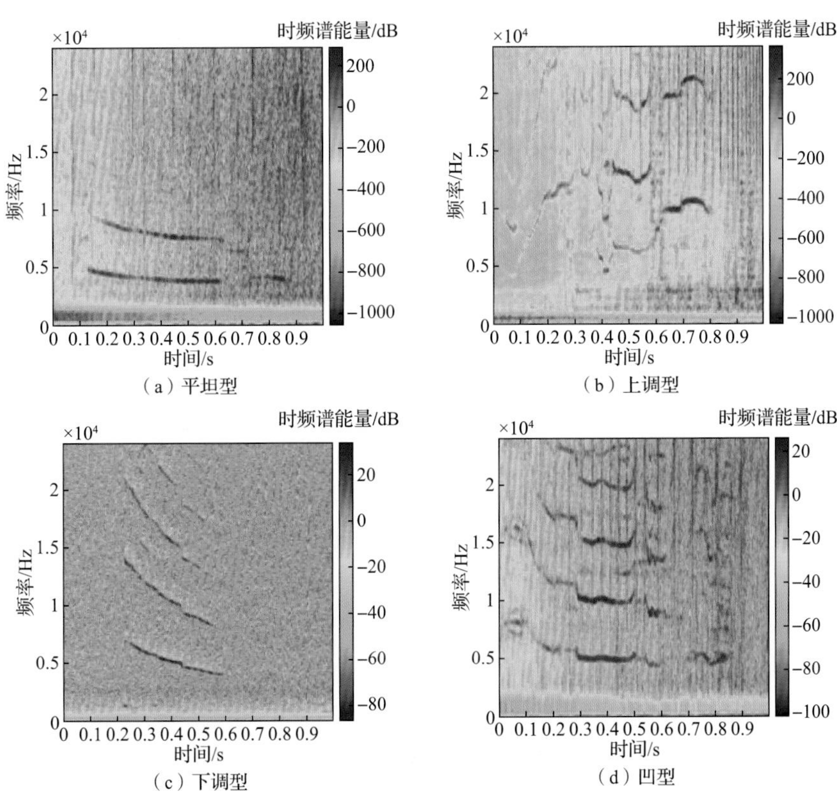

（a）平坦型

（b）上调型

（c）下调型

（d）凹型

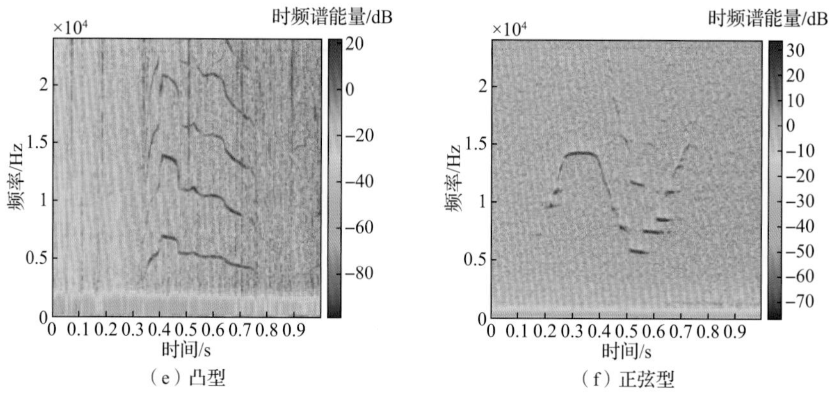

（e）凸型　　（f）正弦型

图 6-28　六种时频结构海豚哨叫信号的短时傅里叶变换对结果

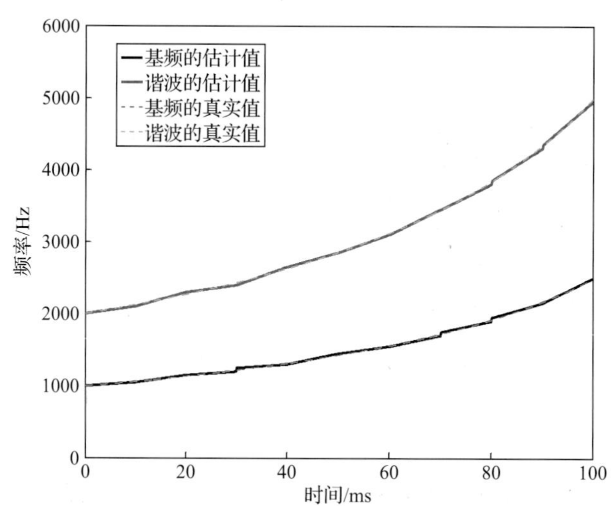

图 6-38　具有谐波的双曲调频信号重构时频曲线结果